[英国]多里克·斯托 著　邓天旸 译

海洋

牛津通识读本·

Oceans

A Very Short Introduction

译林出版社

图书在版编目（CIP）数据

海洋 / （英）多里克·斯托（Dorrik Stow）著 ; 邓天旸译. -- 南京 : 译林出版社, 2025. 8. -- （牛津通识读本）. -- ISBN 978-7-5753-0817-5

Ⅰ. P72-49

中国国家版本馆CIP数据核字第2025F1Q106号

著作权合同登记号 图字：10-2020-535 号

海洋 ［英国］多里克·斯托 / 著 邓天旸 / 译

责任编辑 许 晔 杨雅婷
装帧设计 景秋萍
校　　对 施雨嘉
责任印制 董 虎

原文出版 Oxford University Press, 2017
出版发行 译林出版社
地　　址 南京市湖南路 1 号 A 楼
邮　　箱 yilin@yilin.com
网　　址 www.yilin.com
市场热线 025-86633278
排　　版 南京展望文化发展有限公司
印　　刷 江苏扬中印刷有限公司
开　　本 890 毫米 ×1260 毫米 1/32
印　　张 11.875
插　　页 4
版　　次 2025 年 8 月第 1 版
印　　次 2025 年 8 月第 1 次印刷
书　　号 ISBN 978-7-5753-0817-5
定　　价 39.00 元

序 言

胡永云

海洋，这颗蓝色星球的心脏与命脉，其意义远非“水体”二字可以囊括。它是生命的摇篮，蕴藏着远超陆地的生物多样性与未解之谜。它是气候的超级调节器，以其巨大的热容量默默吸收着人类活动产生的过量热量与二氧化碳，却又因此承受着变暖、酸化、循环紊乱的痛苦。从古至今，海洋以其浩瀚的胸怀，承载着贸易、迁徙、探索，同时无奈地接纳着污染、倾废与冲突的伤痕。它既是慷慨的馈赠者，也是无比脆弱、亟需我们理解的复杂生命系统。

正因如此，对海洋进行系统、深入、跨学科的科学探索，从未像今天这样具有迫切的战略意义。我们正站在一个临界点：一方面，人口增长与资源需求前所未有地依赖海洋——蓝色食物革命、深海采矿、海洋可再生能源开发、碳封存方案，每一项都寄托着人类未来的希望；另一方面，我们对海洋基础过程的理解仍处于起步阶段。斯托教授在《海洋》一书中尖锐地指出：“人类对海洋的需求和贪婪正快步超越对海洋的理解。”我们尚无法精确预测大规模深海采矿对生态网络的毁灭性连锁反应，难以完全把握海洋酸化对关键物种乃至整个食物网的颠覆性影响，对海洋环流变化引发的极端天气模式加剧也仍在探索之中。缺乏坚实的科学认知作为基石，任何雄心勃勃的“蓝色经济”计划都可能成为生态灾难的导火索，任何对海洋的“解决方案”都可能沦为新的问题来源。海洋科学研究，就是照亮这片认知黑暗海域的灯塔，是我们在未知边缘谨慎航行、做出明智决策的唯一依凭。

多里克·斯托教授的这部《海洋》，正是回应这一时代挑战的力作。作为国际知名的沉积学家和海洋学家，斯托教授凭借其深厚的专业积淀，为读者呈现了一幅关于海洋世界的全景式科学画卷。从海洋的起源和演化、海底地貌与沉积、海水的化学奥秘、动力过程，到海洋与气候的深刻纽带、复杂的生态网络，本书构建了理解海洋的坚实科学框架。同时，它并未回避最紧迫的当代议题——海洋资源的可持续利用和人类活动叠加对海洋造成的系统性压力——并让这些议题深深植根于前述的科学基础，避免了空泛的议论。

斯托教授在书中强调了普及海洋知识（即培养“海洋意识”）的重要性：这不仅是为了培养具有全球视野的公民，更是为了使海洋政策的制定能够建立在坚实的科学基础之上。斯托教授进一步明确指出，鉴于海洋问题关乎地球上的每一个人，其治理与未来绝不能仅仅“甩给政治家”，而需要广泛的公众理解、关注与参与。

斯托教授的《海洋》是一部及时而重要的著作。它既是一部权威的海洋科学导论，为读者打下坚实的认知基础，也是一份关于人类与海洋关系的深刻宣言，充满了科学家的洞见、责任与忧思。在人类对海洋的索取日益加剧、海洋的脆弱性暴露无遗的今天，本书所提供的知识框架、所揭示的严峻现实、所倡导的全球意识，是我们迈向可持续未来的必备指南。

我诚挚推荐每一位关心地球未来、关注人类命运的读者——无论是学者、学生、决策者、行业从业者，还是普通公民——都能翻开这本书，跟随斯托教授的笔触，潜入这片深邃、壮美而又危机四伏的蓝色世界。理解它，不仅是为了满足科学的好奇心，更是为了守护我们共同且唯一的家园，确保海洋这份属于全人类的珍贵遗产，能够永葆生机与活力。唯有理解，方能敬畏；唯有敬畏，方能共生。

是为序。

献给特里

目 录

致　谢

首先，我想感谢克莱尔，感谢她对我一贯的支持和爱，以及感谢我的孩子们——杰伊、拉尼和基亚。我也非常感谢牛津大学出版社的拉达·梅农、珍妮·努吉和整个团队，感谢他们在撰写过程中给予我的建议、鼓励和耐心。我要特别感谢拉达·梅农和穆雷·罗伯茨，他们认真阅读了手稿并提出了宝贵的意见。我也要感谢世界各地的许多同行和机构，他们和我分享了他们的睿见。同样，我有幸参加了许多科学考察，无论是陆上的还是海上的，都极大地增进了我对海洋的了解。赫瑞-瓦特大学在本书的写作过程中亦给予了许多帮助。

前　言

在撰写此书最后一部分时，我正躺在夕阳下的马耳他，享受着当地的干白葡萄酒，凝望着湛蓝的地中海。这个时刻特别适合回忆那些激起我对海洋兴趣的人，其中一位便是来自马耳他的外交官、学者和大学教授——阿维德·帕尔多。从1964年到1971年，他担任马耳他常驻联合国首席代表，并享有"《联合国海洋法公约》之父"的美誉。1967年11月，他在联合国大会上做了一次鼓舞人心的演讲，呼吁成员国制定相关国际法规，以确保海上和平，防止污染恶化，以及保护海洋资源。他倡议，国家管辖范围以外的海床（当时距离海岸线仅3海里①）应构成人类共同遗产的一部分，并且其中一些财富应直接惠及较为贫穷的国家。截至2016年6月，已有167个国家及欧盟加入了《联合国海洋法公约》。

海洋占据了地球表面积的71%，而我们对这个海洋世界的

① 1海里等于1 852米。

有节制和无节制的开发使用都在增加。早在1858年，人们就铺
设了第一条跨大西洋电缆，而今海洋中到处都是通信电缆、油气
i 管道和其他海底设施。现今99%的互联网数据都是通过横跨数
十万千米，深度和珠穆朗玛峰高度相当的海底电缆传输的。石
油勘探工作于1924年首次在浅海领域进行，此后又向更深的水
域进发。在过去10年里，超过50%的油气都是在深海发现的。
能源公司经常在水深超过2 500米的大陆坡上钻井。21世纪，人
们正在目睹可再生能源生产的爆炸性增长，其增长轨迹和20世
纪的化石能源相当。海上风力发电机、潮汐堰坝、波浪能和其他
海洋能源都是其中重要的一部分。

自人类文明诞生，海洋就是沿海聚落主要的食物来源。有10多亿人仍以鱼类和贝类作为他们必需的蛋白质摄入的主要来源（对有些人来说这一比例超过90%）。就全世界而言，这一比例大约在10%—20%。世界人口不断增长，对食物资源的需求也水涨船高。大量的渔业捕捞船队在公海上航行，海洋养殖的蓝色革命即将点燃，这种数量巨大的关键商品会愈发重要。海洋还提供了几乎无限的水源，通过脱盐技术可从中提取净水。为每个人提供安全和充足的水资源可能是本世纪最大的挑战。

海洋蕴藏丰富的矿物资源，而且基本未被开发。50年前，采
矿公司在前往深海的路上竞争得热火朝天——人们在深海底部
发现大量的锰结核，其中包括各种有战略意义的金属，但到现在
还不清楚这些矿物的存量。近年来人们发现了分布在海底热泉
周围的烟囱和火山机体，它们蕴含多种金属，其品位比锰结核中
ii 的更高，然而其存量依然未知。或许更重要的是，现在人们认为
深海黏土含有丰富的稀土元素。这是一系列稀有金属，包括钇

和镧系金属，它们在日常用品中的应用不断增加，如用于电脑内存条、手机、电池、多用途数字光盘等。所有这些矿物在陆地上的储量都非常有限。

海洋是地球上第二古老的战场。虽然历史书往往美化战争，但我坚信，它们最终会留在那些书中，甚至变成传说。尽管今天仍有近万艘海军舰艇在大海上航行，但这一数字还不到全球10万艘船只的10%。全球船只中的一半以上是商船，从事和平的国际贸易。旅游业是规模最大、发展最快的跨国产业之一。以沿海或岛屿为目的地的客运渡轮，还有以休闲娱乐为主的豪华游轮，在全球旅游贸易中占了很大比例。海洋也是我们人类排放垃圾的一个容器，能够重新吸收我们向大气排放的二氧化碳，清理污水和泄漏的石油。

我们还要树立一个至关重要的认识：我们是一个能够改变地球环境的物种。我们要了解我们改变地球的方式，并准确预测这些方式可能产生的影响。海洋是全球变暖最大的单一驱动力和缓冲因素，它们还完整地记录着过去发生的气候变化及其影响。海洋的温度有助于调控日常天气模式，引发飓风和热带气旋，并导致区域性干旱或过量的季风降雨。某些沿海地区、边缘海和封闭海受到几乎不可逆转的污染的严重威胁。全球的海洋变得越来越酸，这种化学变化对海洋生物产生了深远的影响，如珊瑚的白化甚至死亡、巨型海藻森林的大面积凋零。

无论我们的社会给海洋带来哪些方面的挑战——通信、能源、食品、水资源、矿产、贸易、旅游、废物处理、自然灾害、全球变暖或环境退化——我们都需要更好地了解我们的海洋世界。这是海洋学家在努力解决当今和未来的重大科学问题时面临的挑战。在过去的40年里，这也一直是我的个人挑战。

我们对海洋的科学认识还处于起步阶段，但我们的学习速度很快。本书旨在阐述我们目前对这个水世界的认识：海洋是如何起源、演化和变化的；海底的形状及其中沉积物的性质；水扰动的物理过程，以及成分如此丰富的化学溶液的混合过程；海洋与气候之间密不可分的联系；还有复杂的海洋生物网。本书试图提供一个浅显易懂的视角，以洞察这个深邃复杂的世界，并着重揭露海洋科学知识与人类开发的重要关联——海洋环境十
iv 分脆弱，其中的资源也终会枯竭。

第一章

海洋前沿

自人类文明诞生伊始，海洋就喂养着我们，洗涤着我们的身体，清理着我们制造的垃圾。它曾经是人类迁徙的阻碍，后又成为运输和贸易的康庄大道。长久以来，它也是人类冲突的舞台。它为探险家和科学家提供了冒险与挑战，是哲学家和诗人灵感的源泉，也是孩子们的游乐场。最重要的是，海洋为当今世界面临的许多关键问题带来了挑战和机遇：一方面，海平面上升和气候变化令人担忧；另一方面，海洋为每个人提供了食物、水和药物的新来源，为增长与发展提供了自然资源和能源，为废物回收提供了安全途径。更令人兴奋的是，它仍然是一个巨大的未知领域，带来警示的同时也带来无穷无尽的惊喜。

伟大的理念

自人类发明楔形文字并开始记事以来，哲学家和科学家已经被海洋吸引了5 000多年。苏美尔人在底格里斯河、幼发拉底河和波斯湾水域往返穿梭，是现今已知最早使用帆船的人群。

由于这个文明发源于两条大型河流之间，他们对大洪水的到来
1 及其对人类和动物造成的毁灭性影响进行了记录。约2 000年后《圣经》中记载的大洪水故事，几乎可以确定源自这些苏美尔人的记事。

当面对大海中那些不可思议的事情时，神话和传说成为人们的一种心灵寄托，尤其是对于航海者而言。埃及人、希腊人、波利尼西亚人、维京人和其他无数民族都把强大的神祇奉为这个水世界的主宰。海洋时而狂暴，时而强大，时而平静，时而美丽——一切皆由众神造就。

亚里士多德（公元前384—前322年）是最早对海洋和海岸线产生科学兴趣的自然哲学家之一。他对三角洲的形成和地中海的“填充”过程表现出浓厚兴趣，并著有已知最早的海洋生物学论文。他认识到地球和海洋的变化持续不断，但与人类生活相比却异常缓慢。这一点特别有远见。他写道：“陆地和海洋在特定地区的分布并不是恒久不变的，曾是大陆的地方变成了大海，曾是大海的地方又变成了大陆。我们有理由认为这些变化遵循着一定的规律，在一定的时期内发生。”我认为这种见解在他那个时代确实令人叹为观止。

但人们对海洋学的系统性认识实际始于250年前。从那时起，近代一些最重大的发现都是从海洋科学中衍生出来的。这些发现逐渐演变为四个具有开创性的理念，并深刻地影响着我们今日的思维：

- 生命的历程是一场不断进化、灭绝和变化的旅程。地球上的生命诞生于35亿多年前的海洋。从那时起，无数生

命体兴替，大多数都只是单细胞。但进化在缓慢进行，产生了今天千变万化的物种。

- 地球在进行着持续的地质运动，然而，这一过程在人类的 2
时间尺度上难以察觉。沧海桑田，大陆迁移，山峦崛起于海底，又归于尘土。
- 变化在本质上呈现出一种周期性，不过周期的时间维度不同，且永远不会准确再现。海洋和大陆的交替、生物的灭绝和进化、海平面的升降和气候变迁，都是如此。
- 海陆空构成的自然环境是一个相互关联的实体，也是我们人类和其他物种赖以生存的最重要的元素。在过去的50年里，我们已经认识到，我们正在对环境造成重大的影响，但我们尚不知如何控制这些影响以从中受益。

进化论、地质年代、周期性和环境变化——这些基本概念不仅在自然科学中成为影响深远的范式，而且贯穿于大众的思维之中。它们在日常生活中指导着我们，让我们认识到自己在世界上的位置，并理解在关心环境、管理其中有限资源的工作中我们有着不可推卸的责任。

早期探索

我们了解到，早期的原始人类——直立人在有书写记载以前就掌握了穿越相对较小水域的技能，穿梭于印度尼西亚群岛，并且踏足弗洛勒斯岛。然而，在海洋考古学中，知识在7万年前第一波智人迁出非洲之前存在巨大空白，而智人迁出非洲，部分是通过辗转于红海南部的岛屿，最终抵达中东地区。大约5万年前，他们又进一步从印度尼西亚群岛迁移到澳大利亚定居。

最引人注目的早期海上探险可追溯至约5 000年前。当时，
3 波利尼西亚人从东南亚开始扩散，最终在太平洋2 600万平方千米中的10 000座岛屿上定居。这些高超的水手探访过世界上一些最偏远的岛屿，包括夏威夷群岛和复活节岛。他们利用星辰、月亮、海浪、海风、海洋生物的聚集和鸟类的飞行路线进行导航，所有这些知识以口口相传的形式留给后代。

大约在同一时间，埃及人正在建造用于沿河和沿海贸易的船只。与此同时，腓尼基人则成了地中海地区真正的航海大师：他们的贸易和探索活动遍及其海域的每一个角落，北至英格兰北部一带，南至非洲和印度洋。在世界的另一端，西波内印第安人是第一批从南美洲前往加勒比海岛屿定居的人，但很快就被奥里诺科河三角洲地区的阿拉瓦克人所取代。也是在这个时候，中国人在东南亚开展贸易活动，传播语言和文化，并且在公元前400年发明了指南针（即司南，见图1）。

发现之旅

在过去的2 000年中，海上探险和发现的势头与日俱增，并且这种行为的动机经常被美化为受冒险精神或求知欲驱使，但实际要贪婪和好战得多。它的目的是在世界各地寻找并开辟利润丰厚的贸易路线，然后保护这些新路线。这个过程伴随着海盗行为和掠夺，并很快导致对“被发现”的土地肆无忌惮的开发。那个时期，海洋科学的进步只是一个偶然的副产品。

维京人驾驶着他们特有的长船，从斯堪的纳维亚半岛扬帆出发。他们突然登陆，随意劫掠一番，然后迅速返回大海，成为

北大西洋令人畏惧的勇士。他们也是优秀的水手。他们在公元700年殖民冰岛，随后在格陵兰和公元1 000年的北美纽芬兰建 4
立殖民地。维京人还探索了地中海和黑海，甚至绕过非洲南端航行。与此同时，阿拉伯水手主宰着印度洋，使海上远征和他们的陆路贸易路线形成了互补。他们对季风气候及其对航海条件的影响有着深刻的理解，并从远东引入了指南针。

中国人拥有悠久的航海传统，其海上扩张在15世纪初的明朝达到巅峰。当时正使太监郑和率领着一支由317艘船只和37 000名船员组成的庞大舰队，旨在将最优质的材料和物品运往遥远的土地，其意图似乎是通过赠送这些珍宝来展示中华文明的繁荣和优越性。他们开发的许多先进技术都渗透到了欧洲的设计中，例如中央舵、水密隔舱和可以从甲板上操作的多重桅杆。

欧洲的探索起步较晚。到15世纪初，探险家和商人已经到达了中国、印度和北非，然而旧大陆的人仍不知道美洲、澳大利亚、南极洲或格陵兰的存在。之后，欧洲人开始了长达一个世纪的扩张和探索，这是通过海上航行前往未知世界的时代，也是新思想和新发明迸发的时代。这都是欧洲文艺复兴时期的一部分；带着一种有着鲜明的欧洲中心论色彩的视角，人们称之为大航海时代。

葡萄牙的亨利王子在很早的时候就富有远见地认识到，探索海洋可以开辟新的贸易路线，并从中获取巨大的财富。他在萨格里什建立了一个海洋科学研究中心，并资助了许多葡萄牙人前往南大西洋探险。无论天气好坏，所有船长都必须编制详细的海图。因此，当1487年的一场风暴将葡萄牙探险家巴尔托

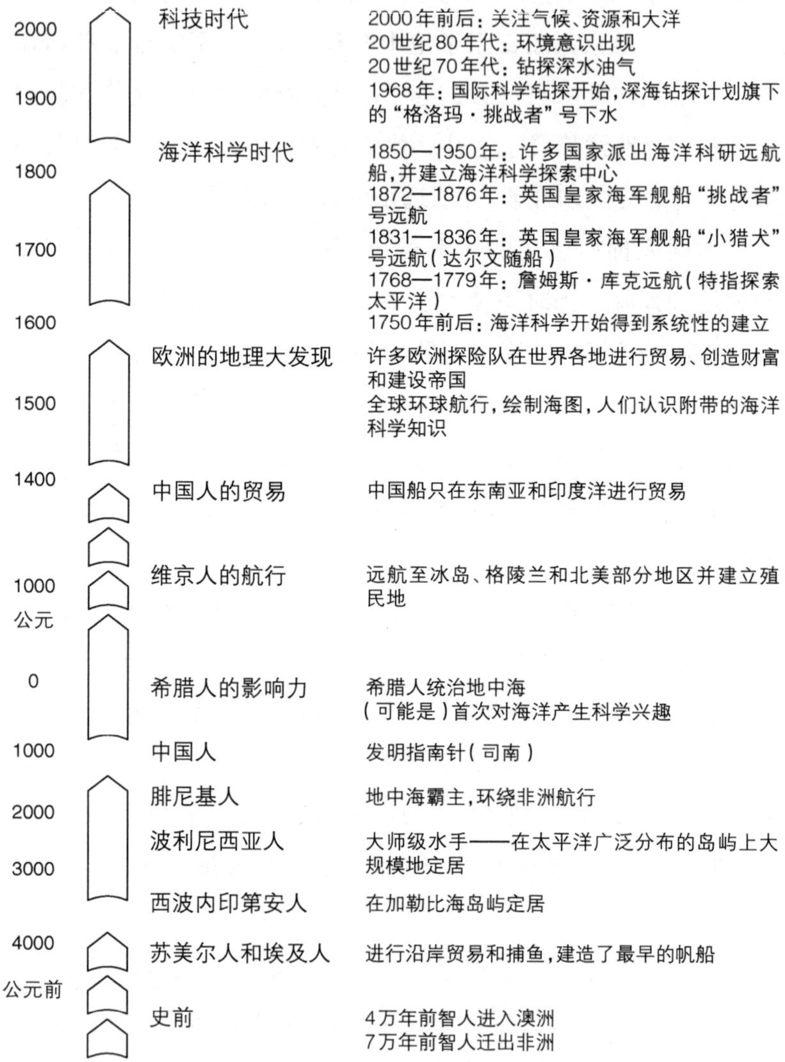
2000
科技时代
2000年前后：关注气候、资源和大洋
20世纪80年代：环境意识出现
20世纪70年代：钻探深水油气
1900
1968年：国际科学钻探开始，深海钻探计划旗下的“格洛玛·挑战者”号下水
海洋科学时代
1850—1950年：许多国家派出海洋科研远航船，并建立海洋科学探索中心
1800
1872—1876年：英国皇家海军舰船“挑战者”号远航
1700
1831—1836年：英国皇家海军舰船“小猎犬”号远航（达尔文随船）
1768—1779年：詹姆斯·库克远航（特指探索太平洋）
1600
1750年前后：海洋科学开始得到系统性的建立
欧洲的地理大发现
许多欧洲探险队在世界各地进行贸易、创造财富和建设帝国
1500
全球环球航行，绘制海图，人们认识附带的海洋科学知识
1400
中国人的贸易
中国船只在东南亚和印度洋进行贸易
维京人的航行
远航至冰岛、格陵兰和北美部分地区并建立殖民地
1000
公元
0
希腊人的影响力
希腊人统治地中海
（可能是）首次对海洋产生科学兴趣
1000
中国人
发明指南针（司南）
腓尼基人
地中海霸主，环绕非洲航行
2000
波利尼西亚人
大师级水手——在太平洋广泛分布的岛屿上大规模地定居
3000
西波内印第安人
在加勒比海岛屿定居
4000
苏美尔人和埃及人
进行沿岸贸易和捕鱼，建造了最早的帆船
公元前
史前
4万年前智人进入澳洲
7万年前智人迁出非洲

5 图1 海洋探索时间线

洛梅乌·迪亚士吹到非洲南端后，人们终于找回这条航线。次 6
年，达·伽马成功到达印度。

意大利航海大师克里斯托弗·哥伦布试图通过向西航行环绕世界到达东方。他错误地认为地球只有实际大小的一半左右，因此他把自己在中美洲附近首次登陆的一座加勒比海小岛误认作印度或日本。他在这里遇见了阿拉瓦克印第安人的后裔，这些印第安人至少在5 000年前就已经在此地定居了。其他探险家迅速跟进。约翰·卡博特于1497年从英格兰出发，寻找通往东方的新航线，结果航行到纽芬兰。1499年，另一个意大利人——亚美利哥·维斯普奇到达南美海岸，向南航行至亚马孙河。不久后，美洲就以他的名字命名。

1519年，斐迪南·麦哲伦率领一支船队从葡萄牙出发，船队由5艘老旧船只和230名经验丰富的海员组成。尽管麦哲伦本人在菲律宾的麦克坦岛遇难，但他的一位船长——胡安·塞巴斯蒂安·德尔卡诺继续奋力前行，最终在只剩下1艘船和18名船员的情况下，于1522年9月抵达塞维利亚。完成这次漫长且极其艰巨的航行，无疑是当时的最高成就，而且这可能是世界上首次环球航行。不幸的是，这一壮举标志着全球历史进入了一段不甚愉快的时期——欧洲列强剥削他们新发现土地的时期。

海洋科学的先驱

从亚里士多德的洞见到葡萄牙亨利王子委托制作的详细海图，再到那些精心绘制地图的人（其作品随着时间的推移而越发精确）所掌握的第一手知识，人类在探索过程中积累了大量与海洋相关的科学认知。到18世纪初，人们对科学发现的渴望重新

7 被唤起，真正的海洋科学开始萌芽。路易吉·马西里撰写的《海洋自然史》成为首部专门讨论海洋的著作。伦纳德·欧拉在其重要著作中从数学角度阐明他对月球控制潮汐运动的理解。本杰明·富兰克林则首次绘制了墨西哥湾流图。

1768年至1780年，詹姆斯·库克船长从英国普利茅斯启航，率领了三次漫长而卓越的航行，开创了系统收集海上科学数据的先河。其中有两次，他携带了由钟表匠约翰·哈里森设计的当时世上最精密、最准确的天文钟，以测得可靠的海上经度（纬度已可通过星辰轻松计得）。库克凭此有了非常出色的导航能力，因而他所仔细收集的数据对各种科学体系都更有价值。这些数据涉及地理、地质、水深测量、海洋生物群、潮汐、洋流、水温和盐度方面，覆盖范围最南至南纬71°。正是在那里，库克首次遇到环绕南极洲的冰山。

19世纪欧洲帝国扩张时期，航海探险大量涌现，其中两次尤为重要。1831年至1836年，英国皇家海军的考察船“小猎犬”号负责绘制南美海岸线地图的任务，年轻的查尔斯·达尔文担任船上的博物学家。他解释了火山岛和珊瑚环礁在海洋中的形成，并且在海洋生物学，尤其是藤壶研究方面做出许多重要贡献。然而正是他对化石和现存物种的细微区别所做的非常详细的观察，最终促成他于1859年发表那部影响深远的著作——《物种起源》。

第二次具有重大意义的航行是英国皇家海军舰船“挑战者”号在1872年至1876年间的环球航行（见图2）。“海洋学”这一个术语就是人们在这个时候提出的，用于描述此次航行的科考
8 任务。这次目的纯粹的科考航行取得了巨大的成功，其航程总

图2　英国皇家海军舰船“挑战者”号

长达127 600千米，进行了数千次的深度探测，海底沉积物和生物群样本的采集，以及海水温度、盐度和密度的测量。这次探险调查结果由约翰·默里爵士编写，其所著的《“挑战者”号报告》共计50卷。它推动海洋学发展成一门独立学科，确立了相关工作的巨大经济和实践意义，明确了设立多学科交叉的科研任务的必要性，并促进了国际合作。

全球挑战

今天的海洋学研究一如既往地令人兴奋且富有挑战性。随着20世纪科学发现步伐的加快，以及新技术在海洋科学中的应用，关于海洋的知识体系呈指数级增长。这些知识只是冰山一角，但为亟待探索的新领域指明了些许前进的方向。现在，我们掌控了成套的技术，更清楚该探究哪些科学问题，准备得更充

9 分，因此在海洋领域探险有望获得巨大的回报。

海洋学是一门庞大的学科，其规模由涵盖的范围、所需设备和船只的性能以及所解决问题的复杂性来决定。在大型机构或政府的支持下，它始终强调合作精神而非个人意志。历史上规模最大的科学调查之一是始于1968年的深海钻探计划，现已持续近50年，并更名为综合大洋钻探计划。自“格洛玛·挑战者”号深海钻探船于1968年下水以来，“乔迪斯·决心”号、“地球”号等钻探船相继出航（见图3）。它们在海底深处钻取了2 000多个洞，采集了近200万米的沉积物岩芯，提出并解答了有关地球的一些最基本的问题。

海洋学同样是一门实用学科，可以切实地满足社会需求。
10 无论海洋面临何种社会性挑战——通信、能源、食品、水资源、矿

图3　“乔迪斯·决心”号科学钻探船

产、贸易、旅游、废物处理、自然灾害、全球变暖或环境退化——我们都需要更深入地了解我们的海洋世界。

这是海洋学家在努力解决当今和未来的重大科学问题时所要面临的个人挑战。究竟是什么塑造了海底的形状？海底形状与上方海水是如何相互影响的？海洋中的沉积物何去何从？我们能否将海洋的历史信息解读为环境变化的晴雨表？海水是如何搅动的，其时间尺度是多久？海洋如何维持其化学平衡，以及什么因素可能破坏这种能力？我们能否理解和模拟海洋与气候的关系，这是否有助于缓解全球变暖？未来的深海探索将发现哪些新物种，带来生物学领域的哪些重大发现？当然，还有很多问题，这些问题都不容易回答，但答案对科学、经济和社会都有重要意义。

回答这些问题的任务落在了世界各个大学和研究所的海洋学家及其学生身上。通常，他们在跨学科团队中工作，往往涉及不同研究所和不同国家之间的合作，并参与区域性或全球性的大型项目。海洋学很大程度上仍然是一门跨领域的学科（见图4和表1）。其中涉及的实际困难与个人所遭受的苦难可谓旗鼓相当——寒冷和潮湿带来的是恶心和沮丧。它可能是一门僻远又寂寞的学科，面对的是汪洋的狂野或是深海的危险。但发现带来的兴奋、对其意义的窥探，以及海洋世界无可否认的美丽，都是参与海洋探索的丰厚回报。

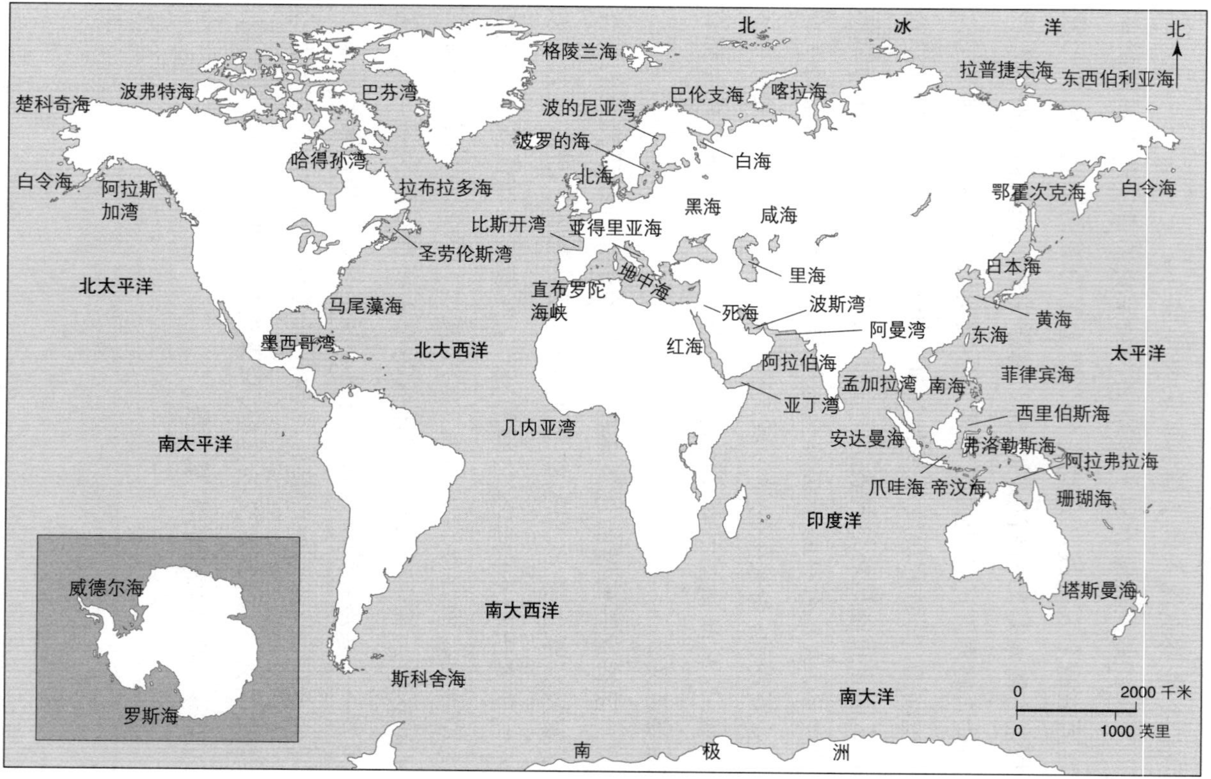
北冰洋
北
格陵兰海
拉普捷夫海
东西伯利亚海
楚科奇海
波弗特海
巴芬湾
波的尼亚湾
巴伦支海
喀拉海
波罗的海
白海
哈得孙湾
白令海
阿拉斯加湾
拉布拉多海
北海
黑海
咸海
鄂霍次克海
白令海
比斯开湾
亚得里亚海
圣劳伦斯湾
地中海
里海
日本海
北太平洋
直布罗陀海峡
马尾藻海
死海
波斯湾
黄海
阿曼湾
东海
墨西哥湾
北大西洋
红海
太平洋
阿拉伯海
菲律宾海
孟加拉湾
南海
亚丁湾
西里伯斯海
几内亚湾
南太平洋
安达曼海
弗洛勒斯海
阿拉弗拉海
爪哇海
帝汶海
珊瑚海
印度洋
威德尔海
塔斯曼海
南大西洋
斯科舍海
南大洋
0
2000 千米
0
1000 英里
罗斯海
南极洲

图4　世界海洋地图

表1　大洋数据

大西洋	
面积	82 000 000平方千米
平均深度	3 300米
最大深度	8 605米（密尔沃基深渊）
容量	321 930 000立方千米
最老洋壳	1.75亿年（侏罗纪中期）
边缘海	墨西哥湾、加勒比海、北海、地中海 拉布拉多海、波罗的海
印度洋	
面积	73 600 000平方千米
平均深度	3 890米
最大深度	7 450米（爪哇海沟）
容量	292 131 000立方千米
最老洋壳	1.40亿年（白垩纪早期）
边缘海	红海、亚丁湾、波斯湾
太平洋	
面积	166 000 000平方千米
平均深度	4 280米
最大深度	10 924米（“挑战者”号海渊）
容量	723 700 000立方千米
最老洋壳	1.65亿年（侏罗纪中期）
边缘海	南海、东海、爪哇海、西里伯斯海、班达海、日本海、鄂霍次克海、白令海、珊瑚海、塔斯曼海
北冰洋	
面积	12 173 000 平方千米
平均深度	990米
最大深度	5 608米（莫洛伊海渊）
容量	17 750 000立方千米
最老洋壳	5 500万年（古近纪）
边缘海	波弗特海、楚科奇海、东西伯利亚海、拉普捷夫海、喀拉海　13

续　表

南大洋	
面积	35 000 000 平方米
平均深度	3 350 米
最大深度	7 235 米（南桑威奇海沟）
容量	117 250 000 立方千米
最老洋壳	1.4 亿年（白垩纪早期）
14 边缘海	威德尔海、别林斯高晋海、罗斯海

第二章

海洋的兴亡

自原始地球环境形成以来，海洋和陆地就一直处于不断的移动、变迁和演化中，其速度之缓慢，只有在地质时间维度上才能感知。海洋的定义不仅取决于其中的水，也取决于底部海床（由洋壳构成的洋盆）的形状特征、上覆沉积物和生物。洋盆形成，而后扩张或收缩；岛屿从海中升起；陆地扩大和分裂。在这漫长的时间舞台上，陆壳、洋壳以及地球内部作为统一的系统，协同发挥作用。20世纪中叶的这一发现，催生了地球和海洋科学目前最新的伟大理论范式——板块构造说。本章将介绍板块构造说中海洋的起源和演化。

作为剑桥大学的一名学生，我曾上过德拉姆·马修斯、弗雷德·瓦因和丹·麦肯锡的课，他们都是在20世纪70年代早期参与发展板块构造说的科学先驱。我至今还记得，当他们在讲台上分享他们最新的成果和洞见时，台下学生一片哗然，我们感觉自己好像站在科学发现的浪尖上——事实确实如此。多年后，身为综合大洋钻探计划探险队（IODP 339）首席科学家，我乘着

“乔迪斯·决心”号钻探船探寻亚速尔群岛和直布罗陀之间的
15 大西洋地区。钻探的结果为板块构造的有关机制提出了新的证据，当我们意识到此事时，熟悉的兴奋感又涌上心头。我们捕获了一个微弱但清晰的信号，我称之为“地球的心跳”。我们的记录显示，地表对地幔深处强大构造力的响应周期长达100万年。我们至今仍致力于深入研究这一发现。

海洋与大气的起源

约45亿年前，地球由尘埃和气体云凝结而成。作为离太阳第三近的行星，地球既不会太近而太热，以至于表面被混合毒气包裹，也不会太远而太冷，以至于尽是荒芜寒冷的废土。在凝结和原始地球阶段，构成地球的主要化学元素也随之形成。较重
16 的元素向中心迁移，使地球分为地核、地幔和地壳，每一层的化学成分都不同（见图5）。最轻的元素（氢、氦、氮、碳、氧）很可能在这个阶段无法作为大气保留下来，而是蒸发到太空中去了。

地球早期演化的下一个关键阶段是其最外层（地壳）分化为洋壳和陆壳。它们的岩石成分及形成方式都截然不同。洋壳更古老，由深色的火成岩组成，现在主要为玄武岩，这些岩石是在反复激烈的喷发情况下从熔融的地球内部挤压出来的。陆壳的岩石则由更轻的物质组成，包括花岗岩、变质岩和沉积岩，其形成所需时间也更长。这些岩石经过反复的熔化和冷却，密度逐渐下降，并分离出来，凝合成原始大陆的核。早期大气层中的暴雨又会侵蚀、风化这些岩石。破碎的岩石以沉积物的形式重新分布在第一批小型大陆的边缘。如此循环往复，大陆逐渐形成。由于大陆的密度相对于周围的原始洋盆来说较低，它们

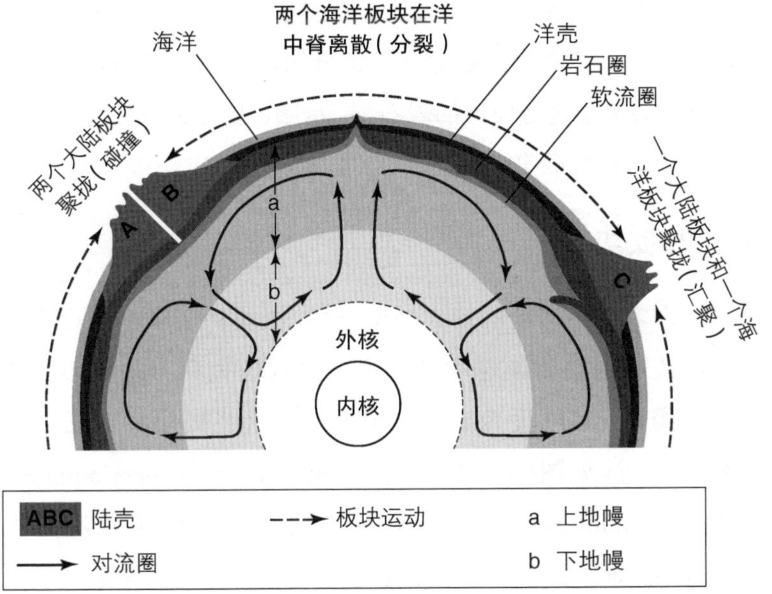

图5　地球的结构

的海拔较高。当今大陆地壳大约有7%由这些早期大陆的残余物组成。这些大陆的历史超过250万年，有些甚至长达380万年。

关于海洋的起源，有两种相互竞争的理论。第一种理论认为海洋是由地壳分化过程的第一阶段产生的气体形成的，这个过程被称为脱气过程。这些气体成为原始大气的一部分。然后，随着地球的冷却，水蒸气凝结为雨水。今天从火山里喷出的气体同样含有之前逸到太空中的气体，包括水蒸气、二氧化碳、氢气、氮气、二氧化硫等等。这些气体都是与它们结合的岩石和矿物在熔化的时候释放出来的。第二个理论是早期的地球经常受到强烈的撞击，在此期间，满载冰块的彗星从太空落下，带来 17

了大部分的水。现在，每年大约有3万吨水以彗星颗粒细雨的形式落到地球上。海洋的成分从大部分为淡水逐渐变为我们今天所熟知的咸水，这是地球的岩石圈、水圈、大气圈和生物圈之间相互作用的复杂故事。

交错的板块

和许多久经考验的伟大理论一样，板块构造学概念优雅又简洁。该理论认为地球的外层由一系列较大和一些较小的刚性板块组成，其厚度为120—180千米。这些板块相对于彼此不断地运动（见图6），被称为岩石圈板块（lithospheric plates，源于希腊语lithos，意为“石头”）。这些板块位于软流圈上（asthenosphere，源于希腊语asthenes，意为“弱”），这是一层更软、更热，几乎熔化或部分熔化的圈，其厚度和岩石圈接近，约为100—200千米。

板块不仅会移动，而且随着成分的吐故纳新，它们的大小和形状也在不断变化。这些变化发生在板块边界、相扣的不规则裂缝间和正在愈合的缝隙处。这些裂缝显得地壳伤痕累累，而包括地震、火山、温泉和地球内部的散热在内的构造活动，也大都出现在这些边界上。离散型板块边界（扩张中心）形成了新的地壳，汇聚型板块边界则吞没或扭曲古老的地壳。在转换型板块边界上，硕大的刚性板块以巨大的力量相互摩擦和刮削。

地球外层的板块运动大多由对流驱动。这是我们在液体和气体中都很熟悉的一个过程：热的物质密度小而上升，冷的物质密度大而下沉。大到全球传送带中的巨大洋流、在大气层中快速翻滚的风，小到我们杯中咖啡的冷却、烟在烟囱里的爬升，都

18

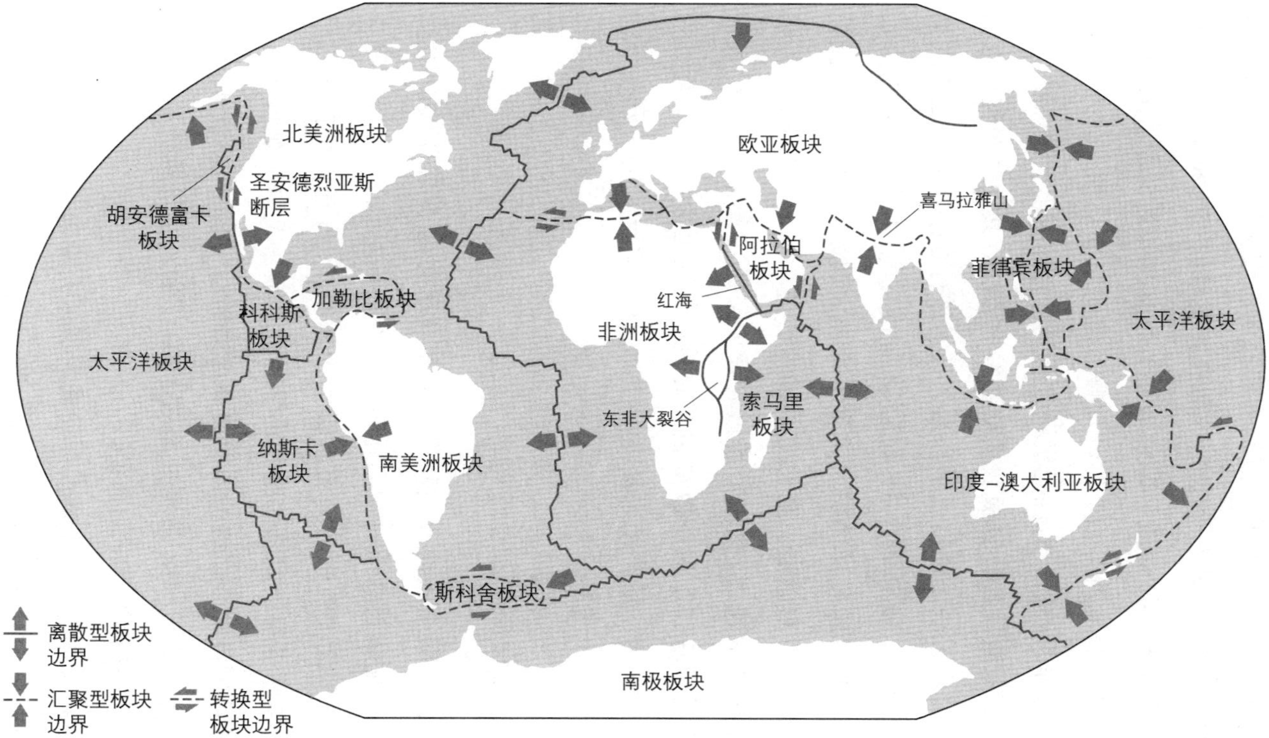

图6　主要构造板块和板块边界

19

是由这个过程推动的。然而，在极高的温度和压力下，地球外层看似“固体”的岩石会变为一种极其黏稠的“流体”，其或慢或快的流动产生了对流。即使历经了45亿年不断的凝固和增厚，自带热量的地核仍然是驱动地幔对流的主要热源。此外，如铀和钍这样的天然放射性元素经过衰变也会释放出一些热量。

目前有几种计算板块运动速率的方法。其中针对现存板块的最可靠方法是使用卫星和激光技术进行直接观测。这些观测表明，大西洋正以每年2—4厘米的速度变宽，大约和指甲的生长速度相当。印度洋的扩张速度本来也大致如此，但受到周围板块碰撞的严重阻滞。扩张最快的中心是东太平洋海隆，洋壳以头发生长的速度，每年沿着该海隆扩张约17厘米。然而，太平洋下的板块在汇聚型板块边界的消耗速度更快，这一消耗过程被称为俯冲。最终结果是太平洋的面积相较于其他海洋而言缩小了。

海洋的脊梁

海洋最引人注目的特征之一是几乎绵延不绝的海底山脉，它们在地球表面横亘数万千米，从北极点附近的北冰洋海底拔起，沿着北大西洋和南大西洋的中轴线，一直延伸到南极洲附近，和环绕南极大陆的海底山脉相连。后者又分头延伸至太平洋和印度洋海底。这些山脉最高可比邻近海盆高出3千米，距离海面不到2.5千米，最宽处超过1 000千米。这就是全球洋中脊系统，也被称为海洋的脊梁。

在洋中脊，一种叫作玄武岩的深色火成岩不断地涌出。也是在这里，新地壳不断地产生。整个洋中脊系统本质上是一个由活火山组成的线性条带，地球内部的大部分热量都沿着这个条带散发。火山物质伴随着大量的浅源地震被挤到表面，产生新的地壳，把旧的海底推到一边。

在地球内部，巨大的对流单元驱动热岩浆沿着洋中脊的轴线涌出。岩浆房离海底仅几千米，蕴含着由晶体和熔融岩石组成的热糊。片状或管状（岩脉）的岩浆从那里不停强行穿过上方薄弱的地壳，向深海海底喷发。水下2.5千米深处以下的岩浆喷发并不剧烈，而更像是挤牙膏。科学家已经拍摄到海底诞生的过程：乌黑的玄武岩缓缓渗出，形成了一系列小型圆顶结构，被称为枕状熔岩。枕状熔岩外层的黑色玻璃是超过1 000℃的熔岩遇到冰冷的水迅速冷却而成的。

人们在测量洋壳年龄的过程中发现一个有趣的规律：洋壳的年龄随着它与洋中脊的距离增大而系统性地增长。这一发现在20世纪60年代初为板块构造理论提供了最后的论据。地球磁场和冷却岩浆相互作用，使海底成了一台磁带录音机，其中奥妙无穷。富含铁的矿物在从热熔岩中结晶析出的时候被单独磁化，磁矩指向磁北极。随着熔岩的凝固，磁矩也固定下来。目前地球磁场的极性被定为“正常”极性，反之为“倒转”极性。在之前的地质时期，地球的磁场极性在正常和倒转间来回转换，周期不定，介于几千年到几百万年之间。人们将精密的磁力计拖挂在科考船船尾，以测量地壳岩石的磁化情况。科学家通过这种测量发现，又长又窄的正向磁化和反向磁化在海脊两侧以几乎完美对称的规律分布。每个条带的年龄可以用熔岩的放射性鉴年法测得，从而可绘制出一张完整的洋壳年龄地图。地图显示，最古老的地壳大约于1.8亿年前形成，离今天的扩张中心（洋中脊）最远。我们也能借此计算出扩张速度。

黑烟囱、蛇绿岩和热点

在洋中脊系统上，被称为“黑烟囱”的海底热泉喷涌出滚烫的、富含矿物质的水。它们原本是冰冷的海水，流入了因海底扩张运动而成的裂缝后，在新形成的洋壳中向下渗透数千米，同时萃取各种化合物。这些水遇到热岩浆时，就会被推回表面，以热泉的形式从海底喷出。这些水往往是过热水，温度可达300—400℃。当这些过热水与海底接近冰点的水接触时，溶解于其中的矿物质迅速析出。这些富含铁、铜、锌和其他多种金属的矿物质析出沉淀后构成了巨大的矿体，有的好似由烟囱和尖锥构成的城市景观，从海底拔地而起，有的则填充沿着洋中脊分布的裂隙，成为富含金属的沉积物池。热泉周围温度很高，漆黑一片，还有各种有剧毒的金属化合物，但就在如此恶劣的环境中，仍繁衍着神秘莫测的动植物群。

在板块碰撞的强大力量作用下，海洋岩石圈的碎片可能会

被抛到陆壳上，这些碎片名为蛇绿岩。蛇绿岩有着独属于海洋岩石的特征，分布在许多横跨大陆的造山带中。今天魁北克省北部分布着许多非常零碎的蛇绿岩，它们直接暴露在空气中，然而20亿年前其中一部分还是海底的枕状熔岩。更完整的蛇绿岩分布在塞浦路斯岛，它们曾是现已不复存在的特提斯洋的一部分，其年龄达8 000万年。更年轻的蛇绿岩则遍布日本岛弧。这些地方是消失的海洋的海底，或是地壳岩石与地幔岩石的边界，即著名的莫霍洛维契奇界面，简称莫霍面。作为一名海洋科学家，在这些地方漫步或驻足都是令人难忘的经历。

研究深海海底的科学家的另一个圣地是冰岛。这座火山岛是大西洋洋中脊的一部分，由熔岩在数百万年间从海里大量喷涌而成，所以洋中脊的顶端就暴露在陆地上。走在雷克雅未克附近的辛格韦德利地堑中，就像走在所有缓慢分裂的洋中脊轴线上狭窄的裂谷里一样。冰岛形成于一个热点之上。热点里的熔融物质从地幔中升起，形成一道狭窄的羽状岩浆流，可蔓延至地表下600千米深处。冰岛的这个热点在大约6 300万年前形成，以前位于连接格陵兰岛和北欧的陆壳下方。它在随后的大陆分裂和新的扩张中心的形成中发挥了作用。与其他大部分热点不同，从那时起，这个热点就一直在同一个地方活动。

碰撞、俯冲和滑移

新的地壳沿着洋中脊不断地在海底生成，这意味着每年必须有等量的地壳消亡。洋壳的消亡发生在俯冲带。这里是世界上最大的回收站，位于汇聚型板块边缘。由于洋壳的岩石比陆壳的岩石密度大，在两者交接处，洋壳板块被推到下方。这个过程又称俯冲。海底俯冲带的一大特征是深海沟，大洋岩石圈就是在此被推下去回炉重造的。俯冲会引发地震和火山活动，也促使了岛屿和山脉的形成。

在俯冲带的上部，下降板块的表面由于巨大的摩擦阻力而熔化。板块表面随之下沉的岩石和湿润沉积物跟深层岩石圈一样，在50—100千米深处开始熔化。那里的温度可高达1 200—1 500℃，形成了局部的熔岩（岩浆）囊或岩浆房。其中一些岩浆侵入下地壳，在那里冷却并结晶成花岗岩。这是一种深成岩，也是大陆的主要岩石。另一些熔融物则在剧烈的火山喷发中强行冲出地表。

整个太平洋都被俯冲带包围。这些俯冲带是世界上地震和火山最多的地方，因此得名环太平洋火山带。构成这片海洋的板块在大陆下方不断地被回收。纳斯卡板块向南美洲板块俯冲了至少2亿年，而地球上最长的山脉——雄伟的安第斯山脉就是由此而来的。再往北，小型的胡安德富卡板块和科科斯板块是法拉龙板块仅有的两个残留，这个曾经庞大的板块覆盖了早期太平洋的大部分地区。

在太平洋西部边缘和北部边缘连成的大片区域，俯冲导致了一连串火山岛的形成。成群的火山岛坐落在相连的海沟系统
24 后方数百千米处，或与大陆隔着宽阔的边缘海，或完全孤立在广袤的大洋中。这些岛屿沿着巨大的弧线分布，因此被称为岛弧。其中最著名的岛弧包括阿留申群岛、日本列岛、菲律宾群岛和印度尼西亚群岛。斗转星移，曾经天各一方的岛屿逐渐融合，变成类似大陆的小块土地。

当洋壳俯冲时，陆壳上会有山脉隆起，安第斯山脉就是很好的例子。这座雄伟山脉的下方是一座巨大的俯冲带工厂，其中的岩石圈物质在过去至少1亿年里不断受到强烈的摩擦加热而熔化，进而形成山脉。当岩石在很深的地方熔化后，岩浆会向上方较冷的岩石推进，在那里再次冷却并开始结晶。某些矿物，如石英和某些长石，是最后结晶的，因此会随着剩余的岩浆继续上升，直至结晶，形成花岗岩，即大陆上最常见的岩石。主体是花岗岩的深成岩以这种方式侵入了所有的山脉。岩浆继续前进，直达地表，喷发并形成安山岩和流纹岩。在山脉深厚的根部核心，花岗岩仍然漂浮在岩浆上。因此安第斯山脉的部分地区正

在以每年超过5厘米的速度上升。

欧洲和中东的山脉，如阿尔卑斯山、亚平宁山脉、比利牛斯山脉、贝蒂克山脉、希腊山脉和喀尔巴阡山脉，都是以这种方式形成的。这是因为非洲一直在向北犁入欧亚大陆。微小的板块扭曲翻转，碰撞的前沿支离破碎，岛弧、火山和野蛮生长的海沟，如此种种，使整个地中海地区的山脉和残余盆地成了地球上最复杂的拼图之一：部分剥落的洋壳被刮到大陆上，成为蛇绿岩；而一整块的陆壳碎片被推搡到高高的山峰上，成为推覆体。人 25
们将这些混乱、变形的岩石统称为混杂堆积。

在某些地区，板块不会碰撞或分离，而是相互磨擦和滑动。这些地区在海洋中被称为转换型边界，在陆地上被称为走滑断裂边界。虽然摩擦滑动时板块材料并无损益，但过程绝非平静。转换型断层的一个例子是沿着洋中脊分布的梯状偏移，在其中一些断层中相邻脊顶可相距数百千米远。加利福尼亚州的圣安德烈亚斯断层和新西兰的南阿尔卑斯断层则是陆地上走滑断裂边界的例子。同一大陆的两个部分沿着这些巨大的断层线相互挤压、滑动和磨擦，引发许多地震。

海洋的过去和现在

我们对现代世界地图、大陆的轮廓和海洋的宽广了如指掌，以致很容易相信这些形状经久不变。事实恰恰相反：大陆在不断地移动和增长，海洋在不断地出现和消失，洋壳在不断地流失和重塑。即使以地质学的尺度来衡量，这些变化也是缓慢的，但它们往往对地球的气候、洋流、动植物分布和大规模灭绝事件有着举足轻重的影响。因此，能够准确地重建过去海洋和陆地区域的分布，是我们学科的一个重要挑战。对过往海洋的研究，即古海洋学，是全世界的一个研究热点。

地球在形成以来的45亿年里，有过许多不同的海洋，也经历了许多陆洋变换的周期。我们对那些相对比较遥远的过去了
26 解非常有限，对描绘最近2.5亿年的情景则更有信心。这一时长大概是特提斯洋从诞生到消亡，然后形成今天的大洋所花的时间（图7）。

在这一时间段的初期，有一片超级大陆和一片超级海洋，前

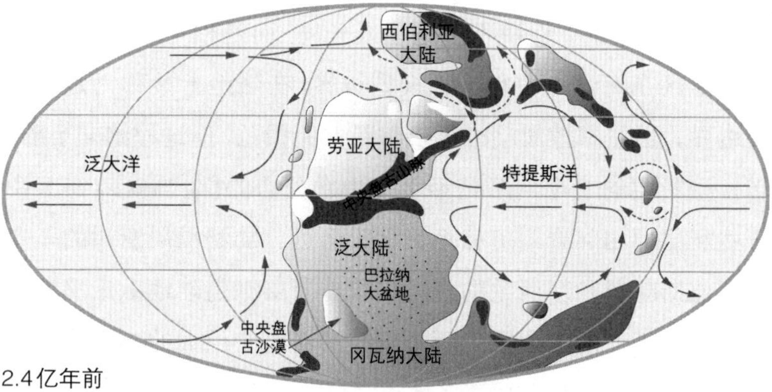

2.4亿年前

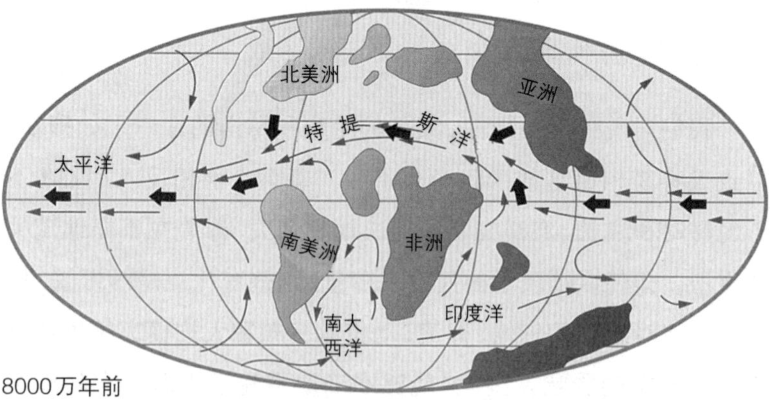

8000万年前

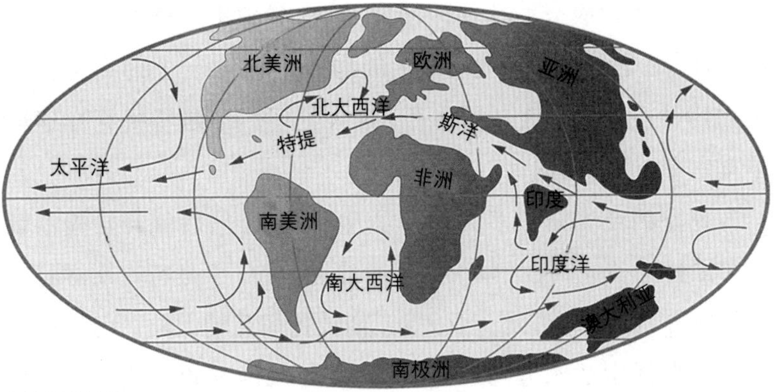

4500万年前

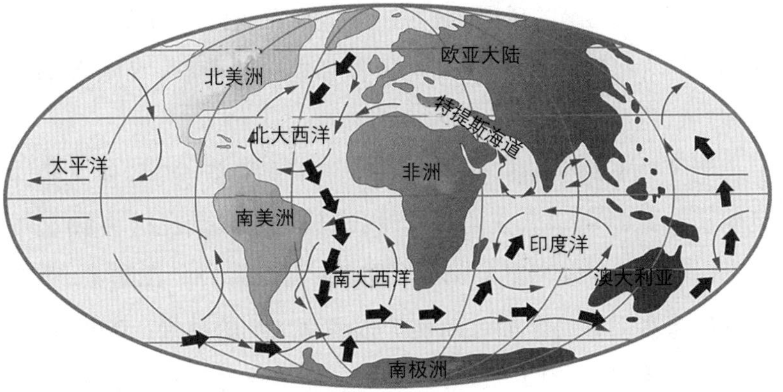

1500万年前

图7　地球曾经的海洋：从2.4亿年前到现在

者被称为泛大陆[①]，后者被称为泛大洋。泛大洋横跨古赤道的大片水域被称为特提斯洋。当时两极都在水下，全球气候总体温暖，海平面很低，大陆内部极度干旱。大量的火山熔岩喷出，其中一些形成了现在的西伯利亚暗色岩，同时改变了当时的大气

① 又称盘古大陆。——译注

27 和海洋的化学成分。这些因素的结合，导致了二叠纪末期的灭绝事件，这是有史以来规模最大的物种灭绝，估计当时有95%的生物物种（几乎都是海洋物种）都灭绝了。正是特提斯洋逐渐孕育生命，让它们重返世界。

完整的泛大陆最多只保持了几千万年，然后就开始慢慢解体和漂移。首先，泛大陆大致沿着赤道分裂，于是特提斯洋将泛
28 大陆一分为二，北边是劳亚大陆，南边是冈瓦纳大陆。由于扩大的特提斯洋中的水分渗透到大陆内部，气候开始改变。之前只有沙漠的地方变得植被繁茂。在大陆边缘的陆架浅海遍布热带潟湖，成为珊瑚礁的乐园，涌现出无数现已灭绝的海洋生物——鱼龙、上龙和现代鲨鱼的祖先猎食着卷曲的菊石、乌贼般的箭石、海星、巨型牡蛎、海百合和鱼类。

到了约1.2亿年前，南美洲和非洲开始逐渐分离，南大西洋诞生了。此时可谓真正的海洋时代，因为海平面比过去10亿年都高，可能比今天高出350米。地球表面只有18%在陆上，剩余82%都在水下。海平面过高是扩张活动增加的结果：新的海洋、新的洋脊和更快的扩张速度都意味着洋中脊系统共同移动了比以往任何时候都多的水量。那时全球变暖的程度远比今天极端。海洋温度在赤道升至约30℃，在两极可高达14℃。洋流非常缓慢。

在这些极端条件下，海洋的氧气含量岌岌可危。在全球范围内，或至少在半球范围内，海洋经历了几个近乎缺氧的时期，被称为大洋缺氧事件。在此期间，海底沉积物保存了大量未降解的有机物。当我们钻探这一时代的沉积物时，无论这些沉积物潜藏在海底还是暴露在地表，我们都会遇到一种被称为黑色

页岩的深灰色岩石。世界上一半以上的石油储量都来自这些油量丰富的油源岩。在随后相当长的时期里，海洋既温暖又宁静，其中的主宰者是丰富多样的浮游生物和动物。这种繁荣稳定在6 500万年前的另一次大规模灭绝事件中急剧结束了。大约 29
50%的已知物种消失了，其中包括陆地上的恐龙。

海平面下降，全球开始变冷，大陆进一步分裂。南极洲从澳大利亚分出，漂过南极，大致占据了它目前所在的位置。印度板块早已分离并开始缓慢地向北漂移。在6 000万年前到5 000万年前，这个独立板块的前沿开始与劳亚大陆的北部陆地碰撞。随后不久，大陆和大陆的碰撞形成了新的山脉，即喜马拉雅山。这是地球上最高的山脉，世界上海拔超过8 000米的10座山峰都在这里。早期特提斯洋的部分海底甚至也在其中，它们在山脉拔起的过程中被推上来，并暴露在今天的地表上，例如约8 500米高的马卡鲁峰峰顶。这里位于尼泊尔和中国西藏的交界处，毗邻珠穆朗玛峰。

在印度与中国相撞的同时，非洲向欧亚大陆的中西部靠拢，南美洲向北漂移。特提斯洋慢慢地消失了，只有其海底的零碎岩石，残存在喜马拉雅、中国和中东地区。在其曲折命运的最后阶段，特提斯洋的残余部分在大约650万年前成为一个形状不规则的内陆水体，大致位于今天的地中海和黑海。在随后的100万年里，这片大洋残余先是蒸发干涸，后又重新被淹没，如此反复，留下大量的蒸发岩沉积物（主要是石膏和石盐），在一些地方厚达2 000米。最终，通过直布罗陀海峡，这片海洋与大西洋建立了稳定的联系，海洋状况也随之趋于正常。 30

第三章

海　底

犬牙交错的构造板块及其在地球上的运动决定了海底的形状和性质。这里的地貌五花八门，有着世界上最长的山脉、最深的鸿沟、可以容纳大峡谷的山谷，以及面积是撒哈拉2倍大的巨大荒漠。但所有这些特征都随着时间的推移而变化，而且变化的模式永远是循环的。不过这些循环的周期不同，而过去的情况也从未完全再现。第二章所概述的板块构造旋回是其中周期最长的，并与岩石的循环密切相关：岩石从大陆进入海洋，再到地球内部，然后回到大陆。沉积物进出海洋的流动过程是复杂的，时而突如其来、地动山摇，时而慢慢悠悠、绵绵不断。本章旨在考查海底的形态、组成成分、所覆沉积物和变化周期。

在20世纪80年代末，我和美国拉蒙特–多尔蒂地球观测所的吉姆·科克伦一起组织领导了一次国际科考行动，乘坐“乔迪斯·决心”号科学钻探船前往印度洋中部。在利用地震成像技术调查了海底表面和内部的性质后，我们选择了三个有代表性的地点，并在世界最大的深海扇（孟加拉扇）的最远端进行了钻

探。这片巨大的沉积矿床从恒河三角洲延伸3 000千米，到达赤 31
道以南水深超过5 000米的地方，并且自喜马拉雅山拔地而起以来就一直在增长。我们的钻孔最深钻到海底1 000米以下，可以追溯到大约1 800万年前从喜马拉雅山侵蚀风化下来的沉积物。通过分析上方的沉积物柱的成分，我们研究出这一山脉的侵蚀过程。原本是喜马拉雅山脉深层核心的物质现暴露在山顶。我们还发现，由于印度板块继续向欧亚板块推进，产生了巨大的压力，洋壳和上覆沉积物正在缓慢地弯曲和变形，形成有规律的巨型褶皱。海底是复杂多样的。

海底的形状

大陆与海洋的边界被称为海岸线。在海洋看来，所有大陆都被宽阔平整的大陆架包围。大陆架通常宽10—100千米，以非常小的坡度（不足0.1°）延伸至水深约100米的边缘。大陆架往外是骤降至深海盆地的大陆坡，宽度介于数十到数百千米之间。大多数地方的坡度都较为平缓，介于3—8°之间，但在受断层影响的地方会更为陡峭。大陆坡的底部毗邻深海平原。这是一块平坦到几乎没有特征的阔地，位于水深4—6千米处。海洋被深海盆地分割，而盆地又由海底火山喷发而成的海底山脉和高原所间隔。

地球上洋壳的位置相对较低，因为它们是由密度较大的玄武岩构成的。那些由密度较小的岩石（如花岗岩）形成的陆壳则相对较高。海水自然会填充较深的洋壳，即深海盆地，其平均水深约
为4千米。在深约2.5千米的洋中脊，洋壳较新、较暖，而较老、较冷 32
的洋壳位于水深超过6千米的海底。洋中脊被断裂区分割，这些断

裂区可长达100千米，外表如同深气孔，呈线性分布。在洋壳陷入俯冲带的地方，狭长海沟的深度可超9千米，比如在西太平洋马里亚纳海沟的“挑战者”号海渊中，最深处可达10 924米。

海底山孤零零地从深海拔起，有时会穿过海面，形成小岛。这些小岛地处偏远，其中许多散布在太平洋和印度洋上的岛屿都成了热门的度假胜地。

海底沉积物

海底几乎完全被沉积物所覆盖。在一些地方，例如在洋中脊的侧翼，沉积物只有薄薄一层。在其他地方，例如稳定的大陆边缘或大型三角洲的下面，沉积活动已经持续了数百万年，累积的厚度可以超过15千米。这些地区被称为沉积盆地，蕴藏着丰富的经济价值，记录着久远的历史变迁。

所有沉积物都是由独立的颗粒物组成的。这些颗粒物在地球表面沉积，随着时间的推移而分层（见表2）。有些颗粒物沉积在陆地上，大多数则在海里。沉积物日积月累，先沉积下来的物质越埋越深。这个过程伴随着高温和高压，单个颗粒物被越压越紧，直到深度超过1 000米后，它们开始融合。在不断增加的压力下，孔隙中的流体被挤出来，其中某些矿物质随之析出，
33 像水泥一样将曾经分离的颗粒黏合在一起。

海盆的沉积物有许多种来源。陆源沉积物主要来源于岩石的物理或化学风化。这些岩石包括火成岩、变质岩和沉积岩。风化形成的碎屑由河流、浮冰、风和海岸侵蚀作用带进海洋，成
34 为海洋中常见的砾石、沙子、粉砂和黏土（泥浆）沉积物。在成岩作用下，这些沉积物变为砾岩、砂岩和泥岩。

表2　主要的岩石类型

火成岩	
来源	由熔化岩石（熔岩）经冷却结晶而成
例子	深成岩：花岗岩、闪长岩、辉长岩
	火山岩：流纹岩、安山岩、玄武岩、浮岩、黑曜岩
变质岩	
来源	由原有岩石在高温高压下再结晶而成
例子	板岩、片岩、石英岩、角页岩、片麻岩、大理石
沉积岩	
来源	由源于岩石、生物体和溶解盐的颗粒物沉积而成
陆源沉积	源于陆地的岩石，经风化和侵蚀而成
	例子：砂岩、砾岩、泥岩、页岩
生物沉积	源于生物，由生物体破碎而来
	例子：石灰岩、燧石、磷灰岩、煤炭
化学成因沉积	源于化学反应，由溶于海水中的盐析出而来
	例子：石盐、石膏、锰结核、铁石、石灰华、结晶灰华
火山成因沉积	源于火山活动，由火山岩或火成岩破裂而来
	例子：火山灰、凝灰岩、火成碎屑岩、熔结凝灰岩

生物沉积物来自活体生物，包括其形成的有机软组织和硬壳组织。它是由表层水中大量的浮游生物以及破裂的珊瑚礁和贝壳提供给海底的。这些物质最终形成各类石灰石和一种坚硬的硅石（系燧石）。如果沉积物中软组织残留物占主导，那么最终形成黑页岩和煤。

水生沉积物源自溶于海水中的各种化合物。海洋保持着化学稳态，这意味着有大量的物质不断溶解和析出。当化学稳态改变时，较常见的化合物就有可能从溶液中析出。如果气候条件改变导致蒸发量超过降水量，沿海潟湖或隔绝于全球大洋的

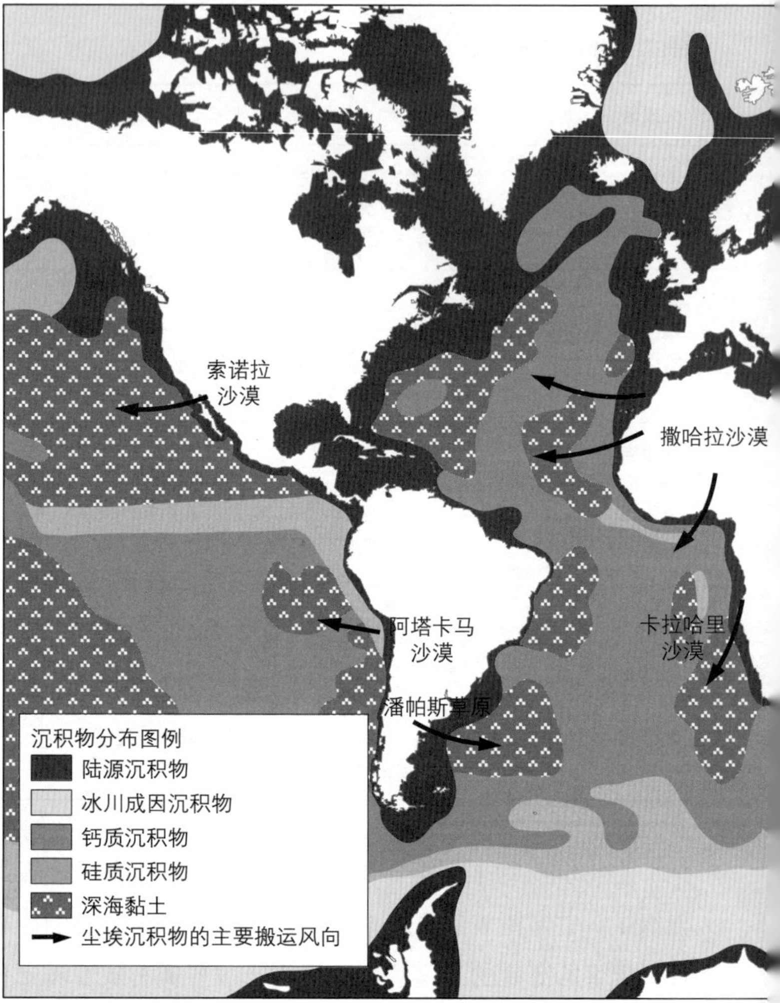

图8　海底沉积物分布规律

浅海就会析出石盐和石膏，在很短的时间内变成盐场。其他一些局部地区的物理化学条件则会有利于铁、锰和其他许多金属的析出，它们构成了深海中的结核、结壳或者海底烟囱的主体。

全球海洋中的沉积物分布图揭示了一个有趣的规律（见图8）。

虽然沉积物的某些特征，诸如其类型和来源，有着一目了然的规律，但其他有些方面却不那么明显。在大陆边缘，包括三角洲和大型河流的海底扇，沉积物都属于陆源沉积物。这表明这些物质都是在大陆经侵蚀风化而来的。同样，在高纬度海域，冰川成因沉积物显然占主导地位。但是，为什么钙质生物沉积物在大西洋和印度洋的中部以及太平洋的某些广阔区域更为常见？为什么硅质软泥会在三个纬度带分布？答案就在于海洋中生产和
35 留存的复杂本质。

浮游生物是表层海水初级生产力的产物，它们坚硬的钙质和硅质骨架像绵绵细雨一般向海底沉降。但当下降到一定的深
36 度，水的酸度高到可以溶解任何下沉至此的钙质物。因此，钙质软泥只能保存在比这个深度浅的海底，这个深度被称为碳酸盐补偿深度，目前在大西洋约为4.5千米深。这能够解释为什么钙质软泥分布在较浅的海底。硅质骨架在海水中的溶解度更高，只有当它们的产量超过系统所能溶解的量时，它们才会沉到海底并作为沉积物保存下来。这种情况可能发生在表层初级生产
37 力特别高的海域，如赤道带和两个高纬度大片带状区域，以及各大陆西边的陆架区域。在大洋盆地最深、最偏远的地方，只有深海红黏土能够沉积。这种深海黏土的积累速度只有每千年几毫米，足以使所有的铁矿物在海底完全氧化，因此这些黏土呈现出特有的铁锈色。

海底峡谷、大陆坡和深海扇

陆源沉积物从大陆经由大陆架和大陆坡转移到深海盆地，这是沉积循环的一部分。岩石在水的物理和化学作用下被侵蚀，而后分解成矿物质和颗粒。这些物质被河流冲向湖泊和海洋，在移动过程中被打磨至球状。洋流在大陆架上进一步打磨沉积物并做筛选，而海底浊流最终将沙子和泥土运送到海洋盆地深处。当沉积物在海底沉积时，它仍然像海绵一样吸满了水。

数百万升的水通过颗粒间的孔隙循环，最终导致矿物质胶结、沉淀，而后岩化成坚硬的沉积岩。

喜马拉雅山作为世界上最高的山脉，滋养了最泥泞的河流，创造了世界上最大的两个三角洲——恒河三角洲和印度河三角洲，也就不足为奇了（见图9）。不仅如此，数十亿吨沉积物被排入印度洋深处，形成了孟加拉扇。这是一个巨大的海底三角洲，是世界上最大的单一沉积体。它的面积超过100万平方千米，最大厚度至少达15千米，在印度洋中蔓延3 000千米，然后变薄，形成羽毛状的边缘。

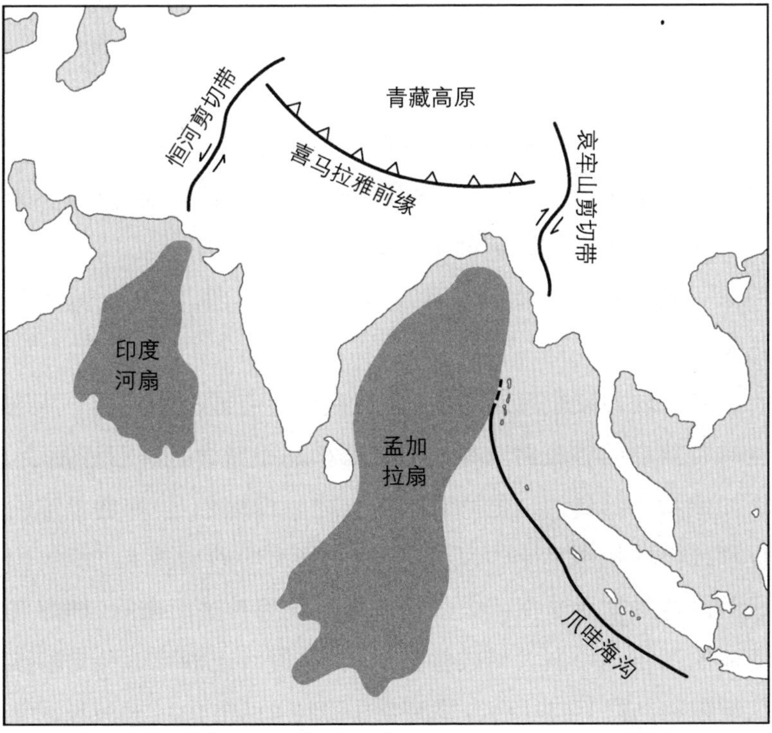

图9　位于印度洋东北部的孟加拉扇和印度河扇

海洋边缘的斜坡主要有四种类型，每种斜坡都有各自的形
38 态和形成过程。第一种光滑平缓，一般由底层洋流冲刷而成。第二种陡峭崎岖，坡度超过10°，局部超过45°，常见于珊瑚礁和富含碳酸盐矿物的海岸附近，也见于主要转换断层坡度较为突出的地方。第三种表面形态不规则，相当平缓（坡度介于5—10°）。这种斜坡的特征是海底滑坡和浊流，这是由地震和火山活动带来的巨大不稳定性引起的。它们分布在活跃的汇聚型或转换型大陆边缘，以及冰川或河流沉积非常迅速的地方。第四种斜坡则被各种形状、大小和风格迥异的峡谷所割裂。

39 这些峡谷是沉积物进入深海的主要渠道。在某些情况下，我们可以明显地看出它们与陆上河流系统的关联，并推测它们最初是在海平面低得多的时候，由流过广阔大陆架的河流雕刻出来的。在一些主要的河流三角洲外，流出斜坡的浊流甚至能挖出更深的峡谷。恒河三角洲附近的无底大峡谷深度超过600米。而加拿大东部附近的劳伦森海扇主河道深达800米，宽15千米。这比世界最高的建筑哈利法塔还高，比其所在地迪拜还大！

有些峡谷狭窄且遍布急弯，有些则笔直或曲度较缓。从这些峡谷狭窄的谷底钻取得到的岩芯样品中常含有碎石和粗沙，正如乘潜水器到达这里所看到的一样。相比之下，峡谷上部的堤坝或漫坪是由厚厚的、层次分明的细质粉砂和黏土沉积物构成的。这些物质是在巨大的水流通过峡谷时溢出来的，即海底河流的洪泛。一些大型成像显示，这些漫坪上规律地分布着波状沉积物，它们面积巨大，横跨整个漫坪（见图10），其波长通常为1—2千米，而振幅为几十米。

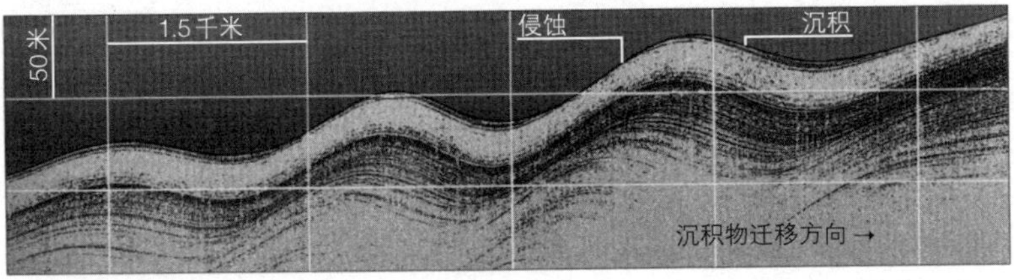

图10　深海沉积物的地震剖面图

隐秘的深海水流

无论物质是通过众多的峡谷系统，还是以其他一些方式穿过斜坡，关于它们从盆地边缘向下移动的过程，仍有许多问题亟待研究。海底滑坡和滑塌是大多数斜坡常见且重要的现象。它 40
涉及上层沉积物沿基底剪切面的突然下移。单个滑坡体的体量可大可小，从非常小的局部位移，到厚度可达几百米、体积超100立方千米的巨大物体。这种海底滑坡是灾难性的，例如密西西比河三角洲的一个钻井平台被摧毁，法国南部的尼斯机场的一条新跑道有一半被撕开，并顺势滑入地中海，乌克兰的一个村庄一夜之间从克里米亚半岛消失，滑入黑海。这种大规模的滑坡通常会导致大型海啸的产生，并在半封闭盆地的外围产生进一步的灾难性影响。克里特岛上的米诺斯文明在大约3 500年前毁灭，据推测是因为圣托里尼岛上的火山爆发，导致火山口的侧面发生海底滑坡，并产生了毁灭性的海啸。

在特别混乱动荡的滑坡中，移动的物质吸入许多海水，变得更加不均匀，更加滑润，从而引发碎屑流和浊流。奇怪的是，虽然浊流是深海环境中公认最常见的现象之一，但人们从未在自然界中观察到一个完整的实例。尽管这个现象仍然是深海中的一个幻影，我们还是从其夸张的影响中拼凑出了大量的信息，这些影响包括海底电报电缆的定期断裂，以及浊流形成的沉积物——浊积岩。由巨大的盆地边缘滑坡所产生的较大浊流，其厚度可能超过500米，长度为10千米，速度超过每小时70千米，并最终可以沉积出厚达2米，面积和法国或美国得克萨斯州相当的泥沙。吉姆·科克伦和我在印度洋中部的孟加拉扇上钻探发
41 现的沉积物，正是这种巨型浊积岩。

第四章

化合物浓汤

地球是一个由海洋相连的统一体。水分子结构很简单，但其具有非凡的特性，不仅让地球成为太空中的蓝色星球，还维持了地球的水圈以及其中所有的循环，使海洋有着不同的盐度和层级，让生命得以发展和繁荣。水是一种超级溶剂，能从大气中吸收气体，能从土地中提取盐分。每年大约有30亿吨溶解的化合物通过河流输送到海洋，但它们在海水中的浓度至少在几亿年内基本保持不变。有些元素在海水中存在了1亿年，有些元素只存在了几百年，但所有的元素最终都会经历岩石循环。海洋为地球充当化学过滤器和缓冲溶液，控制着温度的分布，并调节着气候。在洋流中，每秒钟都有难以估量的热能从赤道转移到两极。但是，海洋的构造也孤立了南极洲，并使南极上方覆盖的冰雪厚度超过4 000米。本章讨论海洋的化学和物理性质。

我不是一个海洋化学家，但我确实通过了解蕴含在微观浮
游生物中的海水的化学和物理特征，来还原和解释海洋中温度 42
与洋流曾经的变化。作为加拿大达尔豪斯大学的博士生，我花

了很多时间用显微镜计算厚壳方球虫的卷曲小壳的数量。这是一种特殊的浮游有孔虫，生活在温暖的水中时壳向右盘绕（右旋），和今天从表层沉积物中发现的壳一样。那些壳向左盘绕（左旋）的厚壳方球虫则分布在沉积物芯的更深处，它们生活在过去冰期更冷的水中。因此，我可以对在沉积物中观测到的其他变化进行断代，这些变化与过去的冰川期和间冰期气候相关。

科学已经向前发展了（谢天谢地），所以现在对有孔虫的卷壳进行大量精密复杂的化学分析和其他分析，再也不用一个个去数它们的卷曲方向了。几年前，我和剑桥大学的戴夫·霍德尔一起，在葡萄牙西南部泥泞的大陆坡上钻取了许多岩芯。在对来自世界各地不同实验室的沉积物样本进行了数万次分析后，我们现在拥有了世界上最完整的关于过去180万年气候变化的海洋记录。这归功于我们对海洋化学有了更多的了解，明白它如何随着气候变化而变化，以及它如何影响海洋生物的化学构成。

为什么海洋是咸的

水这种让地球如此独一无二的物质，有着非常简单且广为人知的化学性质，这也许并没有什么好奇怪的。水（H_2O）是由两份氢和一份氧组成的，前者是宇宙中最丰富的元素，后者则占地壳重量的近一半。这两种元素结合的形式产生了一种十分常见的物质，其特性却十分罕见且有着非凡意义，对整个地球表面
43 的物理化学条件来说都举足轻重。

海洋在地球历史的早期就形成了。水通过脱气作用从地壳和地幔逸出，也来自如降雨一般坠落在地球的彗星粒子。最早的海水的成分主要是溶解了一些气体的淡水。然而今天世界上

的海洋溶解了超过5万亿吨的盐，约有100种化学元素，其中包括约550亿吨的黄金。如果海洋中的水完全蒸发，残留的干燥盐分足以在整个地球上形成厚达45米的覆盖层。海洋化学家的目标是了解海洋盐度的性质，以及元素在溶液中的循环量。构成生命的化学元素，如碳、氮、磷、氢和氧，以及一些基础的微量元素，都存在于水中。它们是如何以及何时进入其中的？它们的比例是否保持不变？这些元素在全球范围内的循环极其复杂，对生命的持续繁衍至关重要。

水之所以是超高效的溶剂，是因为氢原子和氧原子形成了不对称键（见图11），导致水分子扭出一个角度，其两端带弱正负电，相当像磁极。当水与许多盐类接触时，这种极性结构至关重要。这些盐类的典型特征是其中的元素因相反的电荷被吸引在一起，即离子键，比如氯化钠（食盐）当中带正电的钠离子被带负电的氯离子吸引。水分子能够渗透到固体氯化钠中，带正电的氢端被吸引到氯离子上，带负电的氧端被吸引到钠离子上，包围并分割各个离子，从而溶解固体。这是一个看似简单，实则高效的过程。

落在陆地上的雨水是水循环的一部分。自从在陆地上出
现，雨水就积极地溶解了岩石中的大量化合物。被浸出的元素 44
往往容易分解，但含量并非更丰富。大气中的某些气体，特别是二氧化碳和二氧化硫，在雨水落下时被溶解，因此使雨水呈弱酸性。这是一种比纯水更有效的溶剂。日积月累，海洋收集了几乎所有存在于地壳和大气中的元素，溶有这些元素所形成的可溶解离子（和复合离子）。地幔持续地脱气，沿着洋中脊分布的火山喷口不断喷出气体，贡献了其他各种元素，包括崭新的水。

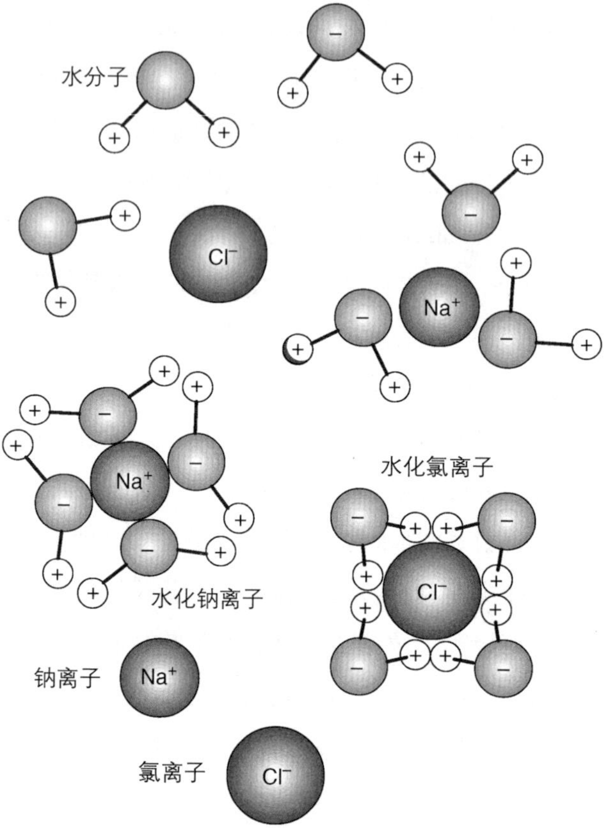

图11　水的化学性质

45 除了氢和氧，其中大多数元素含量都极小，都以千分之一（‰）计，这些元素包括钠、氯、镁、硫、钙、钾和碳。接下来的五种常见元素是以百万分之一（ppm）来衡量的，而其余的都是痕量元素。

水中溶解的无机物总浓度被称为盐度，它会受到当地各种因素的影响，如降水、蒸发和河流输入量。盐度按重量计算，介于3.3%—3.7%（即33‰—37‰）之间，平均为3.5%（35‰）。这一均值自有测量记录以来，就基本保持不变，实际上在过去的2

亿—3亿年里变化都不大（见表3）。但这带来了一个难题：为什么海洋不会因为河流持续输入盐类和洋中脊的脱气作用而逐渐变咸？与之相关的另一个难题是，为什么河水的化学成分与 46
海水的化学成分如此不同？河水中来自岩石的元素（硅、钙、镁、铁和铝）的比例通常更高。

表3　海水主要化学成分

主要化学溶质及其浓度（以千分比计）	
氯离子（Cl^-）	19.3
钠离子（Na^+）	10.7
硫酸根离子（SO_4^{2-}）	2.7
镁离子（Mg^{2+}）	1.3
钙离子（Ca^{2+}）	0.41
钾离子（K^+）	0.38
碳酸氢根离子（HCO_3^-）	0.14
溴离子（Br^-）	0.065
锶离子（Sr^{2+}）	0.013
氟离子（F^-）	0.001

循环与汇

水在地球上含量之丰富、存在形态之多样，在太阳系中是独一无二的。水的存储、形态的转换、在储水点之间的转移，统称为水文循环。这一循环是太阳辐射最大的一个汇，对生命、气候和陆地形状的影响也最大。水最主要的汇是大洋及其边缘海，它们容纳了地球90%以上的水；其次是地下水——有些储存在土壤和岩石中，但大多数都在沉积物的微小孔隙中。水在海底几千米以下的沉积物孔隙里仍然保持流通。冰原、冰川和雪储存着世界上大部分的淡水，只有极小部分淡水通过大气、河流和湖泊进入循环。

各地的水都在不断地流动。太阳能导致了海洋、湖泊和河流大规模蒸发，也导致了陆上植物的蒸腾作用。大气层中的风将水蒸气扩散到全球各地，直到它冷却和凝结，以雨雪的形式回到地面。约80%的雨水直接落回海洋，其余的最终通过河流和地下水流回。一个水分子在不同地汇中停留的平均时间差异很大。它在露水中可能只留存一个晚上，在大气中或在生物体中能待一周，在河流中是两周，在土壤和湿地中则超过一年，在海洋中一般超过4 000年，在冰盖中则可达数万年。

尽管海洋似乎处于稳态，单位体积的溶解元素的含量和相
47 对比例都几乎不变，但这是通过化学循环过程和汇来实现的。从地幔通过脱气作用和从陆地径流中输入的元素，必须准确地从海洋转移到临时或永久的汇中，以维持稳态。最主要的汇是沉积物，而从溶液中去除离子的最主要媒介是生物。

许多元素在下沉过程中或沉至海底时，通过被黏土颗粒吸收，以及通过铁锰结核、海底黑烟囱和干燥海岸线上蒸发岩沉积物的化学沉淀作用，直接被转移至沉积物中。随着沉积物岩化，更多的化学元素被胶结固化。一些沉积物和水在俯冲带回到地幔，其中大部分随后被抬升为陆地上的山脉。风化、溶解和径流的循环自此再次开始。

我们现在有足够的数据来建立一个半定量标准，衡量不同元素在海洋这一汇中的进出速率。因此，我们可以根据这种关

系计算出某种元素在海洋中留存的平均时长（即其滞留时间）：

$$\text{滞留时间} = \frac{\text{海洋中该元素的含量}}{\text{该元素进入海洋/移出海洋的速率}}$$

不同元素的滞留时间差别巨大：对氯和钠来说有几千万年，而对锰、铝和铁来说只有几百年。海水本身的停留时间约为3 500年，这是通过测量蒸发、降水和径流速率而计得的。由于地球上的海洋有40多亿年的历史，我们可以推断，自世界海洋形成以来，单个水分子已经在大气（或地幔）和海洋间循环往复100万次以上。 48

关于化合物滞留时间的数据具有重要的实际意义。随着全球海洋污染的加速，人为输入（汽油中的铅、汞和其他重金属、放射性元素、杀虫剂、石油、塑料、污水和酸雨）在数量和种类上都不断增加，我们必须了解这些污染影响和相关的时间尺度。天然石油渗漏曾经是不溶于水的石油的主要输入来源，大多数情况下它们都会迅速回到沉积物中或被冲刷到海岸线上。现在，运输和排污带来的输入量已经达到甚至超过了天然输入来源，但最终的汇仍然是一样的。人们正积极考虑用深海沉积物来永久储存放射性废物和其他有害产品。但有研究清楚地表明，水和化合物在沉积物中的循环非常活跃，并且可能会从填埋物中快速浸出。所有这些情况都需要进一步调查。

从地球生命的角度来看，海洋和大气之间最重要的物质循环之一是二氧化碳的循环。生活在海洋中的动植物对海水的化学成分非常敏感，包括溶解的二氧化碳量。这个量比大气中高出60多倍。所有的海洋植物和陆地植物一样，通过光合作用吸收二氧化碳并释放氧气。动物的呼吸则正好相反，所有动物都是吸入氧气并呼出二氧化碳。就自然来源而言，每天都有大量的二氧化碳以降雨的形式被输送到海洋中。人类的污染主要来源于化石（碳基）燃料的燃烧。此来源每年向海洋输入约30亿吨的二氧化碳。

任何过量的酸雨落入淡水河流和湖泊，都会迅速增加它们
49 的酸度，直到其中生命殆尽。然而，二氧化碳和水分子的一系列反应，缓和了落在海里的酸雨所带来的影响。这些反应有助于缓解海洋中二氧化碳量的剧烈波动，从而减轻其影响。直到最近，这些过程都使海水保持在弱碱性溶液的状态，其pH值介于7.5到8.4之间，平均为7.8。现在，大气中二氧化碳浓度的增加，直接加剧了海洋酸化趋势（pH值降低）。由于酸性较强的溶液容易溶解碳酸盐，海水的弱碱性对制造碳酸盐外壳的动植物非常有利。这种弱碱性也有助于生物体内许多复杂化合物的合成。

海洋的温度

对于地球上的生命来说，水所拥有的非凡物理性质比其作为超高效溶剂的化学效率来得更重要。这些物理性质让水成为全球性的恒温器，防止极端温差在地球大部分地区出现，阻止海洋瞬间蒸发，参与所有的生命过程，并确保水是生物体的重要构成部分。

由于水分子有极性结构和分子间氢键，水有储存大量热量的能力，其比热容是所有已知物质中最高的之一。这意味着水在吸收（或释放）大量热能的时候，其温度变化幅度相对较小。

相比之下，海滩上的沙子的比热容是水的五分之一，这就解释了为什么在阳光明媚的日子里，沙滩很快就会热得烫脚，而大海却保持着令人愉快的凉爽。

太阳辐射是海洋和整个地球的主要热能来源。太阳辐射的输入量随纬度变化，这种差异是风和洋流的主要驱动力。风和 50
洋流，尤其是洋流，是缓解寒带和热带热量不平衡的主要因素。因此，海洋不会在极地彻底冻结，也不会在赤道沸腾。例如，墨西哥湾流每秒钟从加勒比海携带约550万亿卡路里的热量穿过北大西洋，使得欧洲西北部的气候温和宜人。全球大气与海洋系统的任何微小变化，不论由人类还是由自然引起，都会对热量传输产生重大影响，从而影响区域气候。

自然成因造成影响的一个夸张例子是南美洲漂离南极洲。德雷克海峡因此形成的同时，澳大利亚南部的塔斯曼海峡也形成了。这两个事件发生在大约2 500万—3 000万年前。南极绕极流开始出现，从而使南极洲完全与热带海洋的变暖效应隔离。这可能是全球变冷时间延长的主要原因，进一步导致冰室地球和最近一次冰期的出现。

海洋的颜色

从太空中看，除了反光的白云和河流入海口附近的黄褐色羽状沉积物，大气层和海洋总体都是蓝色的。然而对于任何在海上待过或沿海岸线走过的人来说，现实中海的颜色其实变化多端，宛如变色龙。但我们首先要问的是，占主导地位的为什么是蓝色？

入射到海中的太阳光有完整的光谱，包括彩虹色的可见光光谱（见图12）。波长较长的红光和红外光以及波长较短的紫外光优先被水吸收，留下近乎单色的蓝光，它在被彻底吸收之前在水中穿透得最远。因此，反向散射的光的主要色调是蓝色。
51 在近岸水域，悬浮沉积物和溶解有机物吸收了额外的短波光（蓝光），导致色调变绿。冰的晶格结构有类似的吸收现象，使南极

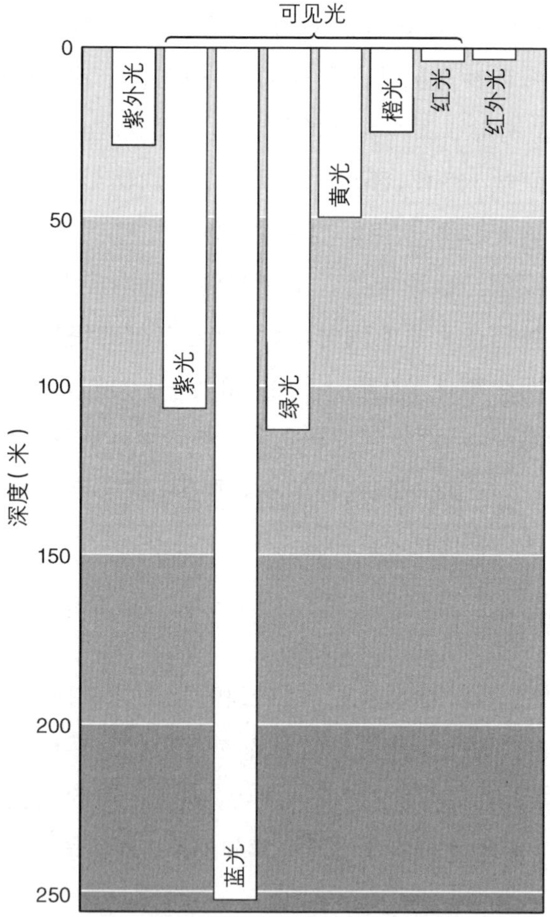

图12　水下的光

冰架和浮动冰山的崖面呈绿色。

表层水中的微型浮游植物利用太阳光进行光合作用。但是，由于所有波长的阳光都被迅速吸收，即使在最清澈的水域， 52
能够进行光合作用的生物也不能在水深超过100米处生存。这就是透光带，在近岸水域可能只有20米深。在开阔的海洋中还有一个半透光带，在这里太阳的能量最多只能到达海面以下750米深处。再往下的海洋一片漆黑，只有居住在这个水下世界的生物零星地进行生物发光。

水下的声音

海洋哺乳动物会用声音交流——众所周知，鲸类的语言和歌声往往相当复杂。一些无脊椎动物也会发出声音，比如甲壳类动物（如虾蛄）会敲击它们的足肢。鳕鱼会发出咕噜声。大多数鱼都有一排沿着它们的身体分布的传感器，可以从声音和运动中捕获振动信号。许多鱼能自己发出声音。

海水中的声波速度约为每秒1 500米，几乎是空气中的5倍。水的密度越大、温度越高或盐度越高，声速就越快。声速随着深度增加而缓慢但稳定地增长，这与水压增加有关。在大约1 000米深处，有一个最小声速区，被称为深海声道（简写为SOFAR）。在这个通道中产生的声音在上下层水体间反射，因此在传播中损失的能量很少。鲸类利用这个通道进行远距离的交流。科学实地测试表明，声波可以从澳大利亚传播到百慕大，距离长达25 000千米。

我们现在有各种各样的科学仪器，可以产生和引导不同频率的声音脉冲，还有用于记录和处理返回信号的接收器。这些

水下声呐设备刚问世时只能做简单的水深测量，通常是绘制出
一条在船的航行轨迹之下的线。今天，我们使用精密的三维侧
53 视成像技术来绘制大面积的海底地图，将分辨率提高到能够显
示沉积物沙丘、海底电缆和管道大小的水平。正是借助这些技术，我们得以测绘偏远的南印度洋12万平方千米的海底，旨在寻找2014年失踪的马来西亚航空公司370航班客机的残骸，这是国际合作的一部分。这是对此区域的大部分海底进行的首次调查。同样能够熟练使用这些技术的还有地球物理学家，他们利用声波穿透海水，探测海底下方的沉积物，寻找石油和天然气。

我们也可以利用声音来获取水柱中的重要信息。多普勒原理指由声源和接收器之间的相对运动而引起的音调变化。这一原理现应用在声学多普勒海流剖面仪中。这些声学仪器可以在厚度达1千米的大型海流中，测得多达128个不同的海流速度断面，精确到每秒1厘米以内。这样的研究已经极大地提高了我们对原本“看不见”的内波的理解：内波沿着海洋内的密度界面移动，并冲击大陆架边缘（图13）。

海洋的分层

海洋从上到下可分为若干层，其中各种物理和化学特性，包括盐度、温度、密度和透光度，在垂直方向上都截然不同。这种层状或饼状的结构始终存在，但并非一直稳定，而是有着周期性的消长和变化（见图14）。

海洋几乎所有的特性都在某种程度上随深度而变化。光的穿透力因吸收和散射而减弱，形成上部的透光带和下部的无光带，以及夹在其中的、界线并不分明的半透光带。尽管在不同的

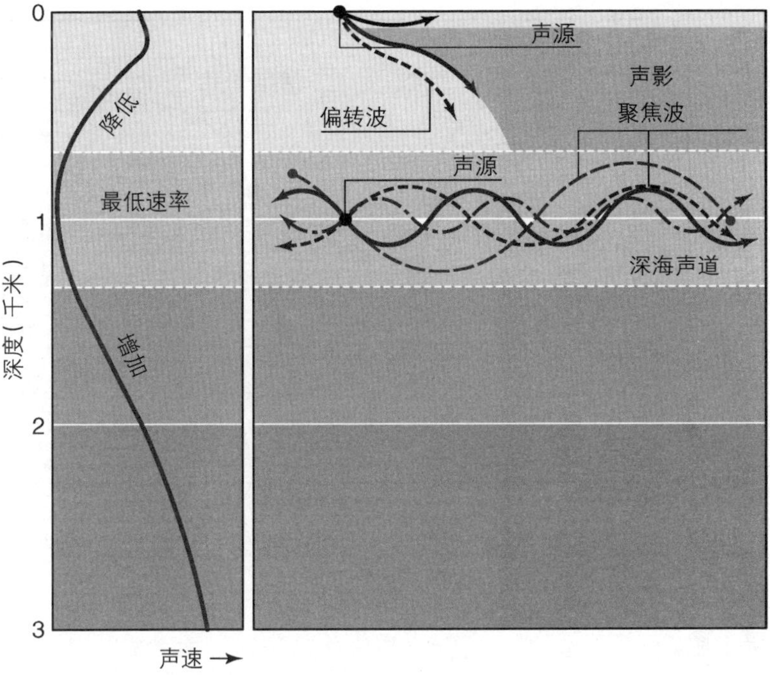

图13　水下的声音

纬度和季节有明显的差异，但表层水总是优先吸收太阳能而升 54
温。这导致海水有一个温暖的表层；往下是一个过渡层，名为温跃层，在这里温度随着深度增加而迅速下降；再深的一层温度低但分布均匀，一直到洋底。盐度也有完全相同的三个层级结构，只是盐度随着深度的增加而增加，并在盐跃层急剧变化。

海水密度受温度、盐度和压力的影响，更冷、更咸的深层海水密度更大。因此，密度急剧变化的密度跃层与温跃层和盐跃层深度大致相同，介于10米到500米之间。而高纬度海域往往没有密度跃层。风浪能彻底搅动和混合表层海水，甚至在大型风暴期间破坏海水的分层结构，只是几乎不会波及更稳定的深

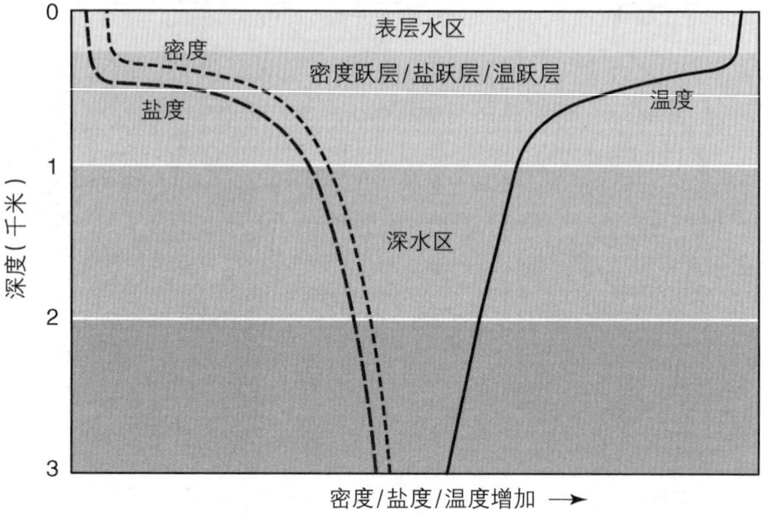

图14　海洋的分层

55 层水域。

这些深水占海洋总量的80%，由不同的水团组成，其中大部分是在高纬度地区由极地海水冷却和下沉而产生的，然后它们沿海底向赤道扩散。它们形成的地点（例如北极、南极、拉布拉多或格陵兰海）以及随后发生的混合程度，都会对它们的特性造成影响。南极洲周围形成的温度最低、盐度最高的水团密度最大，因此构成了海洋最深的一层。在此之上，水柱的层状结构则复杂多变。

但最为关键的水层是海面上仅有数毫米厚的微表层，它同时也是最为复杂的研究对象。正是这薄薄的一层水吸收了地球上70%的太阳能，大部分雨水、二氧化碳和氧气在此交换，让大量颗粒物和污染物经此传输。这对海洋和气候的紧密联系，以
56 及对整个海洋的生态系统，有着极为深远的影响。

停滞盆地

海水分层的其中一个结果，是将深层海水与混合充分、光线充足且溶有大量气体的表层海水隔离开来。表面的浮游生物大量繁殖，将大量有机物残骸贡献给更幽深寂静的水域。这种材料在水柱中沉降并被微生物分解，这一过程会消耗沿途的溶解氧，从而形成氧气最小层，并最终在温跃层或盐跃层以下形成大片缺氧海盆。这种半封闭的盆地在黑海、东地中海和加利福尼亚湾等边缘海中较为常见，但在开放洋面下不易形成。在停滞盆地中，有机物的降解程度会大大降低，从而在海底形成富含碳的沉积物。这些富碳沉积物成为全球碳循环中一个重要的汇，也是未来石油的来源。

在过去的几百万年里，东地中海至少发生过10次停滞事件，每次都在整个区域产生一层薄薄的黑色富碳沉积物（黑色页岩）。再往前，全球大多数海域似乎都曾在被称作大洋缺氧事件的时期达到如此低的含氧水平，以至于黑色页岩大量沉积。但海洋本质上不是静态的，在海水得到混合，氧气再次进入深海之前，这种停滞状态不可能持续太久，因此出现了黑色页岩与浅色贫碳沉积物交替的岩层。

第五章

动态的海洋

海浪无情地拍打着布满岩石的海岸，潮汐在平坦的泥滩和宽阔的沙滩上来回涌动，这些都是海洋的心跳。自40亿年前海洋诞生开始，它们就一直是常态。对于航海家、渔民、业余水手或乘客来说，海面永恒不息的翻滚和波动蕴含着不可预测且不可忽视的力量。即使在科技发达的今天，海洋的声名狼藉也让任何水手都胆战心惊、避之不及。洋流比陆地上的任何河流都强大数千倍，悄无声息且无影无踪。这里的瀑布没有声音，这里的河流没有堤岸，这里的风暴肆虐数周却令人难以察觉。本章旨在解释海洋动力学在层层迷雾下的逻辑。

海面的波动导致许多人晕船。我通常不会受到什么影响，这是我钟爱远洋探险的原因之一。但每个人都有忍耐极限。我的极限是我在某次前往东太平洋的航行中付出了代价后才发现的。我当时在一艘船体狭小的退役军舰上遇上了9级大风，当时我们的勘测路线使我们碰上了斜向风和10米巨浪，导致了严重
58 的偏航，所有科学家和大多数船员也都因此遭了罪。

但同时我们的收获令人振奋。我们当时正在勘察蒙特雷深海水道附近的海底，那里的浊流在形成河曲时溢出了水道的堤岸，留下了一片巨大的波状沉积物，看上去像沙子上的波纹一样，只不过每一道波的波长约为2千米，高度为40—50米。我与达尔豪斯大学的物理海洋学家托尼·鲍文发表了关于波状沉积物起源于浊流的新理论。现在，人们在海底许多地方都发现了波状沉积物，并提出几种不同的起源理论。这些波状沉积物也是深海洋流范围和活动的证明（见第3章图10）。

传播着的能量

我们观察到的几乎所有海上波浪都是由风作用而成的。这种作用可施加于风吹过的地方，或波及更远的海域。尽管波峰似乎随风向前移动，但实际情况并非如此。原始扰动导致海浪出现，其所产生的机械能以波浪的速度在海中传播，而其中的水则不然。单个水分子只是简单地上下来回做圆周运动。有个例子能够清楚地说明这种现象：憩息的海鸥或浮木在波浪能量经过时上下浮动，但每次仅随波浪向前移动很小一段距离（见图15）。

风力越大，海浪越大，其内部存储的能量就越多，最终破裂时释放的能量也越多。这种能量是巨大的。长期以来，整个海岸线在海浪的冲击下以各种方式后退——悬崖倒塌落下巨岩，巨岩磨成卵石，卵石磨成沙子，诸如此类。风暴引起的单个海浪可产生每平方米高达30 000千克（30吨）的瞬时压力。一个巨 59
浪就能摧毁混凝土桥墩；一场大风暴可以将房屋连根拔起，冲走整个村庄。在开阔水域，即使是大型船只也可能会被吹得东倒

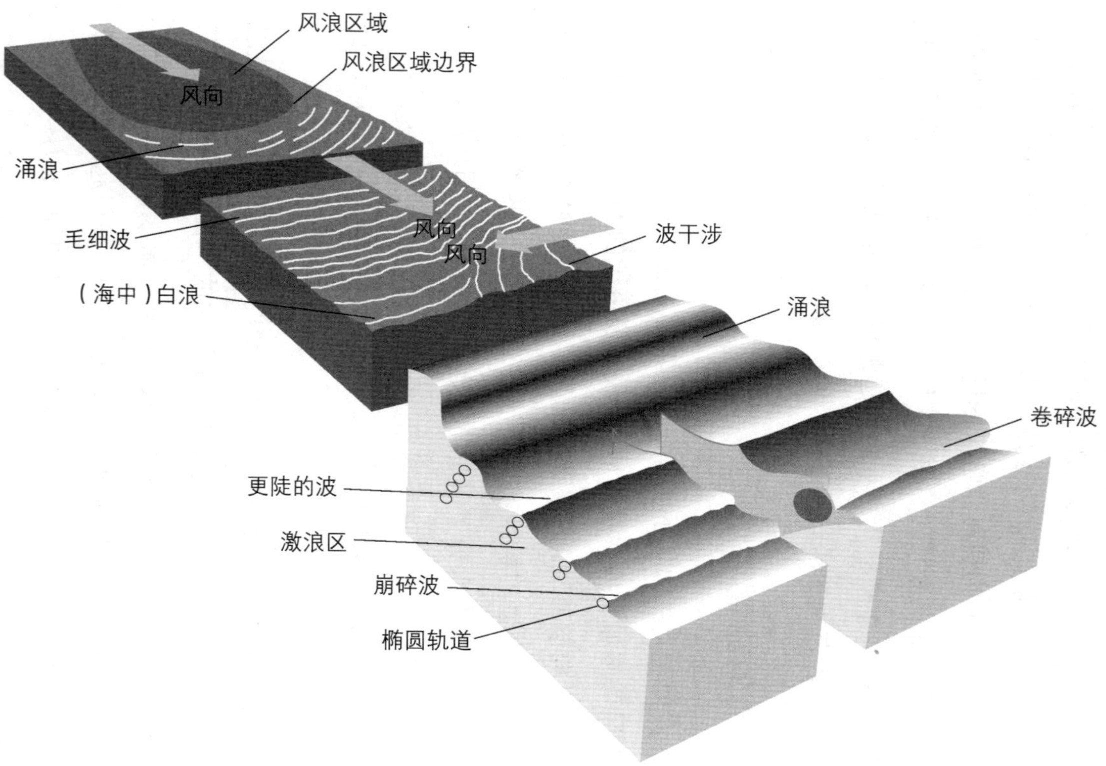

图15　波浪的形成与种类

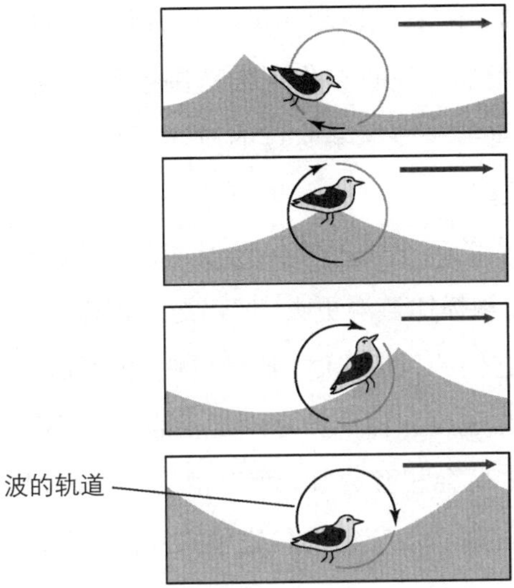

续图

西歪、前合后偃，或者被完全抛至空中，像火柴一样折断。

能量在海洋上传递的速率与海浪相同，而计算海浪速率的物理公式非常简单：

$$波速=\frac{波长（相邻波峰间距）}{周期（波峰通过的时间间隔）}$$

平均而言，相邻波峰的间距为60—150米，时间间隔10—15秒。由此可得，海浪通常以每小时30—40千米的速率前进，且波长较长的浪比波长较短的浪传播得更快。 61

风浪、涌浪与激浪

风成波是海面上风的能量传递给水所形成的。微小的菱形波纹是一阵微风所形成的最小海浪，它们勉强打破水的表面张力，又称涟漪。随着风速和作用时间的增加，波浪的峰高、周期和波长都会增加。风直接作用的范围被称为风浪区，这对波浪的发展至关重要——风暴吹过的海洋面积越大，产生的波浪规模和威力就越大。

海浪形成的三个阶段叫作风浪、涌浪和激浪。风浪呈随机波动的状态，规模比涟漪更大，但仍是不规律的涟漪。当这些风浪离开产生它们的风浪区时，速度更快、波长较长的波跃过较短的波。它们与速度相似的波逐渐地汇合。当不同的波相位相同时，它们的波高会相互叠加，而当相位不同时，则会相互抵消，最终形成一种高低浪交错的稳定模式穿过海洋。这就是所谓的涌浪。

海洋传输能量的效率很高。水对海浪中其他做圆周运动的水分子阻力非常小，以至于单个波列可以绵延数千千米。当它们失去一些能量时，其波高会稍微降低，但仍保持相同的相位。南极洲附近的南大洋上大型风暴所产生的涌浪，可能需要近一周的时间穿越太平洋，抵达夏威夷沿岸。错过这些岛屿的浪还会继续旅行三四天，然后在阿拉斯加偏远的海滩冲上岸。它们的波高已经缩小，但最初离开南大洋的原始涌浪模式未曾
62 改变。

当波列进入浅水区时，比如说波长为100米的波列进入50米深的水域时，波浪首先因接触到底部产生摩擦阻力而减慢速度。波长减小，波峰间距变近，波高增加，直到波浪变得不稳定并成为激浪向前倾倒。当大型波列接近陡峭的海底时，就会形成崩卷型的波浪，这正是冲浪者热衷于驰骋其间的卷碎波。当海底坡度更缓时，则会形成更温和的溢出型波浪。

很多时候，波浪倾斜地接近海岸，对水和沉积物沿海岸线转移有显著作用。这样形成的沿岸流可能非常强大，会冲走海滩上的沙子，在河口形成沙嘴和沙坝。沿岸流中积累的能量，足以抵消向海岸传来，但间隔不规则的波浪中的能量，发展出强烈的近海离岸流。这一方面对游泳的人来说尤其危险，另一方面有助于沉积物向海输送。

天灾级海浪

疯狗浪难以预测，它们的袭击没有规律，在海洋中央神出鬼没。当两个或多个风暴波峰合并，或者当数个风暴波遇到相反的水流时，就会引发这种现象。当水流速度超过4节[①]时，反向而来的风暴波可以向上攀至其原始高度的4倍并向前猛冲，而后因其自身的不稳定性在海上破碎。著名的例子有日本附近的黑潮洋流和北大西洋的墨西哥湾流，以及南非狂野海岸附近的厄加勒斯洋流，这里的海底散布着沉船。高度异常的风暴波的形成与多种气象条件相关，包括飓风、台风、龙卷风、雷暴、下击暴流和气压骤降。

海啸是一种波长极长（达200千米）的波浪，以每小时800千米的速度（接近长途客机）从其起点呈放射状传播。它们不是由风作用引起的，而是由海底地震或大型海底滑坡引起的。还有一种原因是海洋表面突然位移，其成因有多种：或因为大型山体滑坡产生的碎片如雪崩般直接进入海洋，或因为巨大冰山从冰川或冰崖边缘崩解掉落，或因为大型火山喷发并流入海

① 即每小时4海里，约等于每小时7.41千米。——译注

洋。无论是哪种情况，大量被排开的水赋予了海啸等量的动力和速度。

近年最严重的海啸发生在2004年12月26日午夜过后。直接引起这次海啸的海底地震发生在印度尼西亚附近海域，是有记录以来的第三大地震（里氏震级9.1—9.3级），释放的能量相当于23 000颗广岛原子弹，导致整个地球晃动1厘米。海啸横渡印度洋，在2.5小时内到达斯里兰卡，11小时内到达南非。在公海中，其波高约为50厘米，其路径上的多数船只完全没有注意到。但当海啸接近陆地时，随着波速减慢，波高急剧增加，在印度尼西亚苏门答腊岛上迅速升高到了30米。

潮汐的周期

潮汐是由月球和太阳对地球的引力，以及地球自转产生的离心力而生成的。相对于固体地球，海水是会流动的。于是，月球引力能够将地球上的水吸引到最靠近月球的一处，从而让地
64 球的这一侧产生一个非常轻微的隆起。在地球的另一侧，离心力将水向月球的反方向拉开，形成第二个隆起。这些相对凸起的地方就是高潮区域。在两者之间，水被拉走的地方是低潮区
65 域（见图16）。

由于地球每24小时绕轴旋转一次，因此地球上每个点都会经过这对隆起，从而在一日周期中发生两次满潮和两次干潮。世界上大部分地方实际上几乎都是如此。但由于摩擦力，水的运动速度会稍微减慢，与此同时月球绕地球的公转相位与地球的自转相位并不完全一致，使得每天的潮汐都会比前一天延迟50分钟。

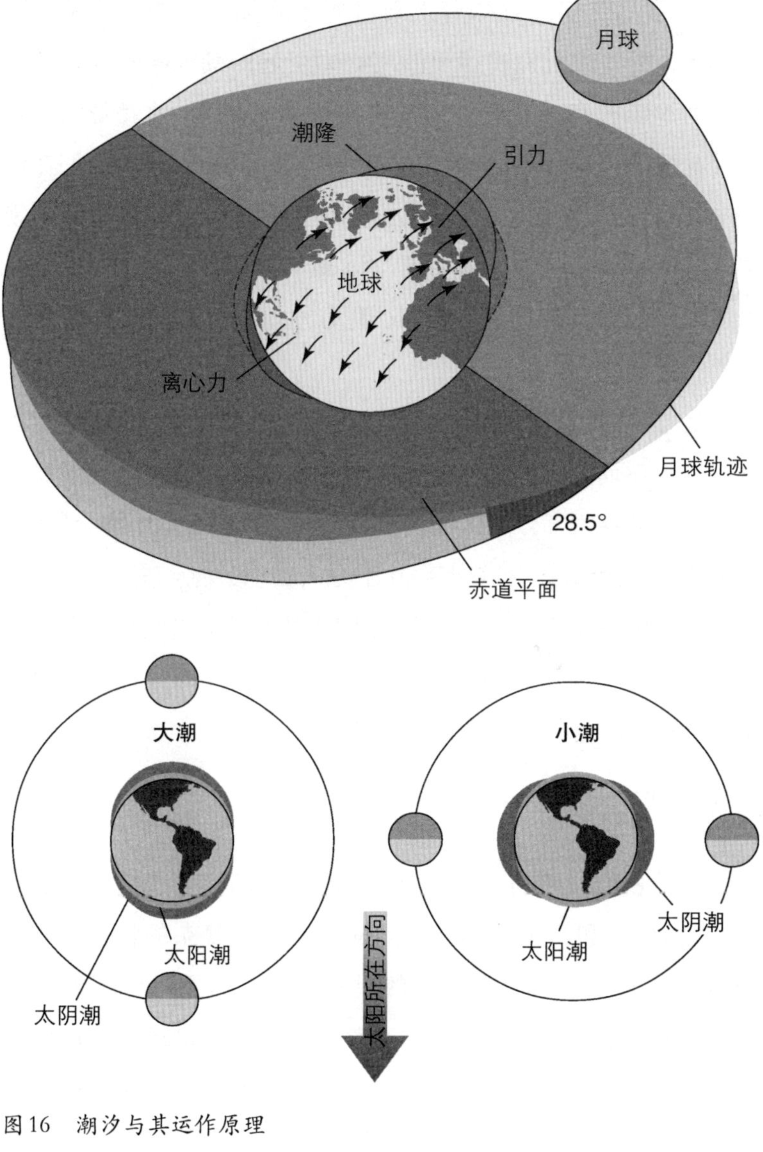

图16　潮汐与其运作原理

地日距离是地月距离的400倍，但太阳的质量约为月球的2 700万倍。这实际意味着太阳对海水施加的引力大约是月球的40%。由太阳引力和相反的离心力引起的潮汐隆起与月球引起的潮汐隆起有着完全不同的绕地球移动周期，前者是阳历年而后者是阴历月。当地球、月球和太阳处于同一直线时，即在满月或新月时，这两组潮汐隆起同相，引发潮水超高和超低的现象。这种每月两次的极端潮差[①]中，最大的潮被称为大潮。当月球和太阳相对于地球成直角时，引力方向是垂直的，潮差最小，这样的潮被称为小潮。

全球大部分海洋都会经历每天两次的半日潮，潮汐高度大致相等。然而，西太平洋的一些地方每天仅经历一次高潮和一次低潮。世界大部分地区的潮差为1—3米，但在地中海、黑海和红海等半封闭海域，潮差小得几乎令人难以察觉。另一方面，半封闭的海湾或漏斗形河口的潮差则大幅提高，如加拿大东部芬迪湾的潮差最大记录为16米，而英格兰西南部布里斯托尔海峡
66 和塞文河口附近的潮差则超过12米。

大型表层洋流

风是表层洋流的主要驱动力，但洋流环流系统是由风的阻力、压力梯度和科里奥利偏转效应之间更为复杂的相互作用产生的。风力是一个非常低效的过程：移动的空气分子将动量传递给海洋表面的水分子，使后者运动。最初沿风向形成的水的流速仅为风速的3%—4%左右。这意味着以每小时50千米

① 即高潮与低潮水面的差。——译注

的速度持续吹一段时间的风，将产生约1节（约每小时2千米）的水流。

影响表面洋流变化的第二股主要力量是由聚集的海水引起的。这似乎违反直觉，但哪怕我们忽略海浪造成的局部起伏，海洋表面也并非一个平面，实际上，海洋表面被扭曲成宽阔的凹凸面。汇聚的洋流和持续的向岸风往往会使水聚集得比流失得快，而分道扬镳的洋流会导致水位下降并形成凹面。

第三个因素是科里奥利力。这种力来自行星的自转，所有未严格附着在地球表面的可移动物体（水、风、飞机等）都会受其强烈的影响。水流和气流以完全相同的方式受到科里奥利力的影响，在北半球向右偏转，在南半球向左偏转（见图17）。

流涡、环流与涡旋

上述各种力密切配合，控制着海水的表层运动。尽管风的运动看似随机，每天都不同，但在行星尺度上表面风的运动模式 67
实际上非常规律。亚热带地区著名的信风大多是强东风，而中纬度地区则以不间断的西风而闻名。如此大规模的风力系统产生的风阻必定导致海水运动。信风在每个大洋中产生一对向西流动的赤道流，而西风带则在两个半球的中纬度地区产生一条向东流动的洋流带。（别搞混了——水手和海洋学家将向东流的洋流称为“东洋流”，而“旱鸭子”们和气象学家将自西向东吹的风称为西风！）科里奥利力和大陆的存在使洋流偏转，在每个大洋中都形成了巨大的椭圆形流涡。

在大洋的北部和南部各有一组方向相反的流涡，沿赤道呈镜像对称分布。南极绕极流不受任何陆地的阻挠，因此在位于

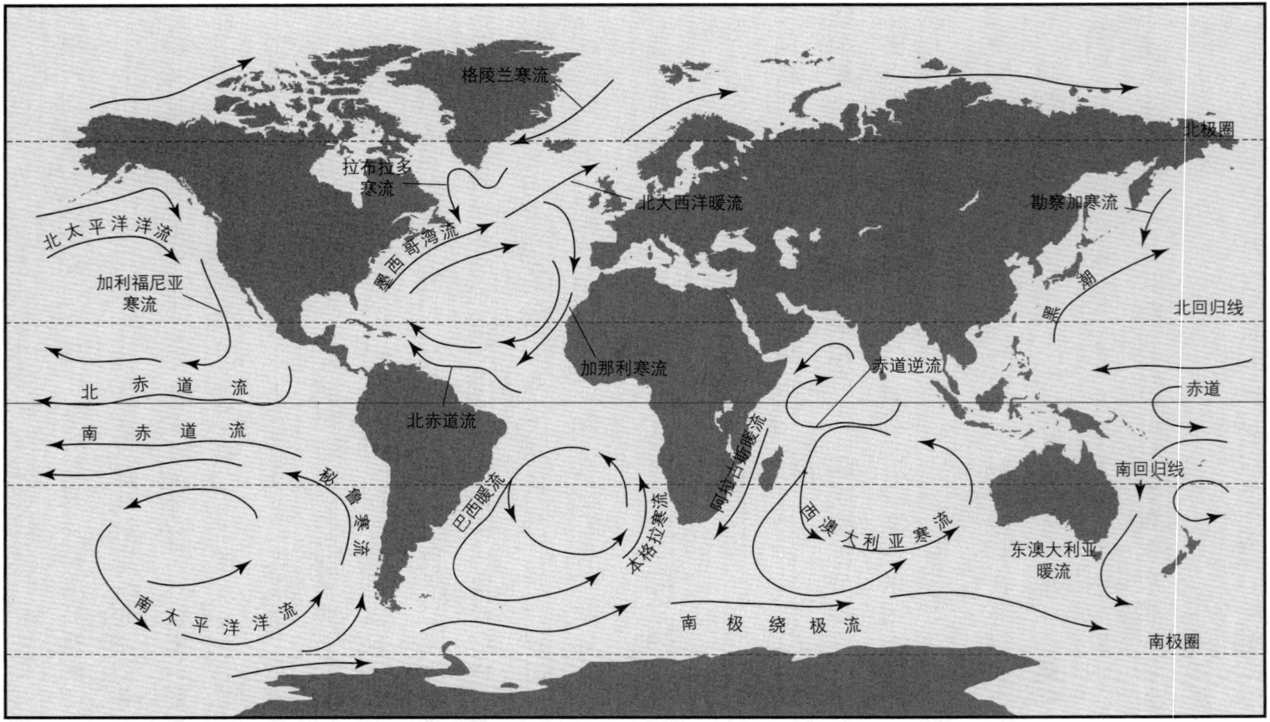
格陵兰寒流
拉布拉多
寒流
北大西洋暖流
勒察加寒流
北极圈
北太平洋洋流
墨西哥湾流
加利福尼亚
寒流
黑潮
北回归线
加那利寒流
赤道逆流
北 赤 道 流
北赤道流
赤道
南 赤 道 流
秘 鲁 寒 流
巴西暖流
本格拉寒流
阿拉古斯暖流
西 澳 大 利 亚 寒 流
南回归线
东澳大利亚
暖流
南 太 平 洋 洋 流
南 极 绕 极 流
南极圈

图 17　主要的表面洋流

南纬40—50°的咆哮西风带的不停驱动下，这股洋流持续围绕南极洲流动。

科里奥利效应持续使风生洋流偏转，因此它会导致水沿着与风向成直角的方向净转移。这使得每个流涡的中心区域形成了一个巨大的水堆。水会沿随之产生的压力梯度回流，并且在移动时被科里奥利力进一步偏转。这促使被称为地转流的稳态洋流的形成。在外围流涡环绕的同时，这些地转流中心的水几乎是静止的。

此外，海洋中的水往往会在其西部边界沿大陆堆积。在这里，地转流受到限制，因此相对于东部边界流幅更大、流量更弱的回流而言，地转流得到强化。这种强化进一步使洋流变得不稳定。尤其是西部边界流，我们可以看到它们沿着蛇形路线蜿 69
蜒，形成紧密的环形曲流。有时这些曲流会形成大的涡旋或环状水流，旋离主流并混入邻近的海水。

风阻力使表层水分子移动，这些运动反过来会对下层的水分子产生流体阻力，如此往复，直到风能完全消散。科里奥利偏转效应导致每一层相对于上面的相邻层有轻微的偏移。其结果是形成一种速度向下递减的螺旋流模式，就像一个旋转速度慢得几乎令人难以察觉的旋涡，它被称为埃克曼螺旋，是以第一个解释这种现象的斯堪的纳维亚物理学家的名字命名的。与风向成直角的水的净转移被称为埃克曼输送，这引发了另一个极其重要的效应——沿岸上升流。在海洋的某些地方，沿岸的表层水因为净转移，被来自下方的上升流所取代。由于缓慢下沉的浮游生物的溶解和循环，这些深水富含营养物质，因此养活了大量的海洋生物。

全球输送带

在深海盆地中隐藏着强大且无所不在，但流速非常缓慢的洋流，包含90%的海水。这些深海洋流与巨大的表面环流相连，形成了一个巨大的海洋水循环网络，在世界各地输送能量、营养物质和沉积物。这些底层洋流不是由大气中的风驱动的，而是由温差和盐度差导致的密度差驱动的，是全球热盐环流系统的一部分（见图18和表4）。

深海热盐环流系统主要始于极高纬度地区的海面。这里是
70 配制底层海水的冷水厨房。在极地漫长的冬季，由于全天的阳光都很少，甚至没有，海水变得极其寒冷，因此密度变大。与此同时，海冰从大陆向外冻结扩张，在此过程中吸收淡水，进一步增加了下方水的盐度和密度。寒冷、高盐、高密度的水迅速下沉并在海底扩散，十分缓慢地向低纬度地区移动。在表层海水，从赤道流向两极的洋流用暖水补偿取代了下沉的冷水，而暖水又会冷却下沉。这个被称为全球海洋传送带的循环显然是无穷无尽的。

南极洲附近的主要冷水厨房是威德尔海，这里产生的水团有着最低的温度和最高的密度。这些水团被称为南极底层水，沿着南极洲陡峭的大陆坡倾泻而下，并在海底扩散。它向北流入大西洋，穿过赤道，最后上升混合，消散在纽芬兰以东的某个地方。广阔的南大洋海域则会形成密度稍低的水团，然后它们也会沉入南纬60°附近的南极辐合带相对温暖的副极地水团之下。

北冰洋海冰下形成的寒冷底层水大部分都被北极海盆周围

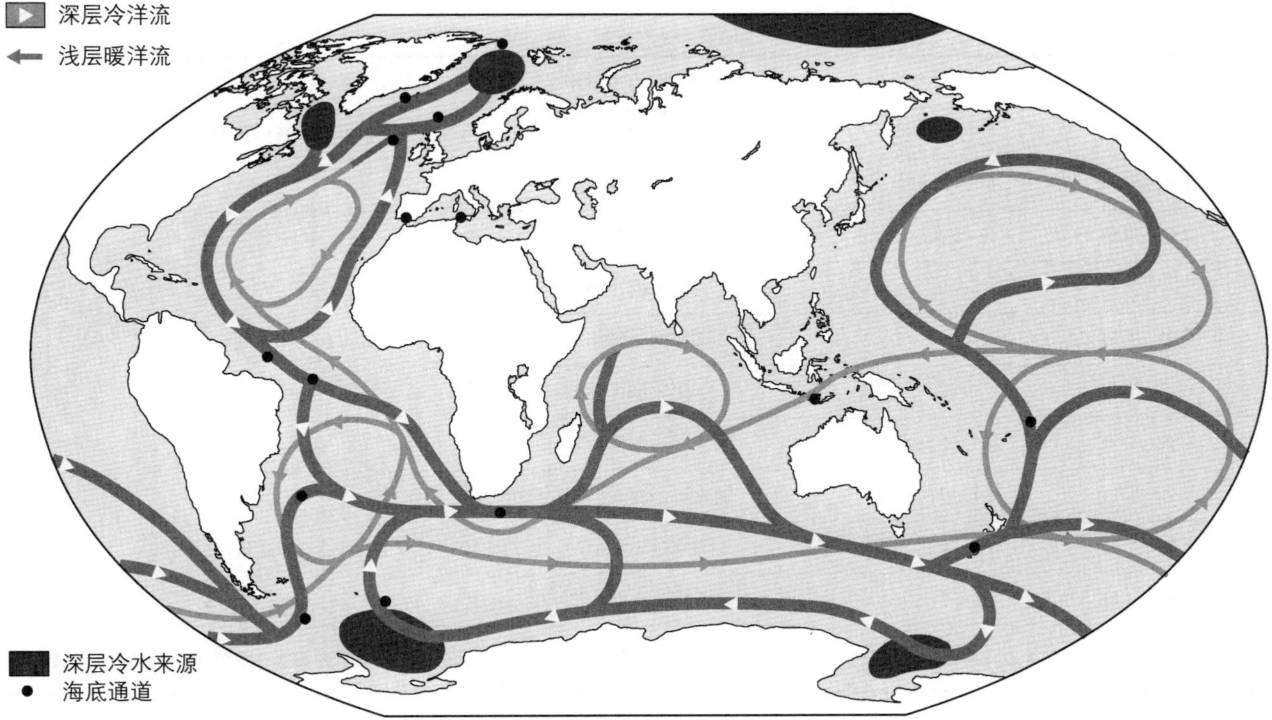

图18　深海洋流与热盐循环

表4　水团性质

全球水团性质	类型（深度范围）	水　　团	温度（℃）	盐度（‰）
	中央型（少于1千米）	太平洋中央水团	7—20	34.1—36.2
		大西洋中央水团	4—20	34.3—36.8
		南印度洋中央水团	6—16	34.5—35.6
	中间型（1—2千米）	北大西洋中间水团	4—10	34.0—34.5
		红海中间水团	23	40.0
		地中海中间水团	6—11.9	35.3—36.5
		北极中间水团	0—2	34.9
		南极中间水团	2.2—5	33.8—34.6
	深层或底层型（超过2千米）	普通水	0.6—9	33.5—34.7
		北大西洋深层/底层水团	2.5—4	34.9—35.0
		南极深层/底层水团	–0.4—4	34.6—35.0

高耸的海槛困住。因此，北半球主要的冷水厨房是在挪威海和格陵兰海冬季冷却的表层海水。当它们溢出丹麦海峡并通过法罗设得兰海槽时，它们与来自拉布拉多海的少量冷水混合，形成北大西洋深层水。它向南流动，直到最终与南极底层水混合，形成水团，简称为普通水。正是这种混合水主宰着印度洋和大部分太平洋的深海。 73

海底通道和海底瀑布

正如第三章所述，海洋由深海盆地组成，盆地间间隔着海底山脉和海底高原。随着全球海洋传送带的运动，底层海水在这些地形障碍前堆积，直到溢出。这种情况通常发生在横跨地形障碍的狭窄山谷（被称为海底通道）。由于大量的水通过狭窄的通道时速度加快，此类海底水流具有很强的磨蚀能力，会冲走松散的沉积物并侵蚀裸露的岩石。每秒1—2米（每小时4—8千米）的海底水流速度相当常见，这对于本来寂静的深海世界来说是相当劲爆的。

当狭长湍急的海底水流进入邻近盆地时，这股高密度的水流向外扩散并顺坡而下。尽管我们将这种拥有巨大落差和能量的水流称为海底瀑布，但它们下降的坡度如此平缓，它们实际上更类似于陆地河的激流。然而无论坡度如何，它们的规模都是巨大的。寒冷的南极底层水的温度仅比冰点高一点点（约0.2℃），它们在南大西洋里奥格兰德海隆附近堆积，然后倾入巴西海盆，落差超过1 000米。更引人注目的是位于北大西洋丹麦海峡海面下的海底瀑布。这里每秒有500万立方米的水倾泻而下，流入北大西洋海盆，垂直落差超过3.5千米，产生巨大且湍急的涡旋。丹麦海峡瀑布使陆地上的任何类似景观都相形见绌。陆地上落差最大的瀑布是委内瑞拉的安赫尔瀑布，落差仅1千米；平均流量最大的是巴拉圭和巴西边境的瓜伊拉瀑布，其流量
74 为每秒1.3万立方米，是最大海底瀑布的四千分之一。

第六章

海洋与气候的联系

海洋和大气的关系错综复杂。它们共同控制地球上日常的多变天气和长期的气候变化。风驱动洋流的过程重新分配地球表面热量，这种能量转移的规模大得惊人，对于维持世界的宜居程度至关重要。气候系统有多无常，作为调节器的海洋系统就有多复杂。地球在其历史的大部分时间里都处于温暖状态（温室），偶尔会被寒冷状态（冰室）打断，并有着某种已知但尚未被完全理解的长期周期性。冰室时期又分为冰期和间冰期，两者有规律地交替，而在过去的300万年里，地球一直处于这种交替中。人类极大地影响了这些自然变化循环，放大了温室效应并导致海平面上升。本章旨在切入这个非常复杂且动人的主题的本质。

近期的气候变化

地球正在浓厚的温室气体笼罩下迅速变暖，而现在人类活动是造成这种气体累积的首要原因，这已成为国际共识。在21 75

世纪初，世界似乎比过去700—800年来的任何时候都更加温暖，也就不足为奇了。自1880年有记录以来，全球平均地表温度已上升约0.8℃，预计下个世纪将进一步上升1.4—5.8℃。自有记录以来最热的年份中有15年都是在21世纪。平均而言，每10年都比上一个10年更温暖。

全球变暖的直接结果是极地冰盖开始变薄，整个20世纪平均海平面上升了10—20厘米。随着冰盖持续融化以及海水因变暖而轻微膨胀，预计到2100年，海平面将上升25—100厘米。在最坏的情况下，许多岛国以及一些主要沿海城市（例如上海、威尼斯和新奥尔良）将完全消失。孟加拉国约15%的土地将被淹没，导致1 500万人流离失所。海岸侵蚀和洪水泛滥将会加剧，从而威胁到全世界低洼地区的房屋、农田和自然栖息地。这不是危言耸听，只是海平面上升的必然后果。

极端天气已经变得越来越普遍，随着气温进一步升高，这种趋势还将继续下去。北半球中高纬度地区云量增多，暴雨更加频繁。过去40年来，厄尔尼诺现象变得更加明显。热带气旋和温带地区的风暴有可能进一步加剧，给一些地方带来洪涝，给另一些地方带来干旱。其中一些变化是积极的：严酷恶劣的气候变得更加温和，沙漠地区出现更多绿色，高纬度地区的生长季变得更长。但我们对这些变化在局部区域的模式、其对全球生产力的影响以及海洋气候对其的长期响应仍然不甚了解。

我们确切了解的是入射的阳光会使地球变暖。一些太阳能
76 被地球直接吸收，但大部分以红外辐射的形式回到太空。大气中的某些“温室”气体，比如二氧化碳、水蒸气和甲烷，吸收了红外辐射的部分能量，将其留在大气中，从而使地球比其他没有这

些温室气体的星球更温暖、更宜居。这就是所谓的温室效应。

搅动大气层

包裹地球的大气层可延伸至地表上方2 400千米，主要有四层。对流层是最低且最薄的一层（仅约10—12千米厚），占大气层总质量的75%。它由78%的氮气和21%的氧气以及多种微量气体组成（见表5）。它还囊括几乎所有的水分，也就是所有的风云雨雪，是大气热机运作的载体。

表5　大气中的主要气体

主要气体	浓度（%）
氮气（N_2）	78.08
氧气（O_2）	20.95
氩气（Ar）	0.93
水蒸气（H_2O）	0.1—1.0（变量）
二氧化碳（CO_2）	0.04
甲烷（CH_4）	0.000 172
一氧化氮（NO）	0.000 031
臭氧（O_3）	0.000 005（变量）

南北半球各自主宰着三个行星规模的大气环流（见图19）。77
它们由输入量不等的太阳能驱动，由地球自转引导，并因科里奥利力偏转。赤道两侧的两个副热带环流带来持续的信风。处于东北和东南信风之间的是赤道无风带，这里终年炎热潮湿，风势弱。中纬度的温带环流受到温和的西风和严酷的极地东风的轮流冲击，前者将副热带高压区的暖空气扫向极地，后者形成于极

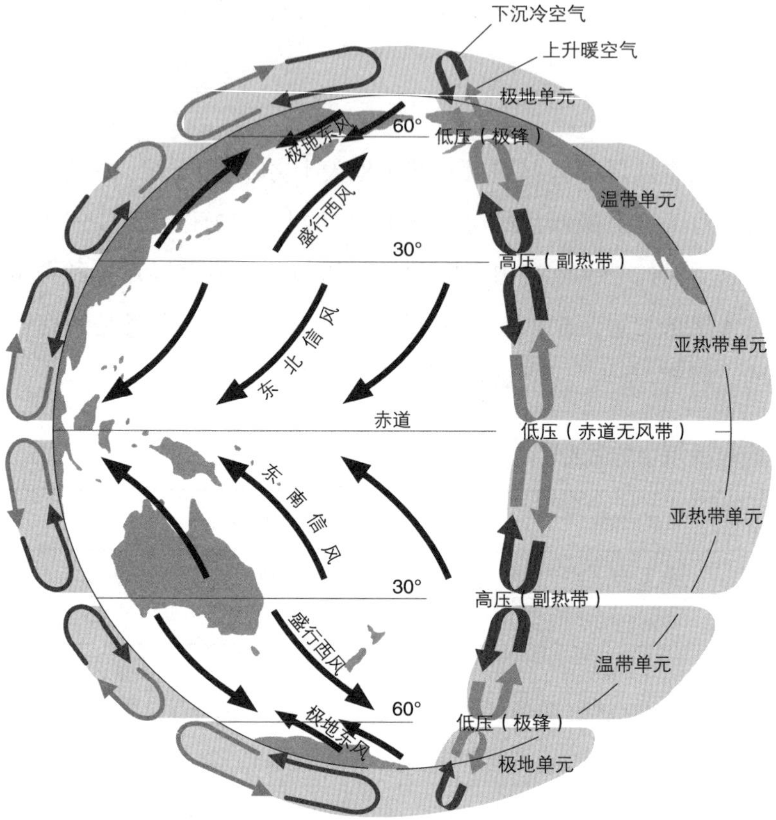

图19　大气环流单元

地环流。在这两个风向相反的系统的波动界面上产生了冷锋低
78 压，又称气旋，其导致的频繁风暴在冬季会变得更强，这是因为
极地与赤道之间的温度梯度增大，大气热机也随之加速运转。

对流层气旋上方有着窄而长的高速急流，高度在10—15千米之间，风速超过每小时160千米。即使在这样的速度下，急流也会沿着蜿蜒的路线前进，同时俯冲和攀升，并有助于下方气旋和反气旋的产生与发展。冬季急流的速度可达每小时500千米，路线更直，暴风也更强。

海陆分布以及大陆内部山脉的高度对风也有影响。风向随季节变化反转，这被称为季风环流。这是由于太阳直射点每年在南北半球之间来回摆动时，低纬度海陆的加热不均衡。在北半球的冬季，太阳直射点在南半球，欧亚大陆和北非大陆急剧变冷。由于冷空气的水分很少，气压也很高，从大陆内部吹出的东北风凉爽而干燥。当风吹过海洋时，它们会收集水分，给东南亚、澳大利亚北部、中非和南美洲带来倾盆大雨。这就是南半球季风。

北半球夏季的气候条件则反过来：大陆升温导致气团上升，这在喜马拉雅山脉和青藏高原尤为明显。每年5月至9月，北半球季风携带海洋的湿气，带来滂沱大雨。这在南亚和东南亚尤为明显。

海洋调节器

海洋对全球气候系统的控制是这一系统不可或缺的重要组成部分。海洋存有大量的热量和水分，就像气候系统的巨大飞轮一般，既能减缓波动，又能在波动开始后延长其作用时间。海洋是地球上碳元素和二氧化碳的主要储备库之一，因此可以调控大气中的温室气体，但我们尚无法预测其效果。

因此，理解温室气体在海洋和大气之间的转移方式，成为我们理解气候的一块关键拼图。海洋就像一块巨大的海绵，容纳的二氧化碳比大气中的多50倍，有人认为它们吸收了人类活动产生的30%—40%的二氧化碳。但海面作为气体交换双向控制阀，它的开启和关闭取决于两个关键因素——气体浓度和海洋的搅拌混合强度。

首先，大气和海洋之间的气体浓度差控制着气体交换的方向和速率。水中的气体浓度取决于温度（冷水能比温水溶解更多的二氧化碳）和生物活动（包括微小的植物、动物和细菌在内的浮游生物所进行的光合作用与呼吸作用）。这些交换过程会影响所有气体，包括浮游植物大量繁殖期间产生的二甲基硫醚（DMS）。DMS释放到大气中后有助于云的形成，从而改变大气的反射能力。

其次，海洋搅拌混合的强度受风和浪花泡沫的影响，从而影响气体在海面被吸收的难易程度。在暴风雨期间，海面能吸收更多的气体。而且气体一旦溶解，就会通过湍流迅速向
80 下混合。

物理泵和生物泵都会移除海洋表面的二氧化碳，将海水中的二氧化碳长期与大气隔离。物理泵的原理是溶有二氧化碳的冷水比温水重，导致二氧化碳沉入海底。生物泵的原理是浮游生物能够吸收二氧化碳。浮游生物死亡后，这些富含碳的遗体会沿水柱下沉，同时逐渐被细菌分解和腐蚀。最终到达海底的残余物大多被底栖动物消耗。一些碳返回水中，而另一些则与沉积物一起埋藏在海底。

海气之间的热量、水分和其他气体的交换能够引起小规模气候振荡。最著名的是厄尔尼诺–南方涛动（ENSO），它是在海面温度和太平洋赤道地区的信风相互作用下形成的3—7年的气候周期。大气的遥相关过程将影响扩散到世界各地，导致欧洲和北美的洪涝，中断印度、东南亚和澳大利亚季风并造成严重干旱，以及重挫秘鲁沿海的鳀鱼渔业。

热带气旋

地球上最大、最猛烈的风暴是在海上诞生的。它们在世界各地有不同的名称：在印度洋，它们叫气旋，意思是盘绕的蛇；在西太平洋，它们叫台风，这个名称源自中文，意为大风；在大西洋，它们叫飓风，是以玛雅风神胡拉坎命名的。一个热带气旋一天内释放的能量就足以为美国整个工业生产提供一年的电力。 81

热带气旋是海洋过热的直接结果（见图20）。当海面温度超过27℃时，它们就会在低纬度海洋上出现。大量的水从过热的海面蒸发，湿热的空气上升，然后在冷却时凝结，形成滚滚的积雨云。空气穿过海面，填充低压空缺，导致更多的海水蒸发，从而形成更多的云。螺旋状的雷暴带开始形成，围绕着平静而明朗的风暴眼，在北半球逆时针旋转，在南半球顺时针旋转。随着热带气旋的发展，它们开始自给自足，从海洋中汲取热能，使

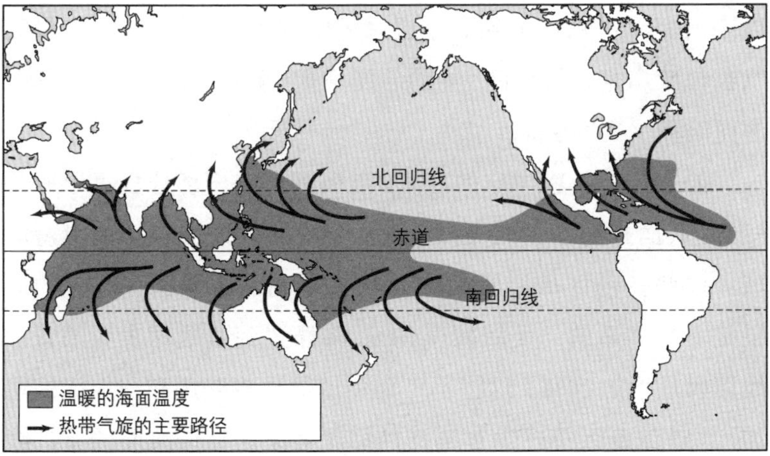

图20　热带气旋的形成

得旋转的风越来越快，风速通常超过每小时160千米，局部阵风风速超过每小时350千米。气旋的圆形区域直径可延伸至500—1 500千米。

臭氧的作用

对流层上方是平流层，厚度为35—40千米。有时少量的水蒸气会从对流层逸出，形成稀薄而多彩的贝母云。平流层有大
82 量分散程度很高的臭氧。与常见的由两个氧原子组成的氧气不同，这是一种由三个氧原子组成的氧单质。正是这层臭氧保护地球上的所有生命免受太阳紫外线的有害影响。它就像一种看不见的防晒霜，对我们的生存至关重要，一如我们呼吸的氧气。

自25亿年前首次出现，大气中的氧气逐渐增加，约6.5亿年前达到了目前的水平。与此同时，氧气与上方的臭氧层通过一系列复杂的化学反应保持着动态平衡。然而，自20世纪60年代以来，由于气溶胶、冰箱和空调系统中广泛使用氯氟烃，大量氯气被释放出来，导致了污染的急剧增加，破坏了这种化学平衡，进而破坏了臭氧层。

如今在每年南半球的春季，南极洲上空一部分臭氧层明显变薄，其面积相当于北美洲。北极上空也出现了较小的变薄区域。这些变薄区域通常被称为臭氧空洞。这种臭氧流失的后果是非常严重的。臭氧减少10%，将导致到达地球表面的紫外线辐射量增加20%。这将不可避免地导致皮肤癌和白内障的增加，并对免疫系统产生非选择性抑制效果。穿透海面的紫外线辐射会损伤浮游生物，对海洋食物链上游产生明显影响。

臭氧在气候中的作用尚不明确。平流层中的臭氧具有冷却作用，因此其减少会削弱这种作用。对流层中也存在臭氧，主要来自交通污染，它作为温室气体对全球变暖的贡献非常小（<1%）。实际上，氯氟烃对气候变暖的贡献更大。幸好全世界现在已经同意禁止使用氯氟烃，并计划进一步削减氯排放。如果这个目标实现并一直保持，那么臭氧水平将随着时间的推移而完全恢复。 83

过去的气候变迁

地球气候并非一直如此（见图21和图22）。有的时候，地球有着温暖潮湿的环境，赤道和两极之间的温差很小。例如，大约1亿年前，棕榈树和鳄鱼能生活在北纬80°的地方，这相当于今天的加拿大极地地区或格陵兰岛北部。有的时候，地球上的气候要寒冷得多，因此冰盖、冰川和冰冻苔原大幅扩大。过去气候变迁的原因完全是自然的。 84

过去的大部分地质年代都处于气候温暖的温室时期，并不定期地被持续时间较短、气候寒冷的冰室时期所打断。对于如此大规模的气候波动的原因和时机，我们尚无完整的科学解释。我们已知的是其中的两个关键驱动因素——太阳能的输入以及海气系统的协同调节。我们还知道，海洋、大陆、冰盖的规模和分布对太阳热量吸收与反射的调节非常重要。

有证据表明，位于加拿大高甘达的几组岩石于20多亿年前沉积而成，是第一个冰室时期的代表。对于从此时起的六次主要冰室时期，我们可以更确切地推断其年份，它们大约发生在9.5亿、7.5亿、6.5亿、4.5亿和3亿年前。最近一次发生在大约

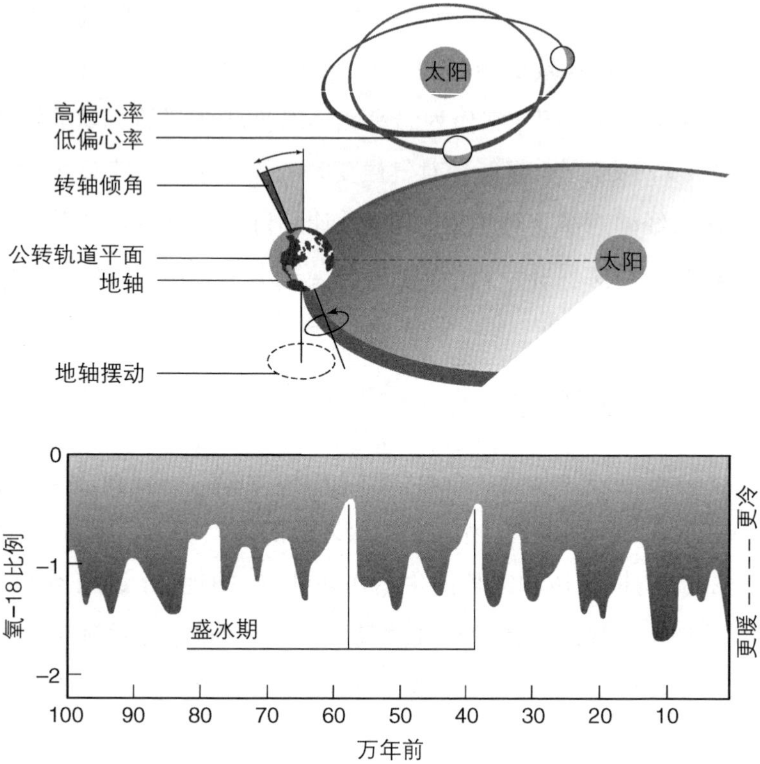

图21　氧同位素与气候循环

300万年前，我们仍然处于此次冰室时期之中，尽管现在属于相对短暂的间冰期。

这次冰室时期来得很突然，效果剧烈。全球气候开始大幅波动，但总体呈降温趋势。风势增强，雨雪增多，积聚的云层不可避免地将更多的太阳能从地球表面反射出去。全球气温下降了8℃，海面温度下降了6℃。极地冰盖从南极洲和格陵兰岛蔓延开来，形成巨大的冰架，漂浮在南极洲周围，以及北冰洋、挪威海、拉布拉多海、哈得孙湾、巴伦支海和白令海上。北半球的冰

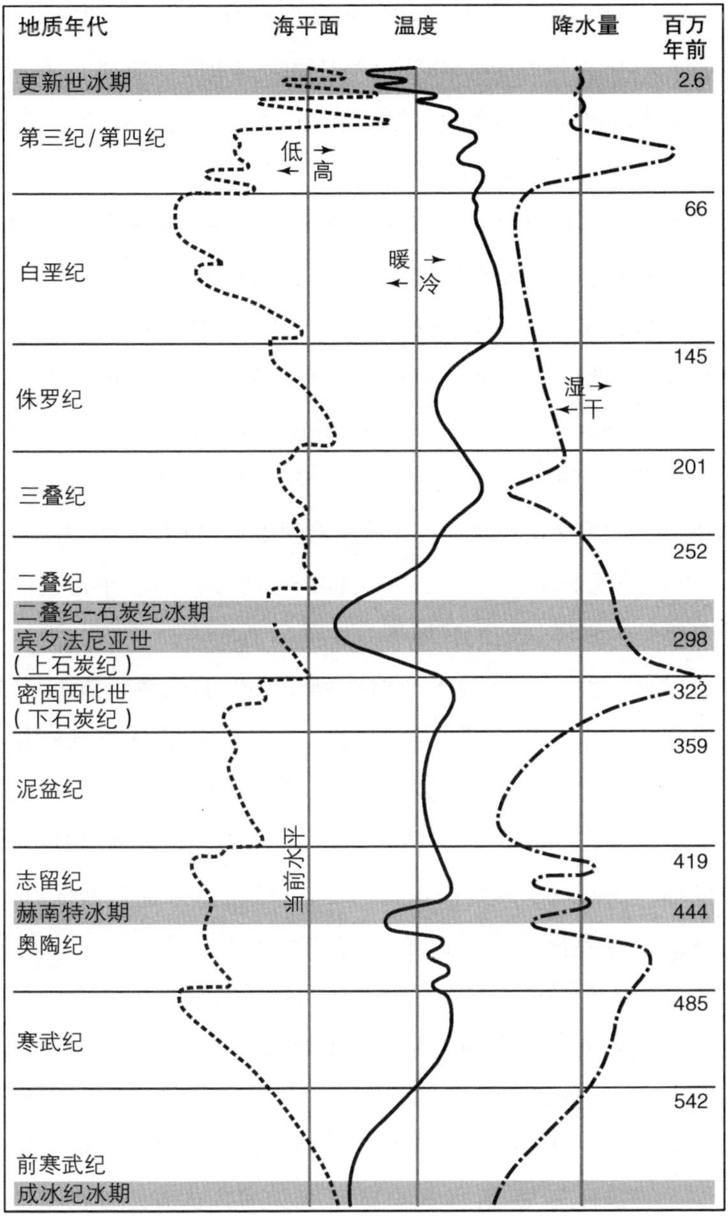

图22　海平面与温度随时间变化图　　85

盖自山地和高地形成，然后扩散到温带低地，2—3千米厚的冰层覆盖了一半的北美大陆和四分之一的欧亚大陆。有时几乎三分
86 之一的大陆都被冰覆盖，极地冰盖中心的厚度达到6—7千米。

在过去300万年的冰室时期，由于多种不可抗力因素，全球气候有规律地循环往复。其中最重要的是地球绕太阳轨道的变化，它造成的三个气候影响周期约为2.2万、4万和10万年，统称米兰科维奇旋回。在过去的100万年里，有10—11次周期较长的循环，将地球从冰期状态推向了间冰期状态。最近一次间冰期始于11 000年前。在这些长周期循环中，规模较小的气候波动和振荡也很明显，它们被称为亚米兰科维奇旋回。在6 500、4 500、2 000和1 000年前曾有过相对温暖的时期，其间则比较寒冷，例如公元1645年至1715年之间的小冰期。这些小规模的周期变化是由海洋强迫和日照不规律共同造成的。

尼克·沙克尔顿爵士及他在剑桥大学的同事于20世纪70年代率先提出一项重要发现，使我们能够为过去的气候变化建立更加完善的记录。他们发现，与普通海水相比，冰分子中氧的两种主要形式（被称为氧-18和氧-16同位素）的比例略有不同。当极地冰盖固定了大量的水时，未结冰的海水会优先富集氧-18同位素。这会直接体现在海洋生物外壳分泌物的化学组成中，这些生物从而记录了它们当时生活的海洋的同位素比例。

通过将沉积岩芯中的微体化石仔细地分离出来，并分析其同位素成分，我们逐渐建立了过去1.4亿年来海水变化的完整记录。这种海洋氧同位素地层学是我们现在研究过去气候和海平
87 面变化的最佳方法，并成为全球通用标准。其他含氧材料也可以分析，例如从极地冰盖钻取的冰芯中提取的冰，或在地下洞穴

中沉积而成的石笋。所有这些记录都能相互印证，也与米兰科维奇旋回理论所预测的气候变化非常接近（见图22）。

我的一个长期研究兴趣是研究等深流沉积岩。这些沉积物由底层洋流在深海沉积而得。2012年，我们在伊比利亚以南的大西洋大陆边缘钻取了超过4 500米的沉积物，证实了我大约30年前提出的等深流沉积模型，令我如释重负。除了氧同位素，我们还能够使用其他方法来推断气候变化。例如，等深流沉积岩平均粒度的变化可能与气候导致的底层洋流波动有关，而颜色的系统性变化反映了有沉积物在气候控制下流过大陆边缘。我们对气候与海洋关系的理解越来越细致了。

海平面的升降

过去海平面的变化与气候变化密切相关（见图22）。大约2.5万年前，在最近一个冰室时期的巅峰，全球海平面比今天低120米，如今的大陆架大片暴露在外。从阿拉斯加到西伯利亚，从不列颠群岛到欧洲大陆，世界各地都存在陆桥。再追溯到8000万年前，海平面比现在高出250—350米，因此当时地球面积有82%是海洋，只有18%是旱地。这种沧海桑田在整个地质史中都是常态，并且完全是自然原因造成的。 88

我们理解海平面变化的这些自然原因，但对这些自然原因的触发机制还不甚了解。其中四个主要原因包括：

（1）新洋壳的形成将海水往上推。由于洋中脊、海底火山高原和热点的扩张生长，海底不断上升。当洋中脊扩张速率很快，并且火山熔岩的喷涌达到极值时，海平面就会上升。当扩张速率很慢且火山活动减少时，海平面就会下降。这两种影响都是全球性的。

（2）山体隆起和地壳沉降。这是板块构造运动的自然结果，并造成海平面的局部变化。在这种情况下，海平面的升降局限在某地。大规模的山体隆起也会引发气候变化，从而成为全球性的驱动因素。

（3）板块构造运动引起的大陆和海洋分布的变化。构造运动将大陆移动到极地地区时，就会给大陆带来积雪和冰盖，从而降低海平面。如果没有极地大陆，海平面将会上升。大陆和海洋分布也对洋流模式以及全球气候产生深远影响。大陆和海洋的构造重组可能是过去300万—500万年的冰室时期形成的最大单一因素。

（4）气候变化以及冰期和间冰期的自然交替。这会影响固定在大陆上的冰和留在海洋中的水的量。

只有这第四个原因才能触发海平面相对快速的变化，比如过去300万年里海平面因气候变化而发生的变化。然而，我们今
89 天看到的海平面迅速上升，很大程度上应归因于人类引起的全球变暖。这导致陆地上冰川和冰盖中的水大量融化，并直接流入海洋。

模型与控制

全球变暖及背后人为因素的推动是毋庸置疑的。值得讨论的是，仅人类活动就能够至少以某种间接的方式影响如此庞杂的海洋气候系统。自1750年以来，随着工业化的普及和化石燃料燃烧量的指数级增长，大气中的二氧化碳含量增加了31%。如此大的变化相对容易测量，但计算全球平均温度的微小变化，

同时要排除以季度和10年为周期带来的噪声影响，确实相当具有挑战性，对海洋而言更甚。

包括海洋调节器在内的自然系统非常复杂，使得预测地球对温室气体排放增加的后续反应变得非常困难。直到最近人们才能拟合出切实的大气海洋计算机复合模型。这些模型揭示了风的运行模式、洋流的轨迹及相关的全球热量和气体输运。它们还显示海冰和陆地植被覆盖的范围。我们逐渐搭建出有助于预测未来气候变化的模型。

尽管国际社会对全球变暖的性质已经达成共识，但在制订对策前，我们仍然有很多东西需要研究。减少温室气体排放，尤其是工业化国家的排放，似乎是合乎逻辑且势在必行的第一步。将二氧化碳泵回地下储层的试点已经取得成功。在海面施加溶
解铁来刺激浮游植物的生长，从而增进二氧化碳向海洋的自然 90
转移，是一种有趣的新方法。然而，对于一些国家来说，气候变暖会使农业生产、能源消耗等方面受益。全球变暖无疑是人类面临
的最大环境问题之一。因此，我们尚无一致对策也不足为奇。 91

第七章

进化与灭绝

从诞生到进化为今天我们所知的丰富物种，生命与海洋有着千丝万缕的联系。生命的历程在海洋历史的各个纪元以进化趋异和大规模灭绝事件（当时地球上多达80%的物种灭绝了）为标志。从单细胞生物到多细胞生物，从无性生殖到有相关突变的有性生殖，从化石记录稀缺的软体生物到保存起来要容易千倍的保护性硬壳，进化的过程一直非常缓慢。大部分的进化和灭绝都是在海洋中完成的，生命自诞生后有90%的时间（即前36亿年）都困在海洋中。地球大气性质的改变、气候的变化、海水化学成分的波动、海平面的升降以及大陆的漂移都产生了不同的深远影响。本章旨在探讨生命起源的几种可能性、其进化和标志性的演变，以及推动这一进程的主要灭绝事件，重点讲述海洋在生命历史中的作用。

起源和早期演化

尽管对于生命起源还没有一个公认的学说，但人们普遍认

为生命起源于海洋，而水是其存在的首要条件。这就是为什么 92
在人们寻找地外生命时，行星上水的存在如此关键。最早的海洋形成并稳定后不久，第一个生命就出现了，时间点可能是38亿—40亿年前。澳大利亚西部和南非海域的沉积岩中的原始微生物遗骸是现存最早的生物化石，可追溯到33亿—36亿年前。

无论海洋生命从何处起源，那些包括原始古菌和原始细菌在内的最早的单细胞生物，都面临着这样严酷的环境，包括高温、紫外辐射灼伤和天体撞击。早期的海水是酸性的，没有游离氧，但富含二氧化碳、硫化氢和铁。不同的细菌进化出了利用其他氢源的能力——一些细菌利用了早期大气中的甲烷，一些细菌利用了海底火山喷发出的硫化氢。不久之后，更复杂的蓝细菌（又称蓝绿细菌）出现了，进化出从水中释放氢的能力。它们含有复杂的叶绿素分子，可以在光合作用过程中直接利用太阳能。通过将氢从水分子中分离出来，它们将氧气释放到海洋和大气中。

丰富的水和阳光对于蓝细菌来说是一个明显的进化优势。这一重大发展将对随后的所有生命产生深远的影响。从大约24.5亿年前起，大气中的游离氧水平以非常缓慢的速度开始上升。一些氧元素以臭氧分子的形式存在，臭氧分子提供了一道保护屏障，阻止有害的紫外线到达地球表面。

生命在海洋最初的20亿年里只不过是些单细胞生物，或说
是原核生物，细胞内的各个部分没有明显的分化，仅通过一分为 93
二来繁殖。也许这一时期海洋条件相对稳定，不利于进化。然而，从大约21亿到18亿年前，两个突破性的进化改变了地球上的生命。其一是细胞进化出细胞核。细胞核是嵌套着DNA（脱

氧核糖核酸）的核，包含生长和繁殖的所有指令（染色体或基因集）。这些被称为真核生物的生命体发展出了其他所有形式的生命。其二是性的出现。来自父体和母体的基因组能够通过卵子和精子混合，而不是简单地从其中一方转移。这极大地增加了突变导致的遗传变异的可能性，从而加快了进化的速度。

然而单个细胞的尺寸和进化多样性是有限的。其原因可能是海洋恶劣的化学性质限制了进化，不过这种情况正在慢慢改变。尽管深海仍然由硫化物主宰，但是氧气在海面周围逐渐累积，生物必需的元素（铁、钼、铜、锌和镉）也有所增加。大约14亿年前，出现了两种新的进化方向。其一是形成生命周期相互协调的细胞群，今天的海绵就是这个非常古老的方向的代表。其二是结成真正的多细胞生物体，这一发展方向也更为成功。生命第一次能够根据功能来分化整组细胞，产生神经系统、感知细胞、生殖器官、肌肉纤维。生命形式的伟大实验已经准备就绪。

埃迪卡拉花园

在澳大利亚南部弗林德斯岭的埃迪卡拉山上，留有已知最早的多细胞生物群落的化石印记，可谓前无古人，后无来者。它们包括巨大的类蕨叶片，以及类似水母、软珊瑚、环节动物和古
94 代节肢动物的凹痕，而所有这些动物完全是软体的。砂岩中的波纹痕迹和菌毯痕迹证明浅海环境的存在。这些环境可能具备有利于此类实验的水温和化学性质。

为强调海洋生物的根本性变化，人们提出了埃迪卡拉纪（6.3亿—5.41亿年前）这一新的地质时期。现在，在俄罗斯、中

国、纳米比亚、加拿大和英国都发现了同一时期的化石，证实了多细胞生命的问世。在埃迪卡拉纪，海洋和大气的化学成分似乎已经开始逐渐趋向于现今的情况：大气中的氧气急剧增加，达到15%—20%；海水中第一次有整个水柱完全充氧。

海洋生物大爆发

5.41亿年前有两个事件标志着显生宙海洋的开端。第一个事件是寒武纪大爆发，它宣示了多样且相对高级的生物群的出现。这些生物群迅速在寒武纪海洋繁衍，其中包括钙化藻类、有孔虫和海绵、有硬壳的双壳纲、腹足纲和棘皮动物、珊瑚和海百合，还包括现已灭绝但曾经辉煌的物种，如三叶虫和笔石。第二个事件是硬质结构突然演化出现。这些硬质由石灰质（碳酸钙）、二氧化硅或甲壳质（一种硬质多糖有机物）构成。这种矿化骨保存为化石的概率比软组织高上千倍。海洋的化学性质进一步变化——海洋完全充氧，酸性没那么强了，从而可以保存这些硬质。

因此，从古生代开始，我们对进化的过程有了更清晰的认识（见图23）。在古生代早期，一次重要的实验悄无声息地完成了：脊椎演化了出来。这种结构最古老的生物证据来自皮卡虫，这是一种扁平蠕虫，它的化石是在加拿大落基山脉伯吉斯页岩中被发现的。不久之后，在大约4.25亿年前，第一批原始鱼类出现在志留纪海洋。一旦真正的鱼类演化并掌握了游泳技巧，它们就注定要征服海洋。 95

值此之际，水世界作为地球上所有生命的家园的超然地位，在维持40亿年后开始受到挑战。细菌、藻类、地衣和真菌首先从

地质时期	时间（百万年前）	特色生物
第四纪	0—2.6	猛犸象、剑齿虎、现代人类
新近纪	2.6—23	草类、有蹄类哺乳动物、啮齿动物、蛇、首批人科动物
古近纪	23—66	首批鲸类、珊瑚礁、早期有蹄类、灵长类
白垩纪	66—145	钙化浮游动物、开花植物、胎盘哺乳动物
侏罗纪	145—201	现代鱼类、早期哺乳动物、首批鸟类
三叠纪	201—252	石珊瑚、爬行动物、首批恐龙
二叠纪	252—298	海绵类-苔藓虫礁、高级似哺乳类爬行动物
宾夕法尼亚世（上石炭纪）	298—323	球果植物、有翅昆虫、首批似哺乳类爬行动物
密西西比世（下石炭纪）	323—359	被子植物、巨大肺蝎、首批爬行动物
泥盆纪	359—419	大型陆地植物、菊石、肺鱼、鲨鱼、两栖动物
志留纪	419—444	维管植物、有颌鱼类、早期陆地动物
奥陶纪	444—485	横板珊瑚、无颌鱼类，陆地植物进化出孢子
寒武纪	485—541	节肢动物、伯吉斯页岩生物群、首批脊索动物、物种大爆发
新元古代	541—1 000	埃迪卡拉生物群
中元古代	1 000—1 600	多细胞生物、埃迪卡拉生物群
古元古代	1 600—2 500	有性生殖和真核生物的进化
太古宙	2 500—4 000	古菌、细菌、蓝细菌；叠层石，生命起源
冥古宙	4 000—4 600	

96 图23 进化与大事件时间表

海滨移居到内陆，然后是高等植物。不久之后，绿意铺满大陆，一如湛蓝遍及海洋。陆生植物的繁衍将对全球环境产生重大且不可逆转的影响。动物世界的先驱们很快就来到了这片土地。

古生代大灭绝

进化和灭绝始终紧密相连。在过去的某些时间和地点，环境条件有利于适应和演化，就会辐射出大量新生物，同时标志着一个新地质时代的开始，例如寒武纪生命大爆发。另一些时候，地球也见证了大规模灭绝事件——大量的种、属乃至整个科一起快速消亡，其中包括标志古生代和中生代结束的事件（见图24）。

其中最大的一次灭绝事件发生在大约2.5亿年前的二叠纪末期。据估计，至今所有已知的科中有50%永远消失了，这大约相当于地球上所有物种的96%，其中大多数当时仍生活在海洋

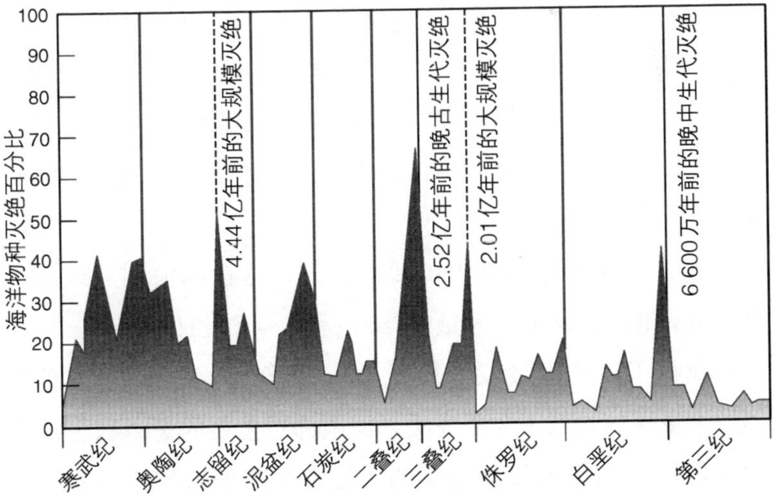

图24　海洋生物灭绝事件

中。在此之前，海洋是一个物种丰富的聚宝盆，其中的生物与今
97 时截然不同，但多样性不遑多让，已经进化了超过1亿年，形成了复杂的食物网。几乎所有的单体珊瑚、海百合和结壳苔藓虫都灭绝了。同时灭绝的还有几乎所有已知的160种腕足动物。最后的三叶虫在海底踽踽独行，最后的笔石在水面消失。这主要是一次海洋生物灭绝事件，但劳亚大陆和冈瓦纳大陆的大型针叶林也被抹去，随之消失的还有大量昆虫和其他小型生物。然而对此我们几乎没有记录。只有极少数较大的似哺乳类爬行动物幸存下来。

这次大灭绝事件的规模和影响都是前所未有的。物种在超过800万年的时间内快速衰退，然后在更短的8万年间灾难性地灭绝。我们可以推断这是由两个复杂的环境因素造成的。第一个因素是二叠纪时期大陆缓慢合并，形成一片巨大的陆地，它被称为盘古大陆。这造成了几个后果：其一，海平面降至历史最低水平，减少了栖息地的多样性并加剧了生态系统的不稳定性；其
98 二，由于海平面下降，溶于水中的气体逸出，加上含碳沉积物的氧化，大量二氧化碳进入大气，从而导致全球变暖，大气中的氧气含量急剧下降；其三，大陆性气候的极端性质给陆地上的动植物带来严重的生存压力。

第二个因素是此时火山活动剧烈。这在西伯利亚地盾中有充分证据，它证明有大量的熔岩涌出。巨大的火山灰云可能暂时遮挡了阳光，导致了“核冬天”。最终，二氧化碳和其他气体的大量排放导致了全球变暖。但或许更重要的是，氟、酸雨和微量金属增加了大气与海洋的毒性。大气的缺氧也会蔓延至海洋。

在种种环境因素的综合作用下，物种的自然衰退加剧了许多倍。某些植物的消失影响了许多以它们为食的动物，进而影响了食物链上游的掠食者。随着有利栖息地的减少，竞争不可避免地加剧。随着曾经孤立的陆地聚集在一起，动物群体之间的疾病传播可能更加频繁。归根结底，这是一场无可比拟的生物灾难，世界花了数百万年才恢复过来。

特提斯洋的复兴

中生代标志着一个截然不同的世界。二叠纪时期形成的单一超级大陆并不稳定，开始分裂。几条东西走向的裂谷在盘古大陆的中心形成了一片狭窄的赤道海洋。这就是特提斯洋，它不断发展壮大，并在接下来的2.5亿年里主导着世界。海平面上升至历史最高水平，全球气温上升，大陆上出现更多裂谷，温暖的、新生的特提斯洋将分支探入大陆内部。 99

这样一个友好的海洋环境是生命复兴的理想温床。新兴的微观植物，如颗石藻、硅藻和甲藻，在浮游植物领域崭露头角。与此同时，以这些丰富的藻类为食的浮游动物也如雨后春笋般辐射出来，比如能够分泌石灰质，以硅藻为食的有孔虫。海生无脊椎动物也乘上海洋复兴的快车，辐射出百花齐放的新形式。软体动物大量繁殖，比如环抱、蜗居或黏附在基底上的牡蛎和蛤，几乎独立建造巨大礁状土丘的厚壳双壳类，螺旋状的菊石和子弹形的箭石等能自由高效游动的贝类。曾经有一片巨大的深水海绵礁沿着特提斯洋北部的大陆架延伸，其长度大约是今天大堡礁的1.5倍。再后来，新型珊瑚和苔藓虫出现在大洋边缘温暖的浅海中。

恐龙在陆地上繁衍生息的同时，咸水鳄鱼、桨鳍长颈的蛇颈龙和大头短颈的上龙等海洋爬行动物也成了海里的顶级掠食者。它们当中有一些身长可达17米，大约是一辆巴士的2倍，有着强壮的下颌和巨大的牙齿。这当中进化程度最高的也许是形似海豚、能够快速游动的鱼龙。

几乎没有人注意到的是，在那个物种奇妙而丰富的时代，几个将构成未来生命基石的关键进化出现在了陆地上而不是海上。首先是哺乳动物的出现，它们是从三叠纪晚期的一种高级似哺乳类爬行动物兽孔目进化而来。哺乳动物仍然很小，在爬行动物的绝对主宰下低调地活着。其次是鸟类的进化，它们最有可能来自侏罗纪早期的兽脚亚目小型恐龙，例如备受瞩目的始祖鸟。再次是白垩纪早期陆地上能够开花的被子植物的

100 出现。

中生代大灭绝

中生代海洋的繁荣结束于大约6 600万年前白垩纪末期的大规模灭绝事件。浮游生物世界迎来了严重的衰退和戏剧性的变革，并沿食物链向上产生了连锁反应。菊石和箭石灭绝了。与它们一起消失的还有大约四分之一的鳄鱼、海龟和鱼类，以及几乎所有的海洋顶级掠食性爬行动物。在陆地上，恐龙在历经长期衰落后覆灭了。总共约有20%的已知科和50%的已知种灭绝了。人们认为该灭绝事件的持续时间相对较短，但也不是瞬时的。

关于恐龙灭绝，人们提出了数百种理论，其中一些言之有理，更多的则是天马行空。目前备受推崇的理论是一颗直径10

千米、重量超过400万吨的巨型陨石撞击在墨西哥湾地区的某处。从该地区遥感图像中，可以看到那里残存着一个巨大的环状结构，名为希克苏鲁伯陨石坑。铱是某些陨石中的常见元素，人们在世界各地的白垩纪-第三纪界线（K-T界线）上，发现了相当浓度的铱，以及一种受过强应力作用的石英颗粒。但实际上，这种理论的证据很少，也很难解释许多动植物几乎没有受到影响的事实。例如，大多数陆地植物都幸存下来。大多数软体动物、鲨鱼、硬骨鱼、胎盘类哺乳动物和所有两栖动物也未受波及。

然而，有大量证据表明这次灭绝是环境因素综合驱动的。与二叠纪末期灭绝一样，K-T界线事件之前曾有大量熔岩喷发， 101
印度50万平方千米的德干暗色岩就是证明。白垩纪晚期，极高的海平面和温暖的气候已经持续了3 000万年。然后，海平面开始降低，气温急剧下跌。沿海栖息地减少，陆桥连通，本来就面临激烈竞争的动物群体又遇上疾病传播加剧。还有进一步的证据表明，许多恐龙群体经历了长期衰退，某些海洋动物群在界线事件之前几百万年就已灭绝。海底钻探取出的跨越K-T界线的微型化石记录，详细地揭示了物种阶段性的快速灭绝。

因此，人们得出以下结论也就在所难免：K-T灭绝事件是由环境因素的综合作用造成的，其中包括海洋化学性质的显著变化，这些变化引发了极端的生物应激。

新生代海洋世界

海洋再次帮助世界恢复生机。大陆漂移继续改变着陆海分布。特提斯洋缓慢闭合，并最终在大约550万年前永远消失。大西洋和印度洋不断扩张，南极大陆漂过南极点，世界开始呈现今天的模样。新的浮游生物、现代珊瑚与大量色彩缤纷的鱼类共同进化。牡蛎、贻贝、藤壶、鸟蛤和蛏子点缀着岩质与沙质海岸线。深海世界则是另一番景象，这里有洋中脊黑烟囱周围特殊的化能合成生态系统、无须直射阳光即可繁衍生息的冷水珊瑚
102 群，以及许多显眼的、自身能够产生光源的发光生物体。

新生代的一个重大进化，是之前完全基于陆地而进化的哺乳动物回归海洋。这种动物的代表被称为厚中兽，形似鬣狗，在4 500万—5 000万年前沿着海岸线捕食。化石遗骸显示，从这些海滨捕猎者到涉水的“鲸鱼”，再到使用鳍的游泳者，又到完全生活在海里，拥有流线型身体并用尾巴游泳的鲸类，这个进化过程是迅速的。最先出现的是包括海豚和鼠海豚在内的齿鲸目，
103 须鲸目则出现在大约1 000万—1 500万年后。

第八章

海洋生物网络

海洋目前覆盖了全世界71%的面积和90%以上的可居住空间，提供了重要的营养物质、溶解气体和矿物盐。海洋富含氧气，表面沐浴在无尽的阳光下，有着比陆地上的水稳定得多的水温，并且贡献了全球一半以上的初级生产力。

生命存续是通过物质和特定化学物的循环、食物的消耗和能量的交换而实现的。每种海洋生物都会受到周围环境的影响。温度、盐度、水压以及阳光和营养物的多寡是影响海洋生物的部分物理因素。栖息在任何一个生态位的生物群也对其中的每个成员产生深远的影响。繁殖需求与对生存空间和食物的竞争交织在一起。然而，对食物的不懈追求是所有生物的首要诉求。不同的物种在海洋的各类循环、复杂网络和食物链中发挥着自己独特的作用。我们将生命划分为六个界，每一界在海洋领域都有出色的代表（见表6）。本章将简要介绍海洋生物学这一宏大的主题。 104

表6　海洋中六界的代表生物

古菌界	原核生物，都是单细胞生物，是最古老、最原始，也是数量最丰富的生命形式之一，特别能适应恶劣环境
细菌界	原核生物，都是单细胞生物，是最古老、最原始，也是数量最丰富的生命形式之一，存在于大部分环境中
原生生物界	真核生物，是具有明确分化的细胞核和细胞器的单细胞生物，包罗万象，包括类动物、类植物和中间形态的生物
真菌界	真核生物，大多是多细胞生物，无法独立运动，是尸体或活体的异养分解者
植物界	真核生物，都是多细胞生物，无法独立运动，是自养的初级生产者，能够通过光合作用生产自己的食物
动物界	真核生物，都是多细胞生物，大部分能够进行某种程度的独立运动，是异养的消费者，即以其他生物体为食

生物带与栖息地

海洋空间通常根据物理特征，细分为数个生物带（见图25）。首先可以明确区分的是海水区和海底区。海水区包括整个水体及其中的自游和浮游生物体，而海底区则住着大量的底栖生物。海水区基本分为大陆架上的浅海区和陆架坡折以外的大洋区。根据深度，海水区可以进一步细分为高低潮之间的沿
105 岸带（又称潮间带）、大陆架上的亚沿岸带、大陆坡上的深海带、深海盆地上的深渊带和深海海沟上的超深渊带。深度是海洋中阳光多寡的关键控制因素之一，因此也是生物区系的性质和分布的关键控制因素之一。深海栖息地是地球上最为神秘且鲜为人知的栖息地之一，其生态系统亦是如此。

陆地上广阔的气候带，如北极苔原、温带草原和热带雨林，

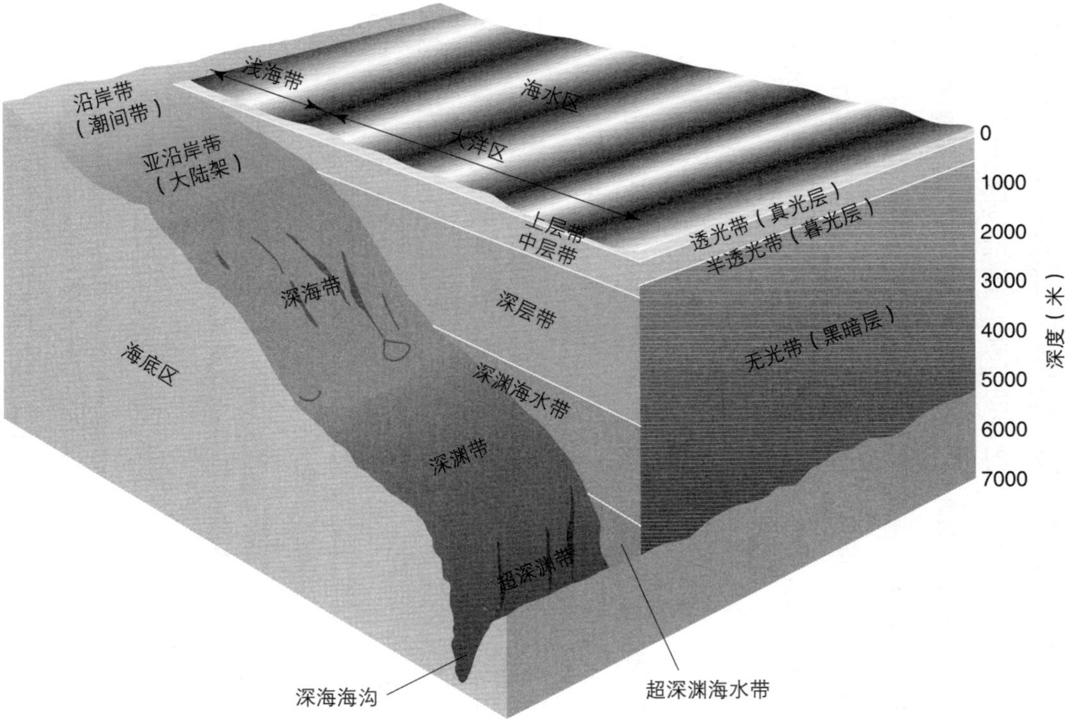

图25　海洋生物带与栖息地

都对海洋有微弱但同等重要的影响。在北极，漂浮的冰层和幽暗的冬季使得极地海洋成为对生命来说最恶劣的气候之一，从而引发地球上一些最引人注目的季节性迁徙。温带地区气候温和，但季节性仍然明显。这推动了强大的海洋环流模式、水团的翻转和营养物质的循环利用，促使一系列浮游生物急速增殖，成为多种多样的生物群落和生态系统的基石，带来了春夏的收成，可说真正养活了世界。赤道热带地区被常年温暖的海洋环绕。尽管其生产力低于温带海洋且明显参差不齐，但它拥有的海洋栖息地最为多样、最具异国情调，如珊瑚礁和红树林沼泽。

海洋中可供选择的家园或栖息地似乎是无限的。然而，有的动物宁愿选择冰冷的极地水域，也不去温暖的热带地区，或者放弃食物丰富的温带大陆架，而去近乎闹饥荒的深海海底。这乍一看似乎很奇怪，但这就是竞争和适应造就的奇迹，所有生物体都经历了数以亿年计的物竞天择。营养丰富的温带海洋的确养育着大量的生物体，拥有一系列复杂的食物网。进食和求偶可能很容易，但自己也容易成为别人的盘中餐。珊瑚礁可以提供各式各样的美味和藏身之处，但也徜徉着数量同样多的掠食者，它们具有特化的适应能力，可以穿透最安全的地堡或最坚不
107 可摧的盔甲。在这种激烈竞争的背景下，选择在条件更恶劣的新栖息地繁衍，同时适当发展适应新环境的能力，成为应对“内卷”的一个诱人方案。

无论最终选择富裕的郊区、贫穷的棚户区，还是选择偏远的农舍作为自己的家园，每种生物都必须在该栖息地内找到自己特定的生态位才能生存（见图26）。在生态学的语境中，生物体的生态位就是它的职业。例如，藤壶附着在被海浪拍打的岩石上，

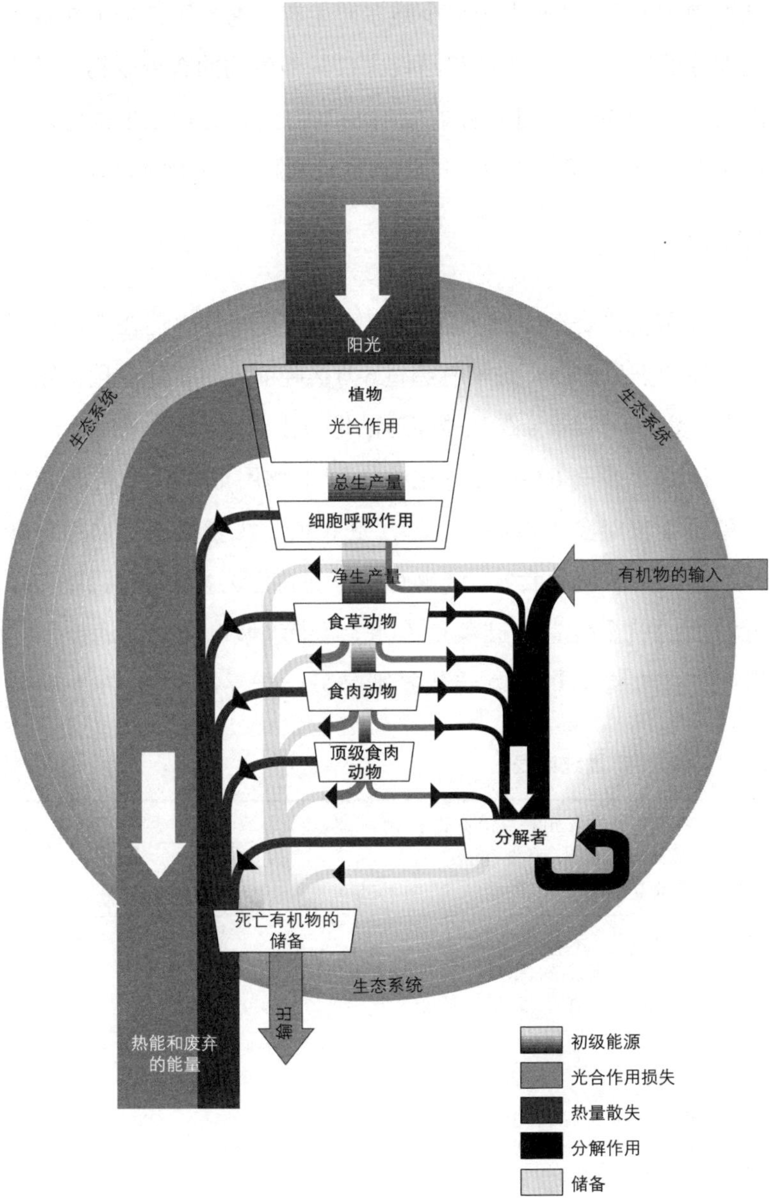

图26　海洋生物的循环和食物网　108

从海浪中滤食，其他生物很少能在此生存。海参则悄悄地在昏暗而泥泞的海底爬行，清理和回收来自其他生物的有机废物。精确的生态位由生物体对各种非生物和生物因素的响应来决定。生态位越独特，与其他生物体的生态位重叠越少，生物体就越成功。

浮游生物的世界

浮游生物是海洋世界的“粥厂”。这是大量生活在海面附近的微型和小型生物。每年有超过6万亿吨的浮游植物利用太阳能和海水中的化学养分在光能穿透的地方生长（见表7、图27）。

硅藻至少有6 000种。这些微型生物用形状和结构各异的二氧化硅玻璃盒子给自己建造了庇护所。大多数硅藻以脂肪酸和油滴的形式储存食物，这也有助于保持浮力，因此它们浮在靠近海面的黄金位置。硅藻是冷水、温带水域以及许多海岸和入海口的主要浮游植物。硅鞭藻则是另一群浮游生物，在寒冷的

表7　初级生产量统计表

数量：每年每平方米500—750克碳	海洋：浅水湾、海藻床、珊瑚礁	陆地：热带雨林、淡水沼泽
数量：每年每平方米250—500克碳	海洋：沿岸上升流系统、深水河口	陆地：高度农业化地区、湖泊
数量：每年每平方米50—250克碳	海洋：大陆架和某些边缘海	陆地：温带雨林、草场、农田
数量：每年每平方米少于50克碳	海洋：开阔大洋	陆地：沙漠、草原

极地水域中最为丰富。

颗石藻大量存在于热带海洋和大洋区。它们复杂的球形庇护所由带有图案的盘状微型碳酸钙（颗石粒）构成。它们有 109
两条线状鞭毛，主要是用来小幅度运动，以保持自己在阳光下的位置。甲藻是另一类热带浮游植物，其中一些在夜间发出蓝绿色的生物光。有些物种选择在水母、珊瑚和软体动物体内共生。它们提供食物，而宿主则提供保护、二氧化碳和其他营养物质。其他甲藻以寄生方式生活在海洋甲壳动物的肠道中。

作为浮游植物，蓝细菌因其超微尺寸，以前一直被忽略。一个针头就能容纳超过50万个蓝细菌细胞。然而我们现在知道它

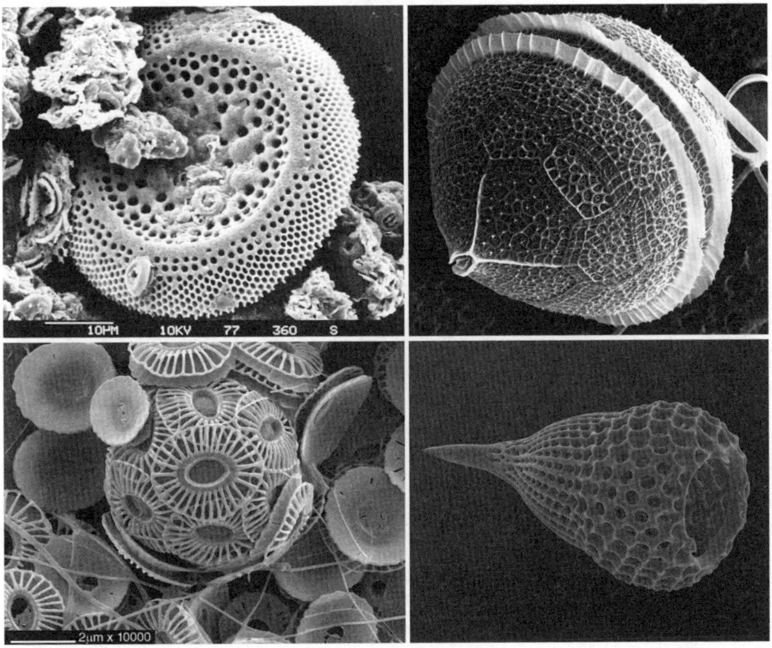

图27 浮游生物群落 110

们可以贡献海洋80%的表面初级生产量。它们也能在易透阳光的浅水中形成黏滑致密的菌毯，覆盖在海底。那些能够分泌碳酸钙的菌毯筑起卷心菜一样的叠层石，是古代生命的现存代表。

初级生产者无论生活在哪里，都伴有同样多样化的小型草食和肉食浮游动物群落。原生动物都是单细胞生物，通常会形成沙粒大小的、带有纹路的外壳，其中包括有孔虫用碳酸钙制成的多腔壳、放射虫的尖刺玻璃球和沙壳虫的头盔。这些生物体通过微小的孔延伸出由自身的细胞材料组成的辐射线，用于运动和捕获猎物。

浮游植物和其他浮游动物的主要消费者是桡足类动物。它们比原生动物长得稍大一些，长度可达2毫米，捕食更凶猛，消费
111 的速度更快。它们是细长的小虾，挥舞着宽阔的触角，发展出高效的掠食方式。它们猛烈地击打双腿，形成稳定的水流，将漂在水中的浮游生物引向分布在肢体上的滤食器。

在南大洋，极锋分割着水团，沿着极峰上升的洋流带来丰富的营养，这和浮游生物的高生产力直接相关。这些高纬度地区的硅藻水华通常始于初夏。此时浮冰开始融化，日照时间增加。当浮游植物大量繁殖时，它们会吸引生活在大洋区的磷虾。这些虾可以长到几厘米长，并且繁殖迅速，单个磷虾群的面积可达数百平方米，厚度可达5米，据估计其重量约为200万吨。在已知的86种磷虾中，大多数种类都具有生物发光能力，因此这些极其密集的磷虾群在夜间会发出诡异的光芒。

海洋环境

光线的多寡、温度的变化、海水的化学性质、压力和密度是

海洋环境的主要物理因素。所有海洋生物要想生存就必须学会适应这些因素。

阳光对于所有进行光合作用的生物体来说都至关重要，因此它们发展出了多种适应能力，以维持其在透光带的位置。在多云的沿岸水域，只有距离海面不到几米的区域属于透光带；在清澈开阔的洋面，透光带可深达200米。大多数异养生物必须同样适应食物充足处的条件。还有各种各样的生物已经适应了没有阳光的生活，甚至在中层带以下栖息。

海水吸收的大部分太阳能直接转化为热量。水温对于海洋 112
生物的分布和活动而言至关重要。尽管平均温度在0℃至40℃之间，但90%的海洋的温度始终低于5℃。大多数海洋动物都是外温动物（冷血动物），这意味着它们从周围环境中获取体热。它们能容忍的温差范围通常很小，仅生活在特定的纬度带或水深。海洋哺乳动物和鸟类是内温动物（温血动物），这意味着它们在内部经新陈代谢产生热量，从而保持恒定的体温。它们可以忍受更广泛的外部条件。

应对深海的极端静压是一项挑战。深度每增加30米，压强就会增加3个大气压，大约相当于一头大象的重量。水压在1千米深处为100个大气压，相当于33头大象堆积在1平方米内。对于大多数生活在水面的物种来说，这种挤压力是难以承受的，但深海海底存在着丰富多样的生物群落。这是因为液体不像气体那样可高度压缩，并且所有深海生物主要由水组成且不含气体。它们无法感知到自身所处环境的静压。然而，那些既生活在水面，又可以潜入深海寻找食物的鱼类和鲸类，则需要发展出更专门的适应能力。

水下运动

海洋生物使用几种不同的运动方式，其中包括漂浮、游动、喷射推进、蠕动、爬行和挖洞。一些物种还学会了搭其他物种的便车，或者在海面上乘风航行。然而，还有动物选择原地不动，
113 至少在一生中的大部分时间里是如此。水对运动影响最大的几个物理性质包含密度、黏度和浮力。海水的密度大约是空气的800倍，黏度大约是空气的100倍。因此，在水中运动的阻力要比在陆地上大得多。任何曾经试图在齐腰深的水里跑步的人都会知道这一点。

漂浮和漂流是许多以浮游植物为食的浮游动物的首选。有的浮游动物的运动范围更大：一些长度只有1—2毫米的浮游动物实际上每天要游数百米，竭力游到水面进食。黎明时分，它们又沉入水中，避免被猎食。这样一个来回相当于一个人游了700千米！连水母也从漂浮的体腔中喷出水，产生微弱的喷射推进力来实现运动。

大多数大型海洋动物，包括所有鱼类和哺乳动物，都采用某种形式的主动游泳（见图28）。鱼类通过最大限度地减少摩擦阻力、湍流阻力和形体阻力来提高游泳效率。为了减少表面摩擦，物体必须像球体一样光滑圆润。大多数鱼的鳞片上覆有黏液，可进一步润滑。为了减少形体阻力，鱼的躯干横截面积应该尽可能小，在理想情况下是铅笔状的。为了减少水流围绕物体移动时形成的湍流阻力，体形最好是圆头锥尾。综合考虑三种阻力，鱼雷状的金枪鱼成为最终方案，它也是所有鱼类中游得最快的。

鳍在鱼的运动中发挥着多种作用。鳍有几种类型，包括背

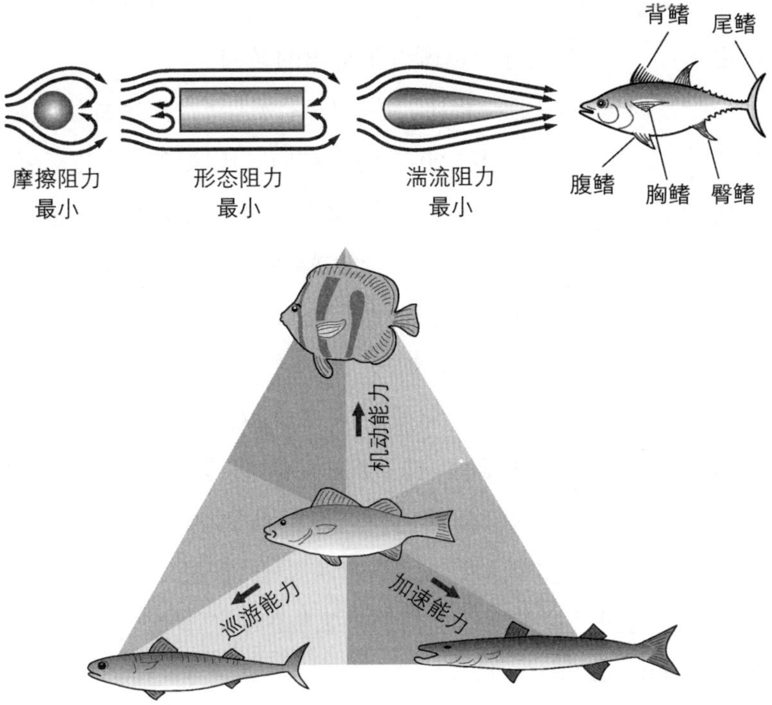

图28　鱼的运动

部的背鳍和尾鳍，以及腹部肛门后方的臀鳍。几种鳍共同运作，可让鱼正反向推进、转向以及制动，同时可提供稳定性，保证鱼能够上下左右地运动。

有几种鱼还学会了在空中滑翔。对于快速游动的飞鱼来说，这可能是最重要的进化适应，使其能够在同样敏捷的捕食者的压力下存活数百万年。起飞前鱼需要高速向上游动，当它开始离开水面时，它强有力地左右摆动撑开的尾鳍，并展开其宽大的翼状胸鳍，以完成升空。这些鱼可跳到10米高，以每小时60千米的速度在空中翱翔，一次飞行最远可达250米。当它们返回

大海时，尾鳍的快速扭动使它们能够再次起飞，并连续进行几次
115 长途飞行，甚至在飞行中途做近乎直角的转向。

与自游或浮游生物相比，更多的生物选择在海底周围缓慢移动，甚至固着不动。其中包括清理和回收废物的细菌与真菌、在透光带内进行光合作用的藻类，以及许多大型动物。那些为了自保而钻入沉积物中的生物，比如蠕虫、某些贝类，以及那些固着在表面的海葵、珊瑚、海绵和苔藓虫，只是在守株待兔，等待食物落到海底或从岸上冲下来。

其他双壳类动物，包括牡蛎、蛤、扇贝和贻贝，以及各种腹足动物（如海蜗牛和海蛞蝓），能在海底非常缓慢地蠕动。海蛞蝓的运动方式和它啃食海藻或它所依附的动物宿主的方式类似。包括龙虾、螃蟹、螯虾和虾在内的甲壳类食腐动物，用五对有关节的腿中的四对在海底行走。笨手笨脚的它们就像全副武装的骑士一样滑稽。

增强的感官

海洋动物增强了几种不同的感官能力。对某些动物来说视觉和听觉很重要，而对另一些动物来说，重要的可能是嗅觉、触觉、味觉和感应压力差，甚至感应重力或电磁场的能力。

海底动物发展出各种各样的视觉适应能力。扁形虫有一种类似于眼睛的器官，上面有微小的色素斑点，这使它能够区分明暗。由于有一对这样的感受器，它还可以确定光线的方向。巨大的风信标扇贝的躯体周围有一圈感受器，这些感受器能简单辨别明暗，也许在捕食者的影子接近时可以警告扇贝要紧紧闭
116 合。大多数鱼类的眼睛长在头部的两侧，各自提供单眼视觉。

这些鱼在游泳时通过摆动头部和身体，可以让每只眼睛都看到很大的范围。有些鱼的眼睛向前翻转，从而获得有限的双眼视觉。由于没有肌肉来改变晶状体的形状，它们必须前后移动才能调整晶状体的位置，从而看到远近不同的物体，这与我们调整相机焦距的方式完全相同。

化学信号很容易通过水传播，因此成了重要的信息来源。海葵伸出挥舞的触手，抓取在它们的化学作用范围内所有可食用的颗粒。其他许多生物拥有发达的化学传感细胞，这些生物包括原始的原虫、群居的海绵、樽海鞘、海参、肉食性的软体动物、甲壳类动物，以及所有鱼类。

大多数鱼类都有发达的嗅觉，有些鱼类还要更加灵敏。海鳗是珊瑚礁区的一种常见的鱼类，白天躲在缝隙中，晚上主要通过气味来定位、追踪和捕获猎物。眼袋石斑鱼的一对鼻孔赋予其发达的嗅觉。众所周知，鲨鱼对周围大范围内极微量的血液都有着不可思议的感知力，并且拥有长达约15米的出色视野。它们可以觉察出水中含量仅为亿分之几的食物或血液。

包括鳐鱼、魔鬼鱼、锯鳐和鲨鱼在内的所有板鳃亚纲动物，都能够通过位于头部顶端和两侧的特殊器官（劳伦氏壶腹）感知电流。它们是由传感组织组成的小袋，里面充满了果冻状物质，通过狭窄的管道和毛孔与表面相连。这种壶腹可以探测到低至百万分之一伏的电流。由于所有动物在活动时都会产生微小的电荷，因此探查并分析此类电荷是一种强大的能力。 117

聒噪的寂静

大海绝不是一个宁静的世界，而是充斥着刺耳的声音。咔嗒声、喘息声、哀鸣声、咯咯声、隆隆声、刮擦声和碰撞声，各种动物发出的声音交织在一起。所有这些声音通过压缩波运动传播，而在水下传播的效率远高于在空气中：这里的声速是空气中的2倍，有效距离则是4倍。

鱼类、贝类和甲壳类动物没有声带来发声，但它们演化出了不同的发声方式。石鲈摩擦上下咽头齿，发出类似于猪吃食的声音。英文俗称“呱呱鱼”的绒须石首鱼和俗称“打鼓鱼”的石首鱼可谓名副其实，因为它们通过振动附着在鱼鳔壁上的强壮肌肉来发声。蟾鱼会发出咕哝声，并通常在交配季节发出低频的口哨声。鼓虾虽然长度不到5厘米，但可以通过快速闭合虾螯而在刹那间产生非常尖锐的声音，这样可以有效击晕小型猎物和保卫洞穴。招潮蟹用蟹钳发出警告信号，又用腿的动作发出浑厚的鸣响，以此吸引附近的雌蟹。这些多样化的发声方式令人着迷。

侧线是鱼类皮肤下方充满黏液的管道系统，沿着许多鱼类的身体侧边分布，能够增强它们对次声振动的感应。因此，鱼类能清楚地注意到水下的微小运动，这就是鱼群中的数百条鱼能够整齐划一地扭动和盘旋的原因之一。

118 听觉是鲸和海豚等大型海洋哺乳动物使用的主要感觉系统。海豚会发出高频声音，包括人类听觉范围内的咔嗒声和超过10万赫兹的超声波。它们根据超声波回声准确描绘出周围环境，包括其中所有物体的距离、方向、运动、大小、形状、纹理和密度，甚至是鱼的具体种类。咔嗒声在海豚隆起的额头区域产生，压缩空气在其中循环往复，发出的声音被包含内耳在内的头部更广泛的区域接收。它们大脑中的听觉脑叶很大，有助于解析如此复杂的信号序列。

觅食策略

动物对海洋生活的许多适应最终都是为了吃和避免被吃。这就是生存的残酷现实，所有动物都在生死之间徘徊。从顶级捕食者到微小的浮游动物，每种动物都会找到自己的生态位，然后采取合适的觅食策略。为了实现这一目标，需要选择正确的工具、技术、武器和伪装，以及决定是建立合作还是避免冲突。

就营养效率而言，摄取食物链底层的生物是动物的最优选择。这与动物的大小和移动速度无关，不论是微小的浮游动物，还是缓慢移动的海蜗牛，抑或是巨大的蓝鲸，关键在于找到足够的食物。在摄食海洋浮游生物的方面，须鲸目不仅有完美的进食方式，规模也达到了极致。蓝鲸是地球上最大的生物，平均每天吃掉4吨浮游生物。它主要吃磷虾——一种像虾一样的小型浮游动物。蓝鲸只需张开巨大的嘴，就会吞掉这个范围内的所有东西。它没有牙齿，取而代之的是大片如渔网一般密集的鲸须（由角蛋白构成）。当鲸鱼的嘴里充满食物和海水时，它闭上嘴巴并通过鲸须板滤出海水，留下磷虾和其他浮游生物，然后将 119
其吞下。座头鲸在觅食时经常从密集的浮游生物群下方缓慢上升，并吐出一圈气泡。这些气泡就像网一样，将磷虾聚集在水面附近。

其他生物更喜欢在一个地方度过大半生，甚至一生。这是一种保存能量的好方法，因为不需要移动，只需让食物和水飘向它们，也许要辅之以纤毛或触手的挥动。难题是找到一个食物丰富的合适地点和合适的基底。多毛类蠕虫和许多双壳类动物钻入松软的泥沙中，还有一些双壳类则生活在岩石上或钻入岩石中。藤壶是一种顽强的小型甲壳类动物，其圆锥形的外壳在每片岩石性海岸都很常见。它们几乎可以附着在任何东西上——岩石、船体和其他海洋动物，包括螃蟹、海龟、鱼和鲸类。

珊瑚在海底筑造的珊瑚礁是坚固的三维建筑，面积可按平方千米计，也有其他许多生物参与了建造。单个珊瑚虫是微小的软体生物，生活在自己分泌的碳酸钙小杯中。它们的触手上布满刺细胞，还有可发射毒液的刺针。它们还会挤出细长的线来诱捕并缠绕猎物。这些线可能沾满黏性物质，能够进一步防止猎物逃跑。有些珊瑚长着肉感十足的短茎，上面覆有微小的纤毛。这些纤毛整齐划一地摆动，引导水和食物流过珊瑚虫充满黏液的内部。同样有效且常见的是与甲藻建立共生关系。这种甲藻能够进行光合作用，被称为虫黄藻。

猎杀与下毒

对于那些以狩猎为生的动物来说，寻找并捕获食物或多或
120 少是一种永恒的追求。这需要一系列狩猎装备的辅助，包括各种数量不等的牙齿、锋利的尖刺、电流、发出响声的电击棒、吸盘和螯刺，以及致瘫和致死的毒物。

巡游的鱼类和有齿的哺乳动物是海洋中最贪婪也最高效的掠食者，能够在短时间内吞噬大量较小的猎物。鲨鱼约有250种，其中35—40种对人类有危险。它们有几排硕大而锋利的三角形牙齿，加上强有力的下颌、极其敏锐的感官和迅猛的身手，使它们与海豚和虎鲸一起跻身顶级海洋掠食者之列。

对于其他鱼类来说，狩猎技巧更加五花八门和匠心独运。

许多以珊瑚礁为食的鱼类都有细长的吻部，可以伸入裂缝。海星用强有力的吸盘来撬开贝类，而棘冠海星则有一套铁砧一般的小齿，可以磨碎并吸走珊瑚虫。海蜘蛛用长喙吸取刺胞动物和其他软体无脊椎动物的汁液。加州鲼在海底缓慢游动，从鳃中喷出水，搅动沉积物，从而找到隐藏其中的动物。然后它停下来，把无助的受害者吸进嘴里。已知有250种鱼类拥有特殊放电器官，其中包括电鳐和鱼雷鳐；它们能够发出令猎物痛苦至昏迷甚至死亡的电压（8—220伏）。

下毒的习性在海中比在陆上更为普遍。许多脊椎动物以及5种主要的无脊椎动物门中的一些物种经常使用毒液，以此作为防御机制或在进食前使猎物瘫痪。一些固定不动的动物群体利用刺细胞（刺丝囊）进行防御和攻击，并往往用鲜艳的颜色来宣传这一事实，例如红海绵、火海绵、草莓海葵和树手海葵。2 700种水螅中几乎每种都有成排的刺丝囊，它们将其武装在挥舞的触手上。

海洋中最毒的一些生物包括分布在澳大利亚北部海域及北印度洋的箱形水母。人被这些生物蜇伤后可能在30秒内就会因血液循环衰竭或呼吸衰竭而亡。有毒鱼类有许多种，包括角鲨、龙螣、鲉、毒鲉和鲀类。其中最危险的是精于伪装的毒鲉，它可以在几秒钟内杀死小型猎物，其毒素的毒性比用于制作毒箭的剧毒植物提取物高20万倍，可以在几个小时内致人死亡。

海中的交配

觅食和繁殖是大多数生物的主要任务。海洋中的繁殖规模相当惊人。平均每升表层海水含有超过50万个包括硅藻在内的单细胞浮游植物以及数千种浮游动物。在春季水华期间，每个细胞都会分裂并快速无性生殖，在一个月内轻易繁衍出超过10亿个后代。

桡足类动物是最先被这种春季水华所吸引的“较大型”的动物之一。随着它们摄食和有性生殖的进行，它们的数量急剧增加。受精后，雌性桡足类动物可以产下100多个卵，有些物种每4—5天就会产下一窝新卵。新孵化的幼体只需要不到2周的时间就能够成熟并开始繁衍。在食物丰富的地方，特别是在大陆架上升流区域的广袤表层水中，它们的浓度可以达到每立方米水10万只。此时它们可能是地球上数量最多的动物之一。每只桡足类每天可消耗多达12万个硅藻。

大量产卵的能力是物种生存的主要优势。每只鲎会产下2万枚卵。时间的流逝没有为它们带来外观上的变化，也没有改变它们的祖先在过去5亿年里的每个春天遵循的传统。无须鳕平均一次产100万枚卵，黑线鳕为300万枚，鳕鱼则多达900万枚。紫海兔一年产2 000万枚卵，而牡蛎平均一年产5亿枚卵！大型珊瑚礁上的珊瑚虫个体会同步大规模产卵，同时释放数十亿个卵子和精子。此时珊瑚礁上会出现夺目的粉红色薄雾。

实现繁殖的方式多种多样，许多物种都有几种选择。珊瑚、海绵和海葵可以通过出芽来无性生殖，也可以产卵繁殖。介形虫不需要雄性精子就可以繁殖。包括笠贝和巨蛤在内的许多生物体已经进化出雌雄同体的生活方式，并且可以根据群体性别比例的需要变性。年长的巨蛤（6—8岁）既是雄性也是雌性，因此会释放卵子和精子。

在有性生殖中，生物为了获得青睐，用了许多招数。色彩显示、生物发光和释放化学信息素都是常见的策略。许多物种的雄性在求偶时都会建立和保卫交配领地，从微小的蠕虫到鱼类和头足类动物，再到令人生畏的长牙海象，都是如此。建造和保护巢穴可能需要父母的共同参与。雌性后颌鱼将卵产在雄性的嘴里，雄性就这样孵化它们，直至小鱼孵出。

求偶仪式和交配舞蹈通常引人注目又复杂微妙，并且可能会在交配或释放卵子和精子之前持续几个小时。海洋哺乳动物尤其会遵循这些复杂的例程。它们是胎生动物，卵子受精形 123
成胚胎后在雌性体内生长。鲸下目动物（鲸和海豚）只产下一两个后代，后代在成长过程中与较大的群体一起旅行，以寻求庇护。

然而，海洋对于生命来说仍然是一个充满挑战的环境，因为超过99%的后代都无法存活到成熟。

深海栖息地

在所有海洋群落中，深海生物群是最引人注目的，也是最神秘的。光线在穿过上层海水时逐渐减弱，因此，在最清澈的水域中，哪怕是在已经无法进行光合作用的无光带，水深约600米的地方仍残留着一丝光线。再往下，这种诡异的幽光很快就会消失，深海一片黑暗。

在海底，随着浮游生物提供的有机碎屑与洋流冲刷的减少，海笔、群居的八射珊瑚、海绵等滤食动物沿着大陆坡迅速减少。它们被在海底拾荒的沉积物摄食者所取代，例如红蟹、铠甲虾和海参。在极少数地方，这种相当单调且分布稀疏的底栖动物群被多样而丰饶的生命绿洲所取代。例如，生机勃勃的海绵礁是一张由密集的六放海绵组成的多刺地毯，上面栖息着多种较小的生物体，并吸引了许多更灵巧的捕食者。寒冷的深水珊瑚群落与暖水珊瑚群落一样复杂多样，但能在没有光源的深海区域繁衍生息。

在这些深度遇到的自由游动的动物群中，有些只是白天的
124 游客，它们在夜间再次浮上水面，在相对安全的夜色中觅食。其他的动物，如鱿鱼、章鱼、刺鳐和深海鳕鱼，以及偶尔出现的较大捕食者，如金枪鱼、鲨鱼和虎鲸等，都会下潜到半透光带觅食。许多深海鲨鱼一生都生活在半透光带和下方永久黑暗的区域之间。其中最大的是睡鲨，又称格陵兰鲨，其体长可达7米，它坚持不懈地在海底徐徐游弋。最小的是侏儒鲨，其外形就像一根粗壮的古巴雪茄。最无畏和凶猛的是达摩鲨，它会迅猛地游向任何大动物，将剃刀般的牙齿插入其体内，并咬出半球形的肉块。这些深海掠食者中有许多都在体表覆盖着生物发光器官，特别是在腹部，所以它们在黑暗中闪烁着幽灵般的绿光。

在更深的深海带和深渊带，真正长期生活于此的生物数量稀少。它们特别适应周围的环境。由于体温接近环境水的温度，它们的新陈代谢速度非常慢。和表层海水中的相似物种相比，它们的移动速度更慢，生长得更慢，繁殖频率更低，而且寿命更长。大多数深海物种体型也较小，但也有一些巨物。海胆的直径可达30厘米（是它们在浅水生活的亲戚的5—10倍），日本沿海的水螅和海笔高度可达2.5米，而亮红虾可以长到我们在大虾沙拉里吃到的虾的20倍大。海底最壮观的巨型生物是巨型乌贼，其平均长度为9—16米。这种软体动物是迄今为止已知最大的无脊椎动物，眼睛有足球大小，触手粗如人类大腿，每只触手

都有100多个带有锯齿状边缘的吸盘。

也许最引人注目的深海栖息地，是在20世纪70年代末首次发现的，位于洋中脊上的海底热泉周围。这些海底热泉从洋中脊喷出，将富含金属的热水（300—450℃）直接喷射到约2 500
米深的海底。喷口周围几米内都是丰富而复杂的海洋动物群 125
落。其中包括蛤、贻贝、海葵、藤壶、帽贝、螃蟹、蠕虫、虾和鱼，大多数都是新物种，并且是海底热泉附近独有的物种。最令人印象深刻的是几种管虫，它们粗如人的手臂，长达3米，并且有一个血红色的鳃状结构从其白色管的尖端伸出。庞贝蠕虫是在离热泉最近的卷心菜状簇丛中发现的另一种蠕虫。

所有的海底热液生物群落的初级生产者是化能合成细菌。它们分布在许多不同生物体的组织内外，能够氧化通常是致命的硫化氢，从而为用二氧化碳合成有机化合物提供能量。因此，整个群落立足于地球内部的化学能和热能，而不是来自外部的、驱动光合作用的太阳能。有些动物直接以细菌为食，例如自行觅食的虾、蛤和贻贝，而另一些动物则吸收细菌死亡时释放的有机分子。管虫的共生细菌约占其体重的50%，因此管虫不需要口腔、肛门或消化系统。蛤和贻贝含有的细菌可能超过总体重的75%，但它们仍然保留滤食能力和基本的消化道。怪异的绵
鳚会啃食蠕虫和蛤蜊。 126

第九章

海洋的馈赠

对于能源工业来说，海洋意味着丰富的石油、天然气、煤炭、可燃冰（固态甲烷）和可再生能源。对于金属工业来说，海洋意味着锰、铜、镍、钴、锡、铝、钼、钛、锆、黄金、金刚石和珍贵的宝石。对于渔业来说，海洋意味着每年1亿吨的捕捞量，并且这一数字仍在增长。对于旅游业来说，海洋意味着金色的海滩和豪华游轮、寂静的峡湾、宁静的岛屿、绵延数英里的酒店、分时度假房产和沿海公寓。对于军方和政治家来说，它意味着导弹基地和避风港、贸易路线和废物处理、海上霸权和未来的财富。但对我们大多数人来说，海洋永远是能呼吸到新鲜空气的地方，是孩子们安全的游乐场。

到2100年，世界人口将超过100亿。全球人民都希望生活水平不断提高，因而不可避免地去检视世界自然资源的基本盘。在这种背景下，我们向海洋索取了越来越多的资源，也是在所难免的。然而，尽管海洋资源丰富，但它并不能无限地满足我们的
127 需求。本章将探讨海洋中的各种资源及其可获得性。

海里的金属

锰结核首次发现于英国皇家海军舰船“挑战者”号在1872年至1876年的那次开创性的科学航行（见图29）。它们集中分布在4 000—5 000米深的海底，要么紧密堆积，要么散落四周。它们外观似棕黑色土豆，大小从2厘米到15厘米不等，重量却出奇地轻，实际上比类似大小的土豆还要轻一些。

结核主要由锰和铁的氧化物及氢氧化物组成。这两种金属在陆地上含量丰富，因此目前没有什么经济价值。然而，锰结核吸引人的地方在于铜、镍和钴的含量高，有些时候平均可占总重量的2%—3%。其他许多金属在其生长过程中集聚并融合，包括锌、铅、钼、钛和钒，这进一步增加了锰结核作为矿石的价值。

在科学上这些结核仍充满谜团。它们如何生长，为何生长，在哪里生长？生长速度有多快？在沉积物中还有没有埋藏的结核？我们可以部分地回答这些问题。这些结核生长很慢，通常每百万年只长几毫米，比大部分海底沉积物的沉积速度要慢得多。但它们大多长在沉积物表面。较大的结核必然已经在同一个地方生长了1 000万—1 500万年，而没有被埋在沉积物中，这就有明显矛盾了。对此有三种不同解释：其一是强大的深海洋流会扫走任何悬浮的沉积物；其二是底栖生物能消费降下来的沉积物；其三是结核中的金属不断溶解，然后在海床处重新沉淀。

最近的两项发现进一步增加了海洋中的金属储备。20世纪 128
60年代初，人们在红海最深处的热盐水池下发现了富含金属的泥浆。亚特兰蒂斯海渊就是其中一个例子，它那狭长的矿池里

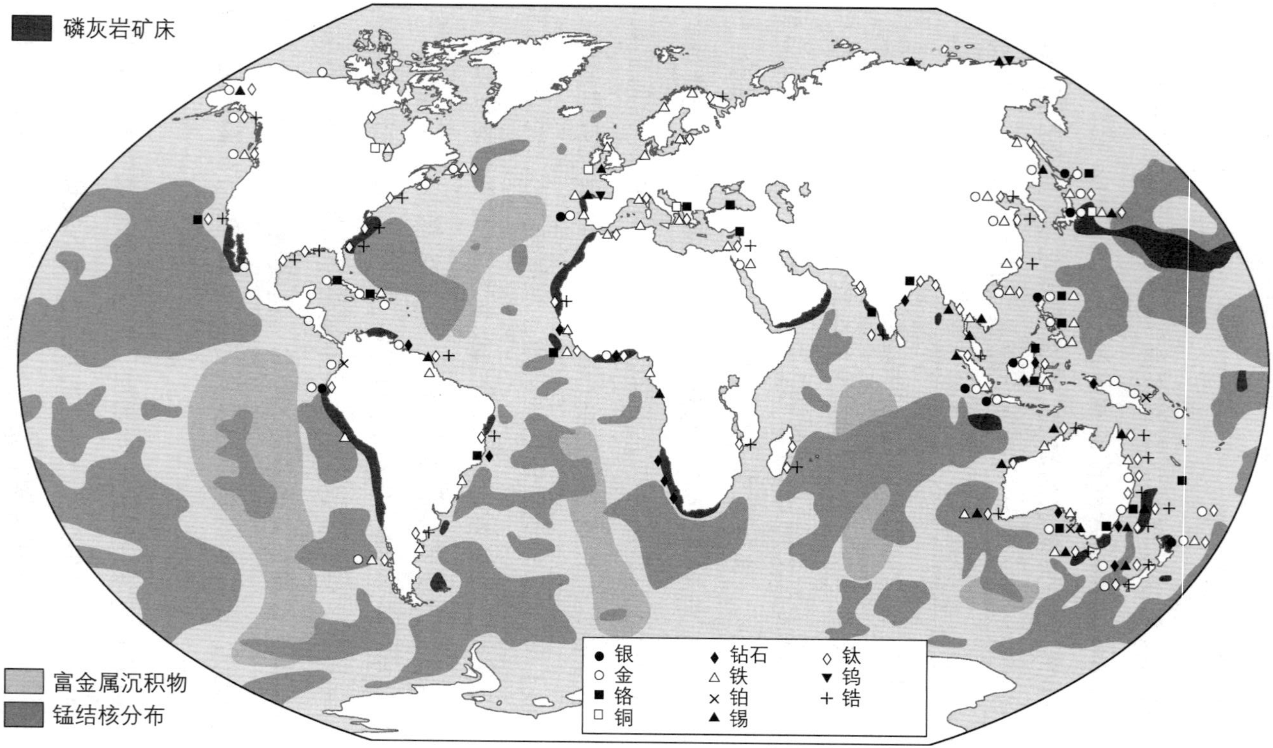

图 29　矿物分布地图

蕴藏着约300万吨锌、100万吨铜、8万吨铅和5 000吨银。加利福尼亚湾和瓜伊马斯海盆也有类似的矿床。

第二项发现是在1975年，人们在东太平洋的海底发现250—350℃的热液流体沿着海隆喷出。这些喷出的流体与富含金属的矿床有关。现在人们在全球洋中脊系统的顶部发现了许多这样的喷口，它们被称为黑烟囱。海水在新形成的热火山岩中循环，溶解和富集了金属元素，并在此过程中升温。有些地方伫立着烟囱般巨大的管道，可高达数百米，由金属硫化物（通常含铜、铁和锌）凝结而成。尽管开采这些矿体的经济效益还亟待提高，但初步数据显示，这些矿体蕴藏着数百万吨的矿石，可与陆地上正在开采的最大硫化物矿床媲美。

工业价值

骨料产业（骨料包括沙石、混凝土和水泥）的年产量超过80亿吨，无论从数量还是从市值规模来说，都是仅次于化石燃料的全球第二大开采行业。目前日本在海上骨料开采方面处于世界领先地位。然而，和海底金属开采规划一样，骨料开采必须在资源可持续性、环境退化和开采高需求工业品之间保持微妙的平衡。

就骨料供应来源而言，海洋正在逐渐取代河流和其他陆上水域，特别是在那些高度工业化和人口稠密的国家。海滩明显
是供应建筑业原料的首选，但现在对它们的开发与旅游业产生 130
了严重的利益冲突。其次是近海，那里广阔的大陆架至少有一半的面积被沙子和砾石覆盖。这些是古代河流、海滩和沿海沙丘遗留下来的沉积物，是在过去海平面低得多的冰期形成的。

建筑业的另一重大需求是用于生产水泥的石灰，现仍主要由陆上的大型石灰采石场供应。但岛屿社区没有合适的陆上石灰来源，所以必须将目光转向其他地方。珊瑚岛海滩上的沙子由珊瑚礁碎片和贝壳碎片构成，因此备受关注。斯里兰卡、澳大利亚和美国的离岛现已开始开采这种资源。就连冰岛，由于国内只有深色火山岩而缺乏石灰石，也已经转向在近海挖掘富含贝壳的沙子和砾石。

从浅海环境中采得的、具备工业用途的矿物种类不断增加。在某些海滩采得的高纯度石英砂（一种硅单质）可直接用于制造玻璃。巴哈马的浅潟湖生产出大量高纯度文石（一种碳酸钙），当地称之为“白金”，它是一种无臭、无味、无毒的材料，在钢铁业、玻璃制造业、化工业、农业和食品工业中具有多种用途。磷块岩是一种含有各种磷酸盐的沉积矿物，在肥料制造中至关重要。作为一种新近形成的沉积物，它广泛分布于世界各地的大陆架和上层大陆坡，通常深度不超过1 000米，是潜在的未来资源。

盐和淡水

131 海洋是溶解矿物质的巨大仓库，囊括所有自然存在的102种化学元素。其中的大多数矿物质含量稀少，因此提炼它们的经济效益非常低。只有极少数含量丰富且有工业用途的矿物质可以达到商业提炼的标准。其中最常见的是氯化钠，即食盐，它占海水中溶解固体的71%。

至少在过去5 000年里，盐在烹饪和贸易中一直举足轻重，是一种具有显著重要价值的物品。英语中“薪水”（salary）一词源于盐是罗马士兵工资的一部分，时称“盐银”（拉丁文为

salarium argentium）。和现在一样，当时盐的主要提取方法是直接蒸发海水，通过分阶段的结晶来去除一些镁、钙和铁化合物，否则这些化合物会带来相当苦的味道。如今，通过蒸发海水制得的盐约占世界盐总产量的三分之一，主要来自印度、墨西哥、法国、西班牙和意大利的大型工厂。

对于干旱地区来说，淡水是蒸发海水所得的更重要的产物。海水淡化厂成为获取稀缺淡水资源的重要途径，以满足民用和工业需求。它们在中东、地中海和北非地区日益普及，成为世界主要沿海城市的重要补充水源。

石油与天然气

尽管石油自古以来就进入人类历史，但其大规模使用的历史并不久远。公元前450年，希罗多德写道，当时中东和北非各地的人们已经从天然油苗中提取出沥青和柏油，主要用于制药、防水、战争和照明。但是，在包括工业革命时期在内的2 000多年里，人们对这种商品并不感兴趣。即使到了20世纪初，人们也 132
几乎没有使用石油和天然气。到21世纪初，石油时代已经来临：石油和天然气占全球商业能源的近60%（见图30）。我们生活的时代还充斥着塑料和其他数不清的石化产品。很难想象现代世界没有塑料的样子，或是没有由化石燃料驱动的低成本运输的样子。

石油、天然气、煤炭和泥炭都是化石燃料，其基础成分是所有生物共有的主要化学元素，即碳和氢。它们是死亡植物的有机残留物，在成为沉积物的一部分后，经过数百万年的分解和变化过程而形成的。陆地植物往往转化为天然气；而海洋浮游植

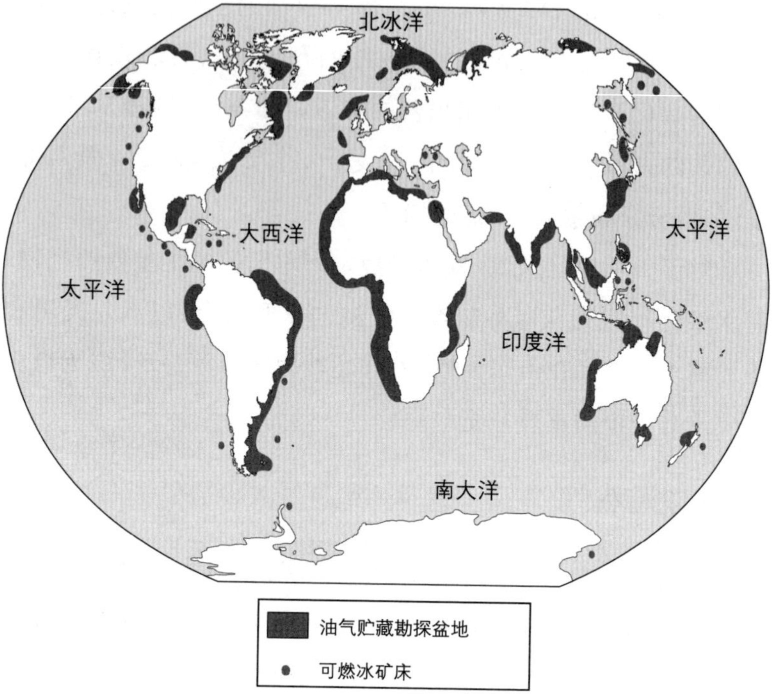

图30　油藏分布地图

133 物主要转化为石油，其次是在较高温度下转化为天然气。有机物熟成的过程极其漫长，其速度取决于上层沉积物累积造成的温度上升。

在大约50—100℃这一特定温度范围内，复杂的有机分子被分解成石油中的长链碳氢化合物。在更高的温度（150—250℃）下，这些化合物进一步裂解成天然气中的短链碳氢化合物，主要是甲烷。沉积物典型的温度梯度约为每深1千米提高20—30℃。这意味着石油生成通常发生在海底以下2—4千米处，而天然气生成则发生在更深的地方。沉积物可能需要1 000万年到2 000万年的积累才能埋藏到这种深度。

如此深埋所产生的巨大压力，迫使任何可流动的碳氢化合物以及沉积时仍被困于其中的水向外和向上迁移。据估计，多达90%的石油和天然气自然渗漏或通过气孔泄漏到地表。剩下的10%或留在砂岩和其他沉积物的微小孔隙中，或留在小型石灰岩岩腔中，并部分溶解了此处的贝壳和珊瑚碎片。这些储集岩充满了石油和天然气，就像沐浴海绵充满了水一样。

工程的胜利

海洋领域的探索和开发是科技的胜利。钻井平台是迄今为止最大的建筑结构之一。它们由更大的运输船运送到世界上任
何需要它们的地方，固定在那里后进行数月的钻探或数年的开 134
采生产。钻井平台可能需要同时容纳多达300名的工人居住，通过直升机或船只运送人员，以及通过船只源源不断地供应物资。

钻探过程更加引人注目，尤其是在深海。大约200根10米长的钻探钢管必须在钻井平台上一根一根地小心组装起来，才能探达2 000米深的海底。目标储集岩可能位于海底以下5 000米处。钻出的井眼就像一架直径逐渐减小的折叠式望远镜，从近1米的表面过渡到仅10厘米的底部。井眼是分阶段钻探的，每个阶段需要进行测试，然后用混凝土保护井眼，以免它在钻得更深之前塌陷。巨大的球形钢钻头用于挖掘较软的上层沉积物。当沉积物变成坚硬的岩石时，需要使用镶有精细金刚石的钻头。在任何时候，突进的井眼都需要通过稠密的泥水混合物进行冷却、润滑和加重。如果没有这种预防措施，刺穿储集岩时释放的压力将导致井喷，给上面的人带来灭顶之灾。商业钻探

通常在水深超过2 000米的地方进行，从冰雪覆盖的北冰洋人工岛到闷热的热带地区都有分布。

尽管石油和天然气是当今世界不可或缺的一部分，但它们总归不是可再生资源，需要精心管理规划。使用化石燃料会导致全球变暖、海洋酸化和海洋污染。

海底下的冷冻气体

海洋里的新潜力股是在浅层海底发现的冷冻甲烷气。现在我们知道，在海底数米之下，蕴藏着大片混合了气体和冰的晶体，它被称为气体水合物或气水包合物，面积可达数百万平方千
135 米。这种气体是在水深超过约1 000米的高压和低温条件下，在有机物降解的早期阶段冻结形成的，而非通过上述生成油气的放热过程而形成。

在钻探过程中，气体水合物被钻穿，并被带到岩芯表面，其中的冰融化，气体随着压力下降而逸出。它们表面看上去像是混有沉积物的粉状白雪，并且在分子层面至少以两种形式存在。第一种形式是含有46个水分子的结构，最多可负载8个甲烷分子，并且可能混有乙烷、硫化氢和二氧化碳等其他气体。第二种是由136个水分子组成的更大的网络，并且可以负载分子量更大的碳氢化合物气体，如戊烷和丁烷。

初步估计表明，尽管其开采的技术和经济可行性尚未到位，但就作为未来能源资源的储量而言，气体水合物远超其他化石燃料。然而，我们必须对无节制的开采保持高度警惕。它们存在于沉积物的极浅层，任何操作事故都可能向海洋和大气中释放温室效应最强的气体之一。

可再生海洋能源

在局部小范围内，人类使用海洋能源的历史和人类与海洋互动的历史一样古老。第一批渔筏利用海流在岛屿之间漂流，所有早期的海上探索或贸易航行都是由风帆提供动力。在海边，随着人口和工业的发展，人们很快就开发出了能够更系统地利用这些能源的方法，比如常见的潮汐磨坊和风车。

太阳每年为地球提供的能量几乎是地球上所有石油储量的
100万倍。然而，很大一部分的太阳能转移到了海洋和风中。因 136
此，现代的能源利用方针是扩大设施规模。这意味着大型堰坝和水闸通常要修建在潮差较大（比如4—12米）的河口。涨潮后海水被暂时截留在大坝后方的封闭海湾中，然后通过大型涡轮机组释放出来，直接发电。实际上，发电机在落潮和涨潮中都可以使用，在任一方向产生电力。

第一座大规模的商业潮汐堰坝是法国圣马洛附近的兰斯拦河坝。这座横跨河口的大坝宽1千米，配有24台涡轮发电机，平均潮差8.17米，春分和秋分时峰值为13.5米。自1967年开通以来，它在每次潮汐中都向法国国家电网系统输送超过50万千瓦的电力。尽管人们经常就潮汐坝制订建造规划和进行成本核算，但实际建成的潮汐堰坝数量还是少得可怜，仅位于挪威、加拿大、中国和苏联。目前英格兰西南部的塞文潮汐堰坝规划配备200台涡轮机，发电量超过7 000兆瓦，大致相当于5个核反应堆的供电量。

波浪是海洋能源的另一直观可见来源。据估计，每千米海滩上波浪的平均发电潜力约为40兆瓦，但开发利用这一潜在资源的大部分技术尚处于研发阶段。1995年，苏格兰北部建造了一座小型商用波浪发电厂。波浪运动进入水底的开放结构，迫使上层空气向上穿过涡轮机。这个2兆瓦的设施通过水下电缆将产生的电力输送到约300米外的岸边。然而该工厂很快就因海浪而损坏，后又不幸被风暴摧毁。

137 洋流中蕴含的能量不可估量，但这在现有技术下还远远无法实现利用。然而，有一项更为先进的技术能够将海洋热能直接转化为电能，即海水温差发电（OTEC）。这项技术利用了表层海水和深层海水之间的显著温差（约25℃）。表层的暖水用于蒸发中间燃料，例如氨，进而为涡轮机提供动力。从深处抽上来的冷水将氨冷凝回液态，从而产生真空，使气体循环。尽管已经制订了试点计划，但它们的能源效率仍然低下。然而，据计算，海洋内这种热梯度中蕴含的能量大约是潮汐和波浪所提供能量总和的10 000倍。

海上风能开发方兴未艾。现在有近百个国家拥有某种形式的风力发电，但一般都只为本地供电，规模不大，而且几乎都在陆地上。海上风力更强、更稳定，加上土地开发竞争激烈和陆上风电场破坏美观等问题，现在人们开始将注意力转向海上。英国和爱尔兰共和国都有离岸风电开发项目，但遥遥领先的是丹麦。目前丹麦有12座全面投产的海上风电场，为该国供应了很大一部分电力。丹麦超过40%的电力来自陆上和海上的风力发电。

活体资源

海洋一直是人类的食物来源。我们的祖先早期沿着海岸采集海藻和贝类，捕鱼和猎杀海豹。不久之后，他们就开始用船捕鱼，甚至开始了淡水养殖。在过去的几千年里，无数沿海聚落围绕着自给自足的小规模捕鱼，发展出靠海吃海的生活方式。138

海鲜如今成为全球过10亿人的主要蛋白质来源。鱼类还富含天然油脂、维生素D和维生素B。对于孟加拉国等一些发展中国家来说，鱼类满足了人们80%的需求。而生活在小型岛国的人们可能几乎完全依赖来自海洋的蛋白质生存。在这些国家，捕鱼活动的规模基本不大，其目的是维持生计并满足当地市场，很少对鱼类种群构成威胁。尽管养活了很多人，但这些作业的捕捞量总共只占全球的10%左右。

大规模商业捕捞目前占全球捕捞量的90%，每年的捕捞量约为1亿吨（见图31和表8）。其中超过三分之二的鱼类和贝类直接作为食品出售，其余的则被磨碎，制成鱼粉和鱼油，作为动物饲料用于家禽、牲畜和海水养殖，也可用于制造肥料、肥皂、胶水和油漆。未计入记录的副渔获物数量可能占据总量的20%—30%，这些副渔获物被大量捕获后又被丢弃在海上。它们要么是没有商业需求的物种，要么太小而没有商业价值。

中国和秘鲁是全球捕捞渔业生产规模最大的国家，全年在各大洋作业，其次是日本、美国、智利、印度尼西亚、俄罗斯和印度。捕鱼船队可能有数百艘船只，其中包括一艘或几艘巨型加工船。他们使用绵延数万米的流刺网、巨型围网和开口拖网进行捕捞，单次拖网可捕获90吨底栖鱼类和贝类。由于船队经常会在海上停留数月，捕捞上来的渔获物必须在船上进行加工和包装。仅一艘加工船就能在一天内腌制200吨鲱鱼，将150吨混合鱼类加工成鱼粉，将100吨比目鱼切片和冷冻，并产出5吨鱼油。139

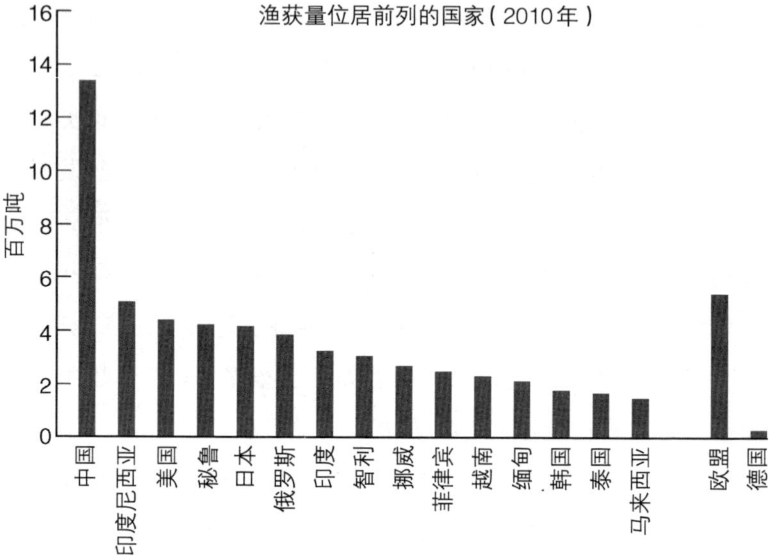

图 31　全球渔获量

世界每年的捕捞量有一半来自北大西洋、北太平洋和南美洲西海岸。在这些地区，上升流将凉爽的、营养丰富的水带到海面，促使浮游植物和浮游动物在春夏快速生长。这吸引了数量巨大、种类繁多的小型鱼类与甲壳类动物前来觅食和繁殖。以这些动物为食的较大鱼类通常是商业捕捞的目标。数百种不同的鱼类和贝类从世界各地的海洋中被捕捞上来，但在商业捕捞中，占主导地位的种类相对较少。一种鱼的商业主导地位取决于其活跃的渔场、数量的多寡以及市场需求。捕鱼船队拥有最新的技术。卫星遥感可以实时汇报浮游植物丰度等参数，从而侦察出当天目标鱼类最可能去的觅食地及相关信息。接着通过
140 部署声呐设备，可以精确定位水下的大型鱼群。

表8 渔获统计表（2014年）

全球野生渔获产量，以百万吨计	
淡水鱼	10 590 000
洄游鱼	1 724 800
海水鱼	65 950 700
甲壳动物	6 870 200
软体动物	7 674 300
其他种类	1 382 800
总计	**94 182 800**
全球海水养殖产量，以百万吨计	
养鱼场（总计）	49 862 000
甲壳动物	6 915 100
软体动物	16 113 200
总计	**72 890 300**
全球水生植物产量，以百万吨计	
养殖海草	27 307 000
野生海草	1 184 500
总计	**28 491 500**

来源：联合国粮食及农业组织下属统计机构 <http://www.fao.org/fishery/topic/16140/en>

然而，海洋生态学家普遍认为商业捕捞是海洋生态系统面
临的最大压力。技术进步、船队规模扩大和需求增加，造成了高 141
需求物种被连续过度捕捞。20世纪70年代和80年代，鳕鱼和黑
线鳕等大型鱼类资源枯竭，导致渔业萎缩。因此当时需要实施
区域性禁渔令，以恢复种群数量。20世纪60年代围网的引入直

接导致了鲱鱼的过度捕捞。由于资源枯竭影响到上层营养级，渔业将注意力转向较小的物种，包括鳀鱼、沙丁鱼和毛鳞鱼。这种沿着食物链向下捕捞的趋势被认为是不可持续的。

蓝色革命

20世纪60年代陆地农业的绿色革命大大提高了发展中国家的农业产量，一如最近的海水养殖热潮被比拟为蓝色革命。事实上，中国人养殖鱼类、贝类和海藻已有约4 000年的历史，甚至在公元前475年编写了第一本关于这个主题的指导用书。这本著作描述了鲤鱼的淡水养殖、虱目鱼的半咸水养殖和鲻鱼的海水养殖。这种做法传习至今，特别是在南亚和东亚。人们在沿海地区挖浅塘，以便潮汐持续往塘里补充海水。这些浅塘中播撒了鱼和甲壳类动物的卵，然后鱼苗或甲壳动物的幼体被转移到更大的池塘，它们将以幼虫和浮游生物为食。牡蛎和贻贝的养殖在世界上许多地方也有悠久历史。

目前世界海水养殖产量约为1 500万吨，其商业地位已超过淡水养殖，特别是在中国和日本。牡蛎、扇贝、帘蛤和各类软体动物产量巨大，虾和龙虾也是如此。海水养殖的主要鱼类有鲑鱼、鲱鱼，其次是黄尾鲕、佛罗里达鲳鲹和各种比目鱼。斑节对
142 虾、长牡蛎和海胆卵等具有异国情调的海产是最值钱的。海藻收获量最大，不仅可食用，还可用于提升冰淇淋、牙膏和油漆质地的光滑度，提高啤酒的澄清度。

但是，与之前的绿色革命一样，蓝色革命也难免受到非议。集中养殖可能导致疾病迅速传播，例如鲑鱼养殖场常能见到鱼虱。这甚至可能导致疾病向外传播而感染野生鱼类。再如，基

因工程可增加海产重量、改善海产口味和增强海产的抗病能力，其是非曲直亦尚存争议。在食用鱼中补充使用抗生素可能会解决疾病问题，但会造成大环境中的抗生素过量，并助长细菌的耐药性。从生态角度来看，为海水养殖生产鱼食所消耗的生物量（主要是由小型鱼类和甲壳类动物做成的鱼粉及鱼油）通常比虾、鲑鱼以及其他食用鱼产出的生物量更多。 143

第十章

脆弱的环境

当我们逐渐开始转向海洋，获取自然、贸易、娱乐以及旅游资源时，我们需要充分认识到，不同资源的可再生性有着不同的极限，并且意识到海洋生态系统极其脆弱。到本世纪末，我们预计地球上将有100亿人口。他们都需要充足且可持续的能源、饮用水和食品供应。这是21世纪最紧迫的三个需求，而海洋为每个需求都提供了部分解决方案。我还认为，可持续发展只能通过更公平的资源分配、减少浪费和严格的环境管理来实现。

届时，全球人口产生的垃圾也将是今天的2倍左右。海洋规模有限，其生态系统也并非无比健全，不可能承受这些压力而保持不变。沿海地区的人口已经超过30亿，到2020年，这一数字将翻一番。跨国海洋旅游业的兴盛、城市的扩张、工业的发展和娱乐需求增加给我们的海岸线带来史无前例的压力。气候变化将以多种方式影响海洋，从而破坏其中的许多动态平衡，产生海
144 洋酸化、营养循环紊乱、碳储存波动等连锁反应。

这些连锁反应的存在，以及人类对此应该持有的谨慎态度，

可能是海洋科学家及其背后的民意需要向政治家和政策制定者传达的最重要的信息。因此，本书的最后一章将更仔细地审视海洋环境所面临的压力，并考虑我们在未来几十年所面临的选择和挑战，以实现对海洋空间的健全管理。下文提及的统计数据可能耸人听闻，但它们恰好说明问题的严重程度。

作为一名海洋科学家，我内心始终认为我们对海洋和海底的了解越多，我们就越能将这些知识用于海洋的保护和管理。深海的油气和海洋可再生能源一样，都有举足轻重的地位。从化石能源向可再生能源的转型已经开始，后者在全球范围内的使用正在呈指数级增长。两者都会影响海洋环境。

海洋污染

全球垃圾的产生规模相当惊人（见图32和表9）。目前世界人口已超过70亿，预计到2100年将达到100亿—110亿。我们每年总共制造超过70亿吨的生活垃圾，而且产量分布不均，与收入水平存在很强的正相关关系。工农业生产、工程项目和能源生产产生的垃圾同样很多。此外，每年还产出120亿吨污水污泥。目前，这些垃圾当中的大部分是在陆上弃置和处理的，但向海洋倾倒的部分越来越多，特别是在全世界人口稠密的沿海地区。每年有超过400万吨的石油泄漏到海中，主要集中在航道附 145
近和沿海地区。每年至少有15万吨塑料渔网和其他渔具被丢在海上，塑料垃圾随处可见。

海洋的自然环境可以快速地清除许多垃圾，其他垃圾则会在海里停留更长时间。只要环境中的污水污泥等有机物质没有过载，它们可在数天到数月内被生物降解并回收利用。尽管石

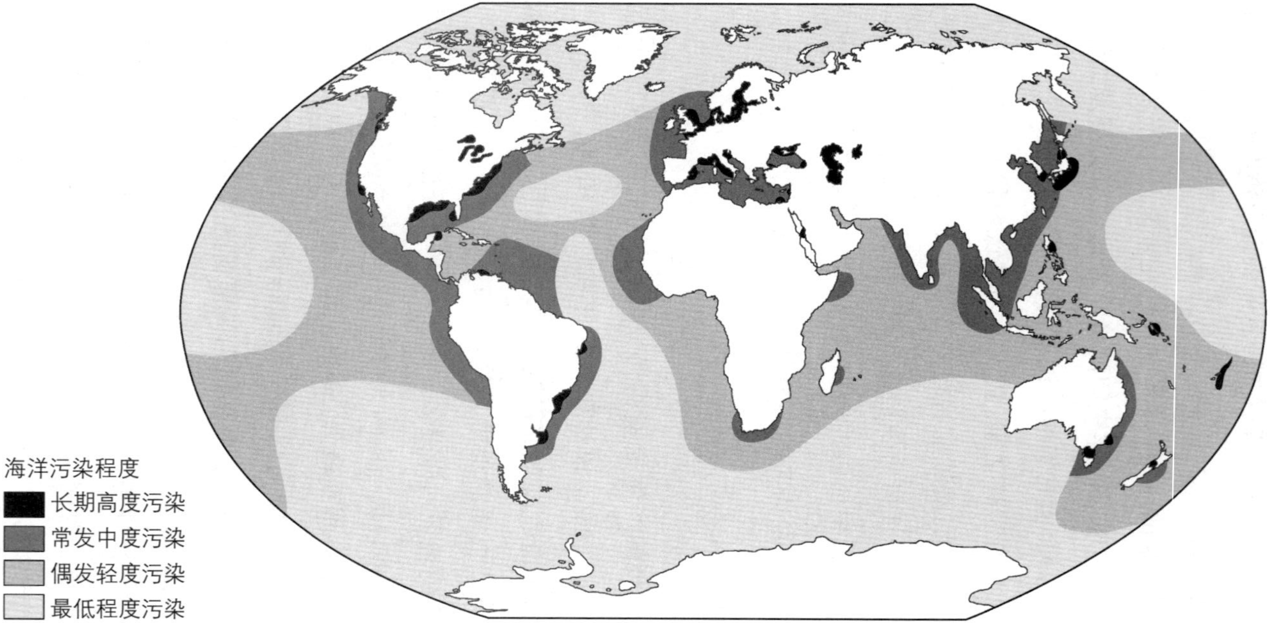

图32　海洋污染程度地图

表9　主要污染物

主要污染类型与来源	类型	例子	人为来源	影　响
	营养物	氮、磷	污水排放、农业径流、燃烧化石燃料产生的氧化物在空气中传播	藻类繁殖导致氧气耗尽和有毒物质的释放，危害海洋生物
	病原体（细菌、病毒、寄生虫）	肝炎、霍乱、伤寒、白喉	污水、家畜	污染海滩和贝类，导致疾病传播
	沉积物		采矿、林业、农业，以及挖掘、水利工程等带来的土地侵蚀	水体浑浊，导致光合作用减少和生态系统功能受损
	毒素（重金属、有机卤化物）	汞、铅、镉、砷、滴滴涕、多氯联苯	工业废水、农药、城市废水排放	有毒物质毒害近岸海洋生物，并沿食物链积累，导致顶级捕食者生病并干扰它们的繁殖
	化石燃料	石油（原油）	城市排放、石油运输和航运、炼油厂、大气沉降、油轮事故、海上生产	沿海地区的石油泄漏破坏了当地的生物群，长期低水平污染会导致疾病并降低生产力
	放射性核素	铀、钚、铯	核电站排放、大气沉降、军事废弃物	放射物污染贝类导致人类患上白血病等疾病
	垃圾	塑料瓶、渔具、一次性尿布、铝罐	渔业、航运、旅游、工业和垃圾填埋产生的废物	动物吞下塑料制品或被缠住，塑料碎片可以在海滩上残留400年

油大量泄漏和排放自航道的污染会给自然应对机制带来压力，但少量的石油及其衍生物还是能被高效处理。工业排放和冷却装置产生的热污染也能迅速消散。

然而，许多人造产品比天然物质更难降解，并且对海洋环境的危害更大。这些合成物最近才出现在自然界，因此更难被细菌和其他微生物的降解。洗涤剂、杀虫剂和其他有机化学物能稳定存在数年至数十年，而放射性同位素和有毒金属则会留存至少几个世纪。

20世纪50年代和60年代推出了两种在大自然中残留时间极长的有机卤化物，而在当时它们因各种优点而广受追捧。它们是农用杀虫剂的主要成分滴滴涕，即二氯二苯基三氯乙烷，以及用于油漆、塑料、黏合剂、液压油、电器和气溶胶的多氯联苯。它们已经进入全世界的河流和海洋，融入生物体的脂肪组织中，并随着一种动物吃掉另一种动物而沿食物链向上集中。它们会抑制许多脊椎动物的正常生长并导致不孕不育。在认识到它们
149 的严重毒性作用后，人们现已大幅减少它们的使用。

污水之争

污水包含有机化合物、含氮化合物、氨和一定浓度的重金属。它很容易被生物降解，因此通常被直接排入海中。在过去的半个世纪中，包括纽约、洛杉矶和哈利法克斯在内的北美主要城市，经常将未经处理的污水倒入近岸水域。在北海周围的西北欧城市以及人口不断增长的地中海沿岸，情况也是如此。流入内海的污水在旅游旺季期间尤其多。

海洋环境中污水超载的后果可能相当严重。丰富营养元素

的涌入，为竞争激烈的、包含病毒和细菌在内的微观世界带来了繁荣，也导致氧气水平迅速降低。水体缺氧可能导致生物多样性减少、贝类中毒，以及有毒浮游植物过量繁殖（赤潮）的风险增加。这些浮游植物将某些毒素释放到水中，导致海洋哺乳动物、鱼类和无脊椎动物的死亡，以及某些常见疾病病原体的出现。肝炎、伤寒、痢疾和肠炎以及最近在几个亚洲国家出现的一种新型霍乱，都与污水污染有关。尽管近年来欧洲和北美大部分地区推行了更高的标准和控制措施，要求更有效的污水处理并逐步停止大多数向海洋排污的行为，但并非世界各地都如此严格。

石油污染

据估计，每年自然渗漏到海洋环境中的石油和天然气约为60万吨。这些石油和天然气分布零散且易于生物降解。在石油 150
和天然气的生产与使用过程中，也有同等数量的油气进入海洋。尽管每年泄漏到海洋中的油气不到100万吨，仅占我们每年60亿吨消耗量的0.01%左右，但由于这些泄漏集中在航线和海岸线、港口和主要海上石油产区，我们必须对此进行关注。这种长期的低水平污染会杀死海洋生物在近岸繁殖地的幼体，引起多种疾病，并通常给种群结构和动态带来负面变化。

大部分石油泄漏来源于装卸和贮存等日常操作，以及陆地的输入，包括汽车、重型机械、工业等来源。航运事故和船只碰撞很少发生，但泄漏的规模可能非常大（尤其是由超级油轮造成的），还会对相关地区造成巨大的环境影响。历史上规模最大的一次泄漏是1979年“大西洋女皇”号与“爱琴海船长”号在特立尼达和多巴哥附近发生碰撞后造成的。当时有27万吨石油流入加勒比海。1989年，阿拉斯加南部瓦尔迪兹石油总站附近发生“埃克森·瓦尔迪兹”号漏油事件，导致35 000吨石油泄漏到了海上，北极圈以北超过2 400千米的原始海岸线遭到破坏。

海上钻井平台的事故虽然更为罕见，但其后果可能更严重。当海底数千米处的高压油藏被穿透而钻井泥浆重量不足以压制石油时，就会发生井喷。类似的两起灾难都发生在墨西哥湾，恍如昨日。2010年的“深水地平线”钻井平台发生井喷，估计有67.5万吨石油在4个月内漏入海洋，直到得到控制。第二大事故发生于1979年，“伊克斯托克1号”探测油井下方发生泄漏，过了
151 近11个月才得到控制。在此期间，有近53.5万吨石油泄漏。

有史以来最严重的一次石油灾难，是1991年伊拉克前总统萨达姆·侯赛因在从科威特撤军时蓄意实施的生态恐怖主义行为。600多个井口被点燃，黑烟在空气中弥漫了好几个月。人们在3 200多千米外的喜马拉雅山发现了厚厚的一层油灰。与此同时，沿海炼油厂遭到破坏，形成了人类文明所知的最大的油膜，并对这片已经长期受到石油严重污染的地区造成了灾难性的环境破坏。

此类重大灾害短期的直接影响可能很严重，但关于石油泄漏对海洋生态系统的长期影响，我们仍知之甚少。在持续受到石油污染的区域，包括许多内海、边缘海以及毗邻人口稠密或高度工业化地区的近海，海洋生物受到永久性影响。

栖息地破坏

关注环境这个概念还相对新鲜，因此世界上大片土地已经因管理不善而遭到破坏。陆地上的栖息地常常遭受无法挽回的

损失：荒漠化和森林砍伐日益严重，城市和工业无序扩张，土壤受到侵蚀，生物多样性丧失，现在还面临着全球变暖带来的未知影响。海洋栖息地也受到空前的威胁。海洋虽然广阔，但也没有大到可以不被人类活动所影响的地步。

沿海地区的栖息地首先受到影响，包括岩石性海岸和沙滩、障壁岛屿和封闭的潟湖、泥泞的河口与三角洲、盐沼、海草床、珊瑚礁和红树林湿地等。这些地区的生物多样性和海洋生产力都是首屈一指的。世界捕捞总量中约90%的海鱼在近海繁殖。世 152
界上大约一半的人口（超过35亿）居住在靠近大海的地方，人口超过250万的大城市中有三分之二建在河口或三角洲附近。在未来20年，随着人口不断向这些城市迁移，沿海地区的人口增幅将高达50%。

因此，沿海环境是最脆弱的，受人类活动影响也最大。世界各地严重的城市沉降问题由多种因素共同引起，包括超采地下水作为城市饮用水，基建设施的巨大重量和地下水流失共同造成的沉积物压实率增加，以及全球变暖导致的海平面上升。北京和曼谷每年沉降11—12厘米，雅加达每年沉降28厘米。上海、纽约、新奥尔良和威尼斯仍在沉降，尽管其速率在近年来已得到控制。如此种种，不胜枚举。

游客季节性的蜂拥给沿海地区带来了特殊的环境压力。旅游业仍然是世界上增长最快、总体雇用人数最多的行业。据估计，其年营业额超过4万亿美元，约占全球贸易的30%；它直接或间接地创造了近2.5亿个就业岗位，约占全球岗位的10%。这些工作岗位和每年约10亿游客中的很大一部分都集中在海上或海滨。

生态受损最严重的两种海洋栖息地是红树林湿地和珊瑚礁群。由适应咸水的树木和其蔓延的根所组成的红树林生态系统，是世界上最丰饶的生态系统之一。它为鱼类和贝类提供了重要的
153 产卵场与育幼区，并栖息着大量成年个体和海鸟。它对于区域内的渔业和数百万人的生计来说也至关重要。世界上超过35%的红树林已经消失，而在南亚和东南亚部分地区，这一数字超过50%。红树林消失的主要原因包括开发农业、城市和工业用地而做的清理，木柴和木炭的超采，化肥和农药的污染，以及海平面上升。

尽管珊瑚礁群仅占海底总面积的0.2%，但它们养育着大约25%的已知海洋物种。世界上物种最丰富的一些珊瑚礁中栖息着多达700种珊瑚、2 000种鱼类、5 000种软体动物以及数量众多的其他生物。珊瑚礁抵消海浪和风暴的能量，使海岸线免受侵蚀，对当地乃至全球渔业都十分重要。同时，珊瑚礁在许多岛屿自给经济（包括当地的旅游业）中发挥着重要作用。

但珊瑚礁正以前所未有的速度退化。有109个国家和地区拥有成规模的珊瑚栖息地，其中93个国家和地区的珊瑚礁遭到了严重破坏。世界上超过25%的珊瑚礁已经消失，另外的50%面临严重风险。主要原因是人为的：在珊瑚礁附近堆填土地，以建造城镇、港口、机场和酒店；大规模开采珊瑚礁，用作骨料；内陆地区的土地清理和森林砍伐，导致沿海地区出现严重淤塞。但现在最严重的威胁也许是全球变暖，以及海水因吸收大气中过量的二氧化碳而出现的持续酸化。

海底拖网捕捞这种技术对海底栖息地产生了深远的影响，对整个大陆架以及更远的海底堤岸和海底山上的生态系统造成
154 了大面积的附带损害。拖网捕捞还会扬起沉积物，从而将影响

区域扩大到拖网作业区以外。

垂死的海洋和原始栖息地

几个主要洋盆边缘的封闭和半封闭近海的受污染程度最高，特别是周围有高度城市化和工业化的城镇或旅游中心的区域。与之相连的海洋栖息地逐渐承受越来越大的压力，海洋边缘慢慢被毒害，海洋生物受到永久影响。

北美五大湖和中亚的里海等孤立的内陆海现在已被完全污染，在某种程度上已经死亡了。圣劳伦斯湾、欧洲的北海和波罗的海、波斯湾、黄海和东海都有不少栖息地，这些栖息地见证了经年累月的城市活动和工农业生产，受到严重的污染和破坏。黑海、地中海和加勒比海的部分地区除了受到类似上述的影响，如今还受到旅游旺季的巨大影响。

大量的氮磷污染物会导致浮游植物突然爆发式增长，浮游动物群落也随之迅速增长，特别是当这些污染物来自污水排放时。大部分浮游生物形成的藻华是相对安全的，但有些浮游生物能形成赤潮，会释放神经毒素，影响食物链上游的海洋生物。1988年，一层10米厚的有毒浮游生物沿北海和波罗的海之间的狭窄海峡分布，导致数百万的鱼类死亡。这一事件被称为“海上切尔诺贝利”，麻烦的是，这种现象现在相当频繁。

尽管公海和深海栖息地的某些部分基本上没有受到人类活动的影响，但其余部分则不然。石油和天然气钻探已经进行 155
至水深3 000米处。金属采矿作业可能很快就会赶上进度。海洋污染在繁忙的公海航道上最为明显。即使是太平洋中部和大西洋环流最偏远的地方，现在也漂浮着巨大的塑料垃圾岛。在其他地方，有数百个深海冷水珊瑚群落仰赖海面的生产力获取食物和能量。在洋中脊上，热液喷口和黑烟囱周围发现了独特的化能合成生态系统。极地海洋中也有同样严酷但繁荣的栖息地，仍然受到严格的环境监管。还有大片的深海和海沟从未被勘察过。海洋科学家对这些以及其他许多近乎原始的生态系统知之甚少或一无所知。因此，我们无法知道它们在当下或者未来会在多大程度上受到人类开发海洋带来的影响。

寻求解决方案

当然，对自然栖息地的破坏并不是人类独有的成就——过去的地质变化比我们今天目睹的要大得多。但自从人类出现在地球上以来，尤其是在过去几个世纪里，变化的方式和速度一直是我们自己的行为所推动的。与地球上所有的环境系统一样，海洋是脆弱的，并且已有一部分受到严重影响。但它们也是一个强大的系统，可以应对变化并减轻其影响。

虽然海洋科学家对海洋及其化解变化的能力有了更多的了解，但采取预防措施仍是明智之举。捕捞限额与临时禁令在区域和国际层面上都已协商完毕，不过执行起来并不容易。1986年全面暂停商业捕鲸取得了巨大成功，只有日本、俄罗斯、挪威
156 和冰岛这几个国家仍然拒绝遵守禁令并自行设定限额。严格的环境保护和污染控制已经出台，但仅适用于世界上有环境意识与合作共识的区域性国际组织成员。

过去30年中的一个重要发展是海洋保护区的建立。这些海洋区域被指定为特殊保护区域，特别是为了保护生物多样性、管理鱼类种群和其他资源（见图33）。至本书成稿时，全球共设立

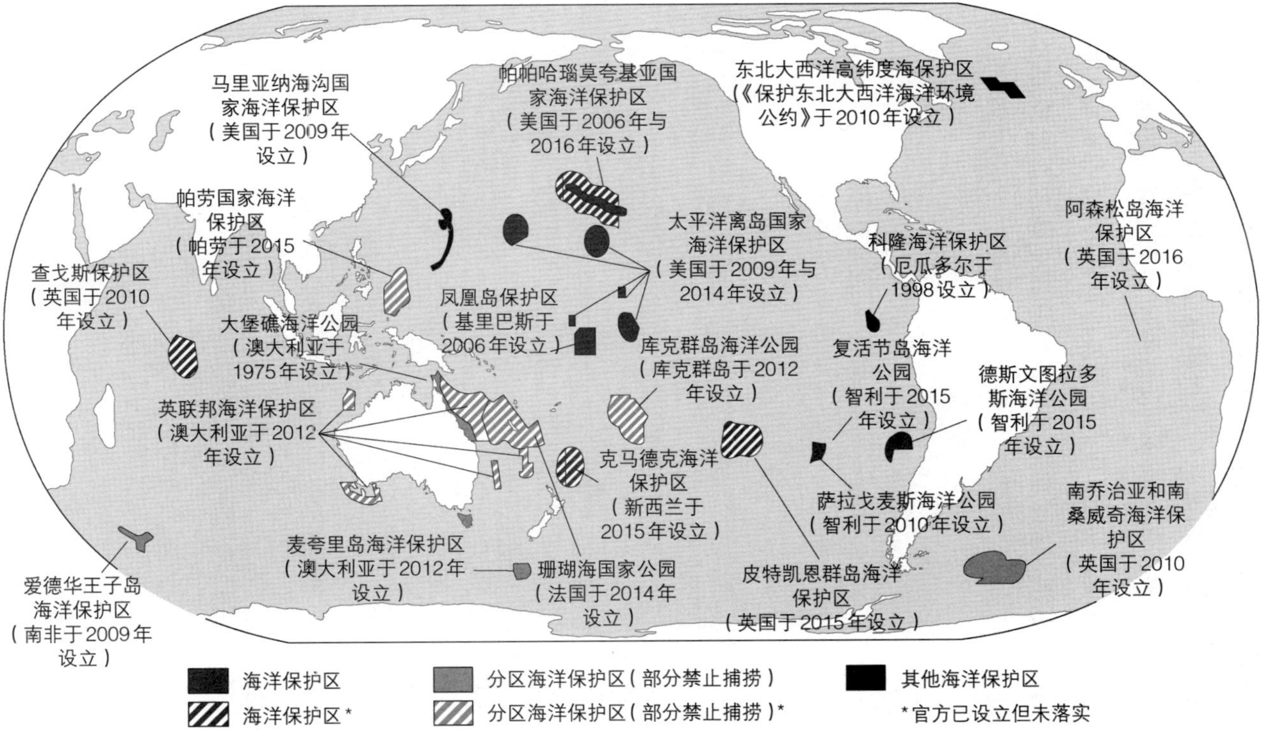

图 33　海洋保护区

157

了6 500多个海洋保护区，涵盖近3%的海洋空间。其中大多数保护区都是由地方和国家行政机构建立与管理的，并有不同的管理方法和目标。总而言之，这是海洋资源和环境管理的一种极其有效的方法。然而，我们必须保持这种势头，并大幅扩展保护区的覆盖范围，这样才能充分发挥其在全球层面管理海洋环
158 境的潜力。

结语：全球新意识

仅在过去的200年里，我们就发展出了前所未有的影响全球变化的能力。人类活动是全球迅速变暖、海洋逐渐酸化、极地冰层融化和全球海平面稳步上升的主要原因。这些地球变化产生了各种物理和生物效应，包括自然栖息地的破坏、物种灭绝速度的显著加快、海洋变暖和热带风暴数量的增加，以及渔业和海水养殖业的恶化。

但在过去的75年里，人们也看到了一种新的环境意识的兴起，这种意识通过个人层面的关注和国际层面的合作表现出来。联合国环境规划署成立于1945年，随后世界各地成立了政府环境部门。相关非政府组织也不断涌现，例如1973年成立的绿色和平组织。联合国于1982年通过《联合国海洋法公约》，目前已有167个缔约方。自1992年在里约热内卢举行第一届地球峰会以来，后续召开的一系列峰会取得了重要进展，就生物多样性和气候变化制定了新的全球公约。 159

毫无疑问，地球的可持续发展仰赖海洋管理的重大进步。

我们已经向海洋寻求方案，以解决我们在世界上面临的一些主要问题。海水养殖的蓝色革命将弥补鱼类资源的流失，海水淡化厂将广泛提供安全的饮用水，深海石油和天然气可以为化石燃料危机提供短期解决方案，而海洋可再生能源则是长期替代方案，近海沙石资源据估计足以支撑下个世纪的特大城市的建设和旅游需求，凡此种种，不胜枚举。海底沉积物有可能成为安全处置有毒废物和核废物的场地；而海床以下可以储存过剩的二氧化碳，以帮助我们对抗全球变暖。

但对海洋的系统且科学的探索只有两个多世纪的历史，相关认知目前仍处于起步阶段。我们实际上还没有足够的知识来将上述愿望变成现实。在有可靠的模型来预测我们行为的结果之前，我们正在未知的边缘试探海洋的特性或海洋的反应。人类对海洋的需求和贪婪正快步超越对海洋的理解，并阻碍科学知识的进步。地球和海洋系统生态统一的概念正在迅速被经济需求取代。

对海洋的滥用无疑会影响地球上的每一个人，因此我们不能将如此重要的问题甩给政治家来处理。与海洋相关的问题已经在全球的媒体报道中屡见不鲜，其中包括海洋变暖和厄尔尼诺效应、海洋酸化和珊瑚白化、极地冰层融化和海平面上升、海
160 上风暴加剧、近海污染和珊瑚礁死亡等。因此，海洋科学家面临的一项重大挑战是确保事实和问题得到了准确的报道，并确保政治家和普通民众拥有知识基础，以做出明智的决策。作为世界公民，我们面临的挑战是培养海洋意识和从全球层面看待问
161 题的敏锐度。

术语表

深海平原　覆盖着沉积物的平坦区域，位于大陆隆和洋中脊之间，深度为3 000—6 000米；大部分深海海底都是这种地貌。

深渊带　海面下4 000—6 000米之间的底部海水区。

酸化　因溶有包括二氧化硫和二氧化碳在内的化合物而变为弱酸性。

藻类　简单的单细胞或多细胞水生植物，没有根、茎和叶，如硅藻和海藻。

无氧的　没有自由氧（O_2）。

无光带　位于有阳光照射的表层海水之下的黑暗区域。

古菌　地球上最古老的生命形式之一，在极端环境中大量存在；单细胞原核生物；是生命的三域或六界之一。

软流圈　位于岩石圈正下方的、又热又软的上地幔区域。

大气圈　包裹地球的庞大而复杂的气体和悬浮颗粒系统。

自养生物　能够自己生产食物的生物体，例如植物和其他能够进行光合作用的生物。

玄武岩　一种深色细粒火山岩，由富含铁镁的硅酸盐矿物构成，
163 是洋壳的主要成分。

深海带　从大陆架边缘延伸至4 000米深处的海底部分。

水深测量　测量海洋中海平面以下的深度，以描绘海底地形。

底栖的　海底的。

生物降解　由某些生物，尤其是细菌和古菌完成的降解。

生物沉积物　由生物残骸形成的沉积物，主要由其坚硬部分沉积而成。

生物发光　生物发出可见光的现象和行为。

黑烟囱　主要分布在洋中脊的深海海底热泉。

底层水团　描述沉入海底盆地的稠密水团的一个通用术语。

钙质的　由碳酸钙（$CaCO_3$）构成的。

碳酸钙补偿深度　海洋中由碳酸钙组成的物质完全溶解的深度，导致这些物质无法在海底积聚。

新生代(的)　从6 500万年前至今，属于最近的地质时代。

化学生成沉积物　由水中溶解的化合物直接沉淀形成的沉积物，或由已有沉积物与水之间的离子交换形成的沉积物。

环流　一种物质的圆周状运动，尤指海洋中的水。

包合物　客体分子占据另一种物质晶格内空间而形成的化合物，例如在甲烷包合物中，甲烷被水分子的冰晶格包合。

沿岸上升流　营养丰富的冷水沿海岸向上流动，通常由埃克曼输送引起。

颗石　一种微小的钙质骨骼，有助于保护某些海洋浮游植物；也是某些石灰石（例如白垩）的主要成分。

颗石藻　光合原生生物，外表覆盖着钙质小片（颗石），属于金

藻门。 164

大陆漂移 因海底扩张所导致的陆地运动。

大陆隆 位于陡峭的大陆坡底部，缓慢下降至深海。

大陆架 从大陆边缘延伸出来的海底平台，深度一般小于200米。

大陆坡 位于大陆架边缘（约100—200米深）和深海盆地（或大陆隆）之间的陡峭海底。

对流单元 完成圆周运动的对流，区别于周围的其他运动。例如，可以指地幔中热量和流体部分的缓慢运动，或者指大气中的空气运动。

辐合带 两个水平流动的水团（或空气）迎面相遇并被迫改变方向，通常是垂直于原来的方向流动。

汇聚型板块边界 构造板块碰撞的边界，通常会引起火山活动、地震和造山运动。

地核 地球最深处的区域，深度超过约2 900千米，据推测主要由铁和镍组成，分为外液核和内固核。

科里奥利效应 由地球自转引起的风和洋流（或其他能够自由移动的物体）的偏转现象。

地壳 地球最薄、最冷的最外层，主要由花岗岩（陆壳）或玄武岩（洋壳）组成，厚度为5—70千米。

蓝细菌 一群能够进行光合作用的原核生物，内有叶绿素，能够释放光合作用的副产物，即氧气。旧称蓝藻或蓝绿藻。

沉积物摄食者 以底部沉积物为食，提取可食有机物质并排出无机碎片的动物。

碎屑 要么是有机物质，例如动物残骸和腐烂组织的碎片，要么是无机沉积物质（即沉积物）。 165

硅藻 能够进行光合作用的单细胞原生生物，属于硅藻门，表面覆有玻璃状硅壳。

甲藻 能够进行光合作用，通常是单细胞原生生物，具有两根鞭毛，属于甲藻门。

生态系统 一个离散的生态单元，包含生物体和它们所处的环境。

厄尔尼诺现象 通常于圣诞节前后在厄瓜多尔和秘鲁沿海出现的温暖表层海水。大约每3年到5年，厄尔尼诺效应就会加剧，给全球许多地区，特别是热带地区带来极端天气条件。

真核生物 具有真正的细胞核和其他细胞器的细胞。

蒸发岩 一种从浓溶液中沉淀析出的沉积物，通常是盆地中循环受限的水蒸发而形成的；成分包括石盐、石膏和硬石膏。

进化 生物种群随时间变化的过程。

灭绝 一个物种在其整个地理分布范围内消失。

断层 岩石之间的自然断裂或破裂，运动沿着断裂方向发生。这种运动是地震的主要原因之一。

滤食性摄食者 从水中过滤食物的生物体。

食物链 一组生物体之间的一系列摄食关系。从生产者开始，以线性方式延续到更高级别的消费者。通常是对实际情况的简化描述。

食物网 复杂摄食网络的模型，由生态系统中存在的许多食物链或部分链组成。

有孔虫 类似变形虫的原生动物（单细胞生物），其中许多能够制造出精致的碳酸钙外壳。

化石燃料 燃料资源，包括煤炭、石油和天然气，由数百万年前的植物和微生物残骸形成。

全球变暖　由温室气体浓度上升导致的全球平均温度的升高。

温室效应　由温室气体吸收地面红外辐射而导致的地球大气层变暖。 166

温室气体　大气中吸收地面红外辐射，从而提高地球平均温度的气体，包括二氧化碳、水蒸气、一氧化二氮、臭氧和各种氯氟烃。

墨西哥湾流　起源于加勒比海附近的一股暖流，它穿过北大西洋，流向欧洲西北部。

流涡　由地转流构成的大型水循环系统，在北半球顺时针旋转，在南半球逆时针旋转。

栖息地　特定植物或动物所生活的环境中的某一特定位置。

超深渊带　深度超过6 000米的海底区和海水区，在远洋公海中也称为超深渊海水带。

重金属　高原子质量的无机金属元素，如汞、铅、砷、锡、镉、钴、硒、锌、锰、铜等，在环境或生物体中高度集中时可能有剧毒。

草食动物　只吃植物和藻类的动物。

异养生物　依靠其他生物获取食物的生物体，又称消费者。

热点　软流圈与岩石圈中的局部熔融和上升流区域，其上火山活动丰富。

碳氢化合物　由氢、碳和氧组成的有机化合物，是油气（石油和天然气）的主要成分。

冰期　冰川遍布地球表面，同时全球平均温度下降的时期。

冰室效应　冰期全球平均温度下降，通常是反照率增加所致。

间冰期　冰期中温度升高导致冰川退缩的一段时间。

岛弧　与海洋俯冲带相关的一系列火山岛，位于深海海沟的大陆一侧；洋壳板块俯冲时由岩石圈部分熔融而形成。

167 **巨型海藻** 大型的底栖褐藻物种。

磷虾 生活在开阔海面的、类似虾的生物，属于节肢动物下的磷虾目。

熔岩 喷出地表的岩浆；既可用于描述熔融的状态，也可用于描述硬化后形成的火山岩。

岩化 松散的、未固结的沉积物被压实并胶结成沉积岩的过程。

岩石圈 温度相对较低、相对容易破裂的地球外壳，包括地壳和上地幔，深约100千米。

沿岸带 在高潮和低潮之间暴露在外的海底区，等同于潮间带。

锰结核 一种块状结核，形状和大小通常类似土豆，含有铁、锰、铜、镍和其他各种金属的氧化物，散布在深海海底。

红树林 在热带和亚热带沼泽般的海岸线环境中茂密生长的耐盐乔木和灌木。

地幔 地球内部位于地壳和地核之间的厚层，由铁镁硅酸盐组成。

边缘海 毗邻大陆并被大陆包围的半封闭水域，其底部或是被淹没的陆壳，或是洋壳，或是两者的混合物。

大规模灭绝 一种灾难性的、大规模的波动，大部分物种在相对较短的地质时间内灭绝。

中生代 包括三叠纪、侏罗纪和白垩纪在内的地质时代，介于2.45亿年前到6 500万年前。

洋中脊 沿着海底裂缝绵延的山脉，岩浆在此冲出地壳。这里是洋壳和海底的形成地，由两个构造板块分开而致，也被称为离散板块边界。

米兰科维奇旋回　地球不规则的自转和公转所导致的气候周期性变化，其周期约为2万年、4万年和10万年。

莫霍洛维契奇界面　地壳岩层和地幔之间的界面，其两侧的成分和密度有明显不同，又称莫霍面。 168

季风　主要在南亚和东南亚的区域性的风系统，风向随着季节变化而改变，夏季季风往往带来强降水。

自游生物　主动游动的生物。

近岸带　海洋的一个区域，指大陆架上水深少于200米的水域。

洋壳　地球最外层的外壳，厚约5—10千米，位于海洋下方，由基性火成岩（玄武岩、辉绿岩和辉长岩）组成，通常覆盖着沉积物。

海底通道　海洋盆地之间的局部地形屏障，其中有一条更深的狭窄通道允许水团穿过该屏障进行交换。

蛇绿岩　一系列火成岩，被认为是现在位于大陆之上的海洋岩石圈的碎片，底部由橄榄岩组成，上方依次覆盖辉长岩、片状辉绿岩和枕状玄武岩。

有机卤化物　结构中包含一种或多种卤素元素（如氯、氟、溴）的复杂有机化合物。

脱气　在火山和海底热泉活动期间，来自地球内部的气体被释放到大气层和水层中的过程。

臭氧层　距地球表面10—50千米的高浓度臭氧（一种氧单质，每个分子包含三个原子）区域。

古海洋学　对海洋过往（包括其特性和位置）的研究。

古生代　包括寒武纪、奥陶纪、志留纪、泥盆纪、石炭纪和二叠纪在内的地质时期，介于5.45亿年前至2.45亿年前。

泛大陆（盘古大陆）　古生代晚期和中生代早期的单一超级大

陆，包含当今所有大陆。

泛大洋（盘古大洋） 古生代晚期和中生代早期环绕泛大陆（盘古大陆）的海洋。

169 **大洋的** 属于海洋的，通常指远离海岸的公海。

显生宙 包括古生代、中生代和新生代的地质时期，从5.45亿年前到现在。

透光带 海洋的一部分，靠近海面，有足够的光来维持光合作用。

光合作用 一些生物体利用阳光的能量产生有机分子的过程，原料通常是二氧化碳和水。

浮游植物 漂浮在海面附近的微小光合生物。

浮游生物 被动漂浮在海中的动植物。

水华 浮游生物突然快速繁殖导致密集的分布。

板块构造 包含外地壳和地幔在内的地球岩石圈中大型板块的相对运动，也是地球科学在20世纪60年代和70年代发展起来的新范式。

初级生产者 食物链中其他所有成员直接或间接依赖的生物体，例如绿色植物和能够进行光合作用或化能合成作用的细菌；不依赖外部营养源，也被称为自养生物。

初级生产力 自养生物从无机材料合成的有机物的量。

原核生物 没有细胞核或细胞器（如质体和线粒体）的单细胞生物。古菌、细菌和蓝细菌都属于原核生物。

原生生物 原生生物界的成员，包含真核生物域内除植物、动物或真菌之外的所有生物。

原生动物 原生动物门下属物种，是有动物特征的单细胞生物。

放射虫 一种原生动物，具有由二氧化硅构成的复杂外壳，并使用伪足来捕获猎物。

赤潮 由于某些甲藻（或其他原生生物）大量繁殖而导致水体呈现红色的情况。

储集岩 多孔且渗透性良好的沉积岩层，能够贮藏碳氢化合物。 170

裂谷 分布在许多洋中脊沿线的断层山谷，由海底扩张过程中产生的拉应力而造成；同时也存在于大陆上。

疯狗浪 一种异常巨大而危险的波浪，通常发生在公海中且持续时间较短，由两个波相长干涉产生。

盐度 海水中溶解固体总浓度的标度，通常以千分之几来表示。

海底扩张 在洋中脊顶部的洋壳形成和构造板块（即岩石圈）分开的过程。

海底山 海底的山丘，通常由火山形成，陡峭地伫立在海底。

沉积物 由空气、水或冰沉积的无机或有机颗粒物。

沉积物波 一系列以大规模的、有规律的起伏排列的沉积层，波长（从一个波峰到临近波峰的距离）通常约为1千米，由浊流和海底洋流带来的泥质沉积物形成。

沉积盆地 沉积物深厚的特定区域，通常为1—15千米厚，分布在大陆和海底下方。

沉积物循环 沉积物形成、运输、沉积，又压实并胶结成沉积岩，然后被抬升并再次遭受风化和侵蚀的过程。

沉积岩 沉积物压实和胶结而形成的岩石，是岩石的三种主要类型之一。

地震的 与自然发生和人工诱导的地震或地表振荡相关的。

地震测量法 使用声呐、爆炸装置和测量设备来研究地震的性质以及地壳、地幔和地核的层状结构。

陆架海 大陆架边缘和大陆坡之间的海洋区域。

硅质的 成分为二氧化硅（SiO_2）的材料，通常指包括硅藻和放
171 射虫在内的生物分泌制造的硅质材料。

扩张中心 进行海底扩张的中心，位于洋中脊。

地层学 地质学分支，研究成层沉积岩的年龄关系和意义及其所含化石序列，也被称为地史学。

平流层 中层大气的最下层部分，距地面12—45千米。

叠层石 由能够分泌石灰的蓝细菌制造的层状钙质沉积岩。

走滑断裂边缘 构造板块横向移动的边界，与强烈的地震活动有关，在海底也被称为转换断层。

俯冲 一个岩石圈板块向另一个岩石圈板块下方移动，从而被地幔吞噬；在下降点通常会形成深海沟。

俯冲带 发生俯冲的区域。

海底峡谷 陡峭的深谷，剖面通常呈V形，周围是大陆架外围与大陆坡的岩石和沉积物。

海扇 在大陆坡上堆积的锥形沉积物，通常来自特定的沉积物点源或线源，例如大型河流或三角洲。

海底瀑布 海底水团从一个洋盆（或海底区域）大量溢出，进入另一个洋盆（或海底区域）；总落差可能超过1千米，但实际坡度非常低，更像是急流，而不是真正的瀑布。

沉降 由主要构造力引起的大量地壳下沉。

基底 一个通用术语，指生物体依附生存的表面或沉积物沉积的表面。

共生 两种生物体之间的一种亲密生活关系。

构造隆升 主要构造力引起的地壳运动所导致的地表隆起上升。

陆源沉积物　原有的岩石被风化和侵蚀而产生的沉积物。 172

特提斯洋　中生代早期将冈瓦纳大陆与劳亚大陆分隔开来的古代海洋。

温跃层　温度明显不同的水团之间的过渡区，有着陡峭的温度梯度。

热盐环流　盐度差异和/或温度差异引起的密度差异所导致的水团垂直运动。

潮差　相邻的高潮和低潮之间水位的垂直差。

转换断层　两个岩石圈板块的边界，两个板块沿该边界横向滑移。

海沟　与火山弧相关的狭长而深邃的地形凹陷，它们共同标志着下方有两个岩石圈板块之间的碰撞或俯冲带。

营养级　生物体摄食类型的功能类别或过程类别。

对流层　大气层的最下层，从地表延伸到约10—15千米的高度。

海啸　一种具有破坏性的海浪，通常由地震产生，但也可能由海底滑坡或火山喷发引起。

浊积岩　一种沉积层，通常具有递变层理，由浊流沉积而成。

浊流　一种由密度驱动的、充满沉积物的水流，它沿着斜坡迅速流动，在某些情况下，从大陆架边缘向深海平原绵延数百千米。

上升流　水从深处缓慢向上输送到表层海域，一般能够促进营养元素和有机物质的循环。

火山作用　与地表岩浆释放相关的许多过程，通常伴随着热水、水蒸气和其他气体的释放。

水团　温度、盐度或密度与周围不同的水体。

波的干涉　两个或多个独立的波列相遇，导致波幅的增加或减

173 少，或者形成复杂的横切波型。

波列 来自同一方向且具有独特的波幅和周期模式的一组波。

浮游动物 包含有孔虫和放射虫在内的动物类浮游生物。

174 **虫黄藻** 与珊瑚组织或其他造礁生物体共生的甲藻。

索 引

（条目后的数字为原书页码，见本书边码）

A

B

C

D

E

F

G

H

I

J

K

L

M

N

O

P

Q

R

S

T

U

V

海洋

W

Z

Dorrik Stow

OCEANS

A Very Short Introduction

For Terry

Contents

Preface

As I write the final part of this manuscript, I am enjoying a crisp white wine under the late afternoon sunshine in Malta and gazing out across the blue Mediterranean. It is particularly apposite to reflect on one of the people whose work has inspired my own interest in the oceans—a Maltese diplomat, scholar, and university professor called Arvid Pardo. From 1964 to 1971, he was the first Permanent Representative of Malta to the United Nations, where he became known as the 'Father of the Law of the Sea Conference'. In November 1967, he made an inspirational speech to the General Assembly in which he called for international regulations to ensure peace at sea, to prevent further pollution, and to protect ocean resources. He proposed that the seabed beyond national jurisdiction (then only 3 nautical miles from the coastline) should constitute part of the common heritage of mankind and that some of the ocean's wealth be used for the direct benefit of poorer nations. As of June 2016, 167 countries and the European Union have joined the Law of the Sea Convention.

The oceans cover 71 per cent of the planet and our use and abuse of this ocean world is gathering momentum. The first transatlantic telegraph cable was laid as early as 1858, and now parts of the oceans are veritably crisscrossed with communication cables, as well as oil and gas pipelines and other subsurface installations. Today, 99 per cent of all internet data is transmitted by submarine cables that stretch over hundreds of thousands of kilometres in length and reach as deep as Everest is high. Oil exploration took its first tentative steps into the shallow offshore realm in 1924 and has since moved into progressively deeper waters. Over 50 per cent of oil and gas discoveries in the last decade have been made in the deep oceans, and companies are routinely drilling on the continental slope in water depths over 2500 metres. The 21st century is witnessing an explosive increase in renewable energy production, equalling the growth trajectory of oil and gas in the last century. Offshore wind turbines, tidal barrages, and energy from waves and other marine sources are an important part of that growth.

Food from the oceans has preoccupied coastal communities from the very dawn of civilization. For more than a billion people, fish and shellfish are still the dominant part of their essential protein consumption (over 90 per cent for some). For the world as a whole this figure is around 10–20 per cent. This is a vast and vital commodity that will become even more significant as a burgeoning world population demands ever more food resources, when massive fish factory fleets ply the high seas, and when the touchpaper to the blue revolution in mariculture is set to be lit. The oceans also offer an almost infinite source of water—from which clean drinking water can be extracted through desalination. A safe and sufficient water resource for everyone is perhaps the greatest challenge this century.

The mineral riches of the ocean are vast and barely tapped. Fifty years ago the mining industry was clamouring at the gateway to the deep ocean—manganese nodules had been discovered in great abundance on the deep-sea floor, comprising a wide range of strategic metals. But still no inventory exists of these nor of the more concentrated polymetallic chimneys and edifices recently discovered around hot-water vents. Perhaps even more significant is the abundance of rare-earth elements now believed to be concentrated in deep-sea clays. These are an unusual group of rare metals—yttrium and the lanthanide series—that are being consumed in ever-increasing amounts for everyday products such as computer memory chips, mobile phones, batteries, DVDs, and much more. Terrestrial resources are very limited for all these minerals.

The seas are the second oldest battlefield on earth. Though often glorified in history books, I firmly hope and believe that they will ultimately be *confined* to those books and even to legend. Although the sea today still supports nearly 10,000 naval vessels, this number is less than 10 per cent of the 100,000 ships worldwide. More than half of these are merchant ships for peaceful trade between nations. The world's largest and still one of the fastest growing multinational industries is tourism. Coastal or island destinations and maritime leisure activities, passenger ferries, and luxury cruises, together account for a huge proportion of global tourist trade. Oceans provide a receptacle for our human waste, a capacity to reabsorb our carbon dioxide emissions from the atmosphere, a cleanser of both sewage and oil spills.

It is vital that we also recognize our ability as a species to alter the Earth's environment, understand just how we are doing so, and accurately predict the likely repercussion of our actions. The oceans are the single biggest driver and buffer of global warming. They also hold the most complete record of past climate changes that have taken place and of their effects. The temperature of the sea helps control everyday weather patterns, generates hurricanes and tropical cyclones, and leads to regional droughts or excessive monsoonal rainfall. The oceans are under serious threat of near irreversible pollution in certain coastal areas and marginal or enclosed seas. Everywhere, the oceans are becoming more acidic and this chemical change profoundly affects marine biota—for example, coral bleaching, coral death, and the decline of the great kelp forests.

Whatever the societal challenge for the oceans—communications, energy, food, water, minerals, trade, tourism, waste disposal, natural hazards, global warming, or environmental degradation—we need to understand our ocean world better. This is the oceanographer's challenge as she or he strives to address the major scientific questions of the day and for the future. It has been my personal challenge for the past forty years.

Scientific understanding of the oceans is in its infancy but we are learning fast. This book aims to set out what we *do* know about this watery world: how oceans originate, evolve, and change; the shape of the seafloor and nature of its cover; the physical processes that stir the waters and mix such a rich chemical broth; the inseparable link between oceans and climate; and the complex web of marine life. It will attempt to provide an easily comprehensible insight into a complex world, emphasizing the very important link between scientific knowledge of the oceans and human exploitation of their ultimately limited resources and fragile environment.

Acknowledgements

First and foremost, my eternal thanks to Claire for her love and support, and to my children—Jay, Lani, and Kiah. I am also very grateful to Latha Menon, Jenny Nugee, and the whole team at Oxford University Press for their advice, encouragement, and patience throughout this project. I would especially like to thank Latha Menon and Murray Roberts for their careful reading and helpful comments on the manuscript. My great appreciation goes to the many colleagues and institutes around the world who have shared their wisdom with me. Equally, I have had the privilege to participate in many scientific expeditions on land and at sea, which have greatly improved my knowledge of the oceans. Heriot-Watt University has provided overall support during the writing of this book.

List of illustrations

List of tables

Chapter 1
Ocean frontier

From the dawn of history the ocean has provided a source of food, refreshed our bodies, and cleansed waste. Once a barrier to human migration it has since become a highway for transport and trade, as well as a battlefield for the long pageant of human conflict. It offers adventure and challenge to explorers and scientists, a source of philosophical and poetic wonderment, and a playground for our children. Most importantly, the oceans offer both the challenges and solutions for many of the key issues that face the world today—sea-level rise and climate change, new sources of food and water for everyone, natural resources and energy for growth and development, a new source of medicines, and safe waste recycling. Excitingly, it is still a great unknown frontier with an endless capacity to both surprise and alarm.

Grand ideas

For 5000 years and more, since cuneiform writing was first invented and records kept, philosophers and scientists have been drawn to the ocean. The Sumerians plied the waters of the Tigris and Euphrates rivers as well as the Persian Gulf and, as far as we know, were the first to use sail boats. As this cradle of civilization lay between two major rivers it is little wonder that their writings record the advent of huge floods and the resultant devastating effects on people and animals. The story of the great flood as told in the Bible some 2000 years later almost certainly originated from these Sumerian records and stories.

Among seafaring people, in particular, myths and legends concerning the sea became one way of coping with what they could not explain. The Egyptians, Greeks, Polynesians, Vikings, and countless others have all invoked powerful deities as masters of this watery world. The ocean was alternately savage and powerful, serene and beautiful—and it was the gods that made it thus.

Aristotle (384–322 BCE) was one of the first natural philosophers to take a scientific interest in the sea and its coastline, how deltas form and the 'filling' of the Mediterranean Sea. He wrote the first known treatise on marine biology. His recognition that the changes of the Earth and oceans are constant but inordinately slow in comparison to human life was especially far-sighted. He wrote: 'the distribution of land and sea in particular regions does not endure throughout all time, but it becomes sea in those parts where it was land, and again it becomes land where it was sea, and there is reason for thinking that these changes take place according to a certain system, and within a certain period'. I find this insight truly amazing for his time.

But the systematic science of oceanography really began only 250 years ago. Since then, it is from ocean science that some of the most momentous discoveries of recent times have derived. These have led to four seminal ideas that help shape our thinking today:

- The living world is one of constant evolution, extinction, and change. Life on Earth had its origins in the ocean over 3.5 billion years ago. Countless organisms have lived and perished since that time, most at the unicellular scale, but evolution slowly progressed to yield the kaleidoscopic profusion of today.
- The Earth is in continual motion, but on a geological timescale imperceptible to the human frame. Oceans are

created and destroyed, continents move, mountains rise from the sea and are then returned as dust to the ocean floor.

- Changes are cyclic in nature, although the timescales vary and the past is never exactly repeated. This is true for oceans and continents, extinction and evolution, sea level and climate.
- The natural environment of ocean, earth, and atmosphere is a single interconnected entity. It is also the single most important variable for the survival of our own and other species. In the past fifty years we have come to know that we are effecting major changes on the environment, but we do not yet know how to control those changes for good.

These fundamental concepts—evolution, geological time, cyclicity, and environmental change—not only act as profound paradigms in natural science, but have also reached into popular consciousness. They have an everyday reality that helps us realize our place in the world and to recognize the imperative for us to care for the environment and act as stewards for its limited resources.

Early exploration

Long before written records, we know that an early hominid, *Homo erectus*, had mastered crossing the relatively small stretches of water that separated one island from another along the Indonesian archipelago and established a presence on the island of Flores. There is then a huge gap in marine archaeological knowledge before the first waves of *Homo sapiens* migration out of Africa around 70,000 years ago, in part by island-hopping across the southern Red Sea into what is now the Middle East. By about 50,000 years ago they had ventured further from the Indonesian archipelago to colonize Australia.

The most remarkable story of early exploration by sea began some 5000 years ago with the spread of the Polynesian people from South East Asia, ultimately colonizing 10,000 islands across

26 million square kilometres of the Pacific Ocean. They were master sailors who reached the world's remotest islands, including the Hawaiian chain and Easter Island. They navigated by the stars and Moon, the waves and winds, the clustering of marine life and the flight of birds, and passed all this knowledge down from generation to generation by word of mouth.

At about the same time, the Egyptians were building ships for river and coastal trade, while the Phoenicians became true maritime masters of the Mediterranean region, exploring and trading to every corner of their realm, and even as far as England to the north and around Africa to the Indian Ocean. On the other side of the world, the Ciboney Indians were the first to colonize the Caribbean islands from their South American homeland, soon to be replaced by the Arawaks from the Orinoco Delta region. At this time too, the Chinese were plying their trade, language, and culture through South East Asia, and by 400 BCE had invented the magnetic compass (Figure 1).

Voyages of discovery

Exploration and discovery by sea has grown ever stronger through the last two millennia, and has often been glamorized as expeditions inspired by a sense of adventure or to advance knowledge. But the truth was far more mercenary and military. It was driven by the search for and opening up of new and lucrative trade routes around the world and then protecting them. It was accompanied by piracy and pillage, and soon led to unrivalled exploitation of the lands 'discovered'. That ocean science advanced during this time was merely a fortuitous by-product.

Sailing from Scandinavia in their characteristic longships, the Vikings were feared warriors in the North Atlantic. They landed suddenly, raided at will, and returned swiftly to sea. They were also fine sailors, who had colonized Iceland by 700 CE, Greenland soon after, and Newfoundland in North America by 1000 CE. They

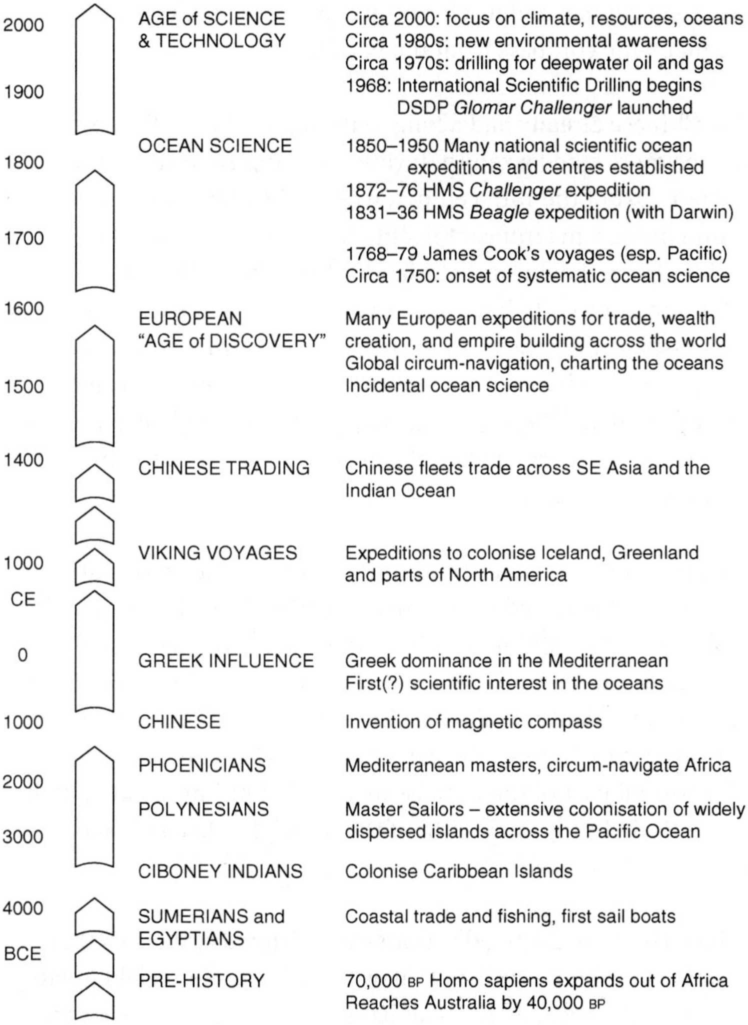

1. Ocean exploration timeline.

explored the Mediterranean and Black Seas and even sailed around the southern tip of Africa. Arab sailors were masters of the Indian Ocean at this time, supplementing their overland trade routes by marine expeditions. They developed a good understanding of the monsoon climate and its effects on conditions at sea, and borrowed the magnetic compass from the Far East.

The Chinese already had a long seafaring tradition. Chinese expansion reached a zenith during the Ming Dynasty, in the earliest part of the 15th century, when Admiral Zheng He commanded a magnificent fleet of 317 ships and 37,000 men, built to carry the finest materials and objects to distant lands. The intention appears to have been to give away such treasures and so demonstrate the wealth and superiority of Chinese civilization. Many of the technical advances they had developed—such as a central rudder, watertight compartments, and sophisticated sails that could be operated from the deck—filtered through into European designs.

European exploration began rather later. By the early 15th century, explorers and traders had reached China, India, and North Africa, although still no one from the Old World had any idea that America, Australia, Antarctica, or Greenland existed. There then began a century of expansion and exploration, of amazing sea voyages to unknown worlds, of new ideas and inventions. This was all part of the Renaissance period in Europe and, with a peculiarly Eurocentric view of the world, has become known as the *Age of Discovery*.

Prince Henry of Portugal was an early visionary who saw that ocean exploration could open new trade routes and yield great wealth in the process. He established a centre at Sagres for the study of marine science and funded many Portuguese expeditions to the South Atlantic. All captains were required to compile detailed charts wherever they sailed in good weather or poor, and so when a storm blew the Portuguese explorer Bartolomeu Dias around the southern tip of Africa in 1487 this route was finally rediscovered. The following year Vasco de Gama reached India.

Christopher Columbus, an Italian master mariner, attempted to reach the East by sailing west around the world. Having a misconceived view of the Earth as only about half its actual size, he mistook his first landfall on a small Caribbean island off Central America for his goal of India or Japan. It was here that he met descendants of the Arawak Indians who had colonized the region at least 5000 years before. Other explorers quickly followed. John Cabot sailed from England to Newfoundland in 1497, also seeking a new route to the East. In 1499, another Italian, Amerigo Vespucci, reached the South American coast, sailing as far south as the Amazon River—America was soon to be named after him.

In 1519, Ferdinand Magellan set off from Portugal with a flotilla of five rather ageing ships and 230 experienced seamen. Although Magellan himself was killed on the small Philippine island of Mactan, one of his captains, Sebastian del Cano, struggled on, eventually reaching Seville in September 1522—with only one ship and eighteen men remaining. Completion of this long and extremely arduous voyage was undoubtedly a crowning achievement of the time and probably the first circumnavigation of the world. Unfortunately its accomplishment marks the beginning of a far less pleasant period of global history—a time when the European powers set out to exploit the lands they had newly discovered.

Pioneers of ocean science

From the observations and insights of Aristotle to the detailed charts commissioned by Prince Henry of Portugal, from the first-hand knowledge of oceans by those who had carefully constructed maps that became ever more accurate with time, we gained a wealth of *incidental* ocean science. But by the early 18th century there was a reawakened thirst for scientific discovery, and we see the birth of true scientific oceanography. Luigi Marsigli compiled his

Histoire Physique de la Mer, the first book to deal exclusively with the ocean. Leonard Euler published his important mathematical understanding of the lunar control on tidal movement, and Benjamin Franklin charted the Gulf Stream for the first time.

The systematic acquisition of scientific data at sea was pioneered during three long and remarkable voyages led by Captain James Cook from Plymouth, England, between 1768 and 1780. For two of these, he had the added advantage of the most sophisticated and accurate chronometer of the age, specially designed by clockmaker John Harrison in order to reliably determine longitude at sea (latitude was already easy to calculate from the stars). Cook's navigation was therefore outstanding, so that the carefully gathered data on geography, geology, bathymetry, marine biota, tides, currents, water temperature, and salinity, from as far south as 71°S where he first encountered icebergs and pack ice that surrounded Antarctica, were all the more valuable for those who tried to bring them into some scientific sense of order.

Many more oceanographic expeditions followed through the 19th-century period of European empire-building, two of which were especially significant. The voyage of the survey ship HMS *Beagle* between 1831 and 1836, with a mission to map the South American coastline, was joined by the young Charles Darwin as ship's naturalist. He explained how volcanic islands and coral atolls formed in the midst of oceans, and did much important work on marine organisms, especially barnacle biology. But it was his very detailed observations of subtle variations in both fossil and living species that ultimately led to his seminal work *On the Origin of Species*, published in 1859.

The second voyage of immense significance, and for which the term 'oceanography' was first coined to describe its mission, was the round-the-world voyage of HMS *Challenger* between 1872 and 1876 (Figure 2). This expedition was a purely scientific mission and an unqualified success. It covered 127,600 kilometres,

2. HMS *Challenger.*

took thousands of depth soundings, seafloor samples of sediment and biota, and measurements of water temperature, salinity, and density. The *Challenger Report* of the expedition's findings compiled by Sir John Murray amounted to fifty volumes. It founded and forced the pace of oceanography as a science, established the enormous economic and practical significance of such work, demonstrated the need for dedicated multidisciplinary missions, and fostered international cooperation.

Global challenge

Oceanographic research today is as exciting and challenging as ever. As the pace of discovery accelerated through the 20th century, and as new technologies were applied to ocean science, so the body of knowledge about the seas grew exponentially. But this has simply opened windows to the great unknown, providing a tiny vista on a new frontier of exploration. We are now so much better placed to know the scientific questions to ask, and so much better prepared, with a whole raft of technology at our disposal, that adventuring into the ocean realm can be immensely rewarding.

Oceanography is *big science*, necessarily so because of the size of the canvas on which it is undertaken, the nature of the equipment and sea-going vessels required, and the scale of the questions being tackled. It has always needed a cooperative rather than individual spirit, with the backing of large institutions or governments. One of the biggest scientific investigations ever conducted began in 1968 as the Deep Sea Drilling Project and still continues today, nearly five decades later, as the Integrated Ocean Drilling Program. Since the *Glomar Challenger* scientific drillship set sail in 1968, the *JOIDES Resolution*, *Chikkyu*, and others have followed (Figure 3). Over 2000 holes have been drilled deep below the seafloor, nearly 2 million metres of sediment core have been recovered, and some of the most fundamental questions about planet Earth have been posed and answered.

Oceanography is also a very *practical science*, with very real application to the needs of society. Whatever the societal challenge

3. *JOIDES Resolution* scientific drillship.

for the oceans—communications, energy, food, water, minerals, trade, tourism, waste disposal, natural hazards, global warming, or environmental degradation—we need to understand better our ocean world.

This is the oceanographer's personal challenge as she or he strives to address the major scientific questions of the day and for the future. What moulds the shape of the ocean floor and its interaction with the seawater above? What is the source and flux of sediment to and within the oceans? Can we read the ocean's long-term memory as a barometer of environmental change? How are the oceans stirred and on what timescale? How does the ocean maintain its chemical balance and what might upset this ability? Can we understand and model the ocean–climate nexus and can this help mitigate global warming? What new species of organism and momentous discoveries in the field of biology will deep-sea exploration next reveal? There are many more questions, of course. None of them is easy to answer—but the rewards are of scientific, economic, and societal importance.

The task of addressing these questions falls to research oceanographers and their students at universities and institutes across the world. Typically, they work together in interdisciplinary teams, often involving cooperation between several institutes and different countries, and participation in large-scale regional or global projects. Oceanography is still very much a field science on a huge canvas (Figure 4, Table 1). The practical difficulties involved are easily matched by the personal hardships endured—cold, damp, nausea, and frustration. It can be a remote and lonely science, facing the wild open ocean or the danger of deep-sea diving. But the thrill of discovery, the knowledge of its significance, and the undeniable beauty of the ocean world are ample reward for engagement in the ocean quest.

Oceans

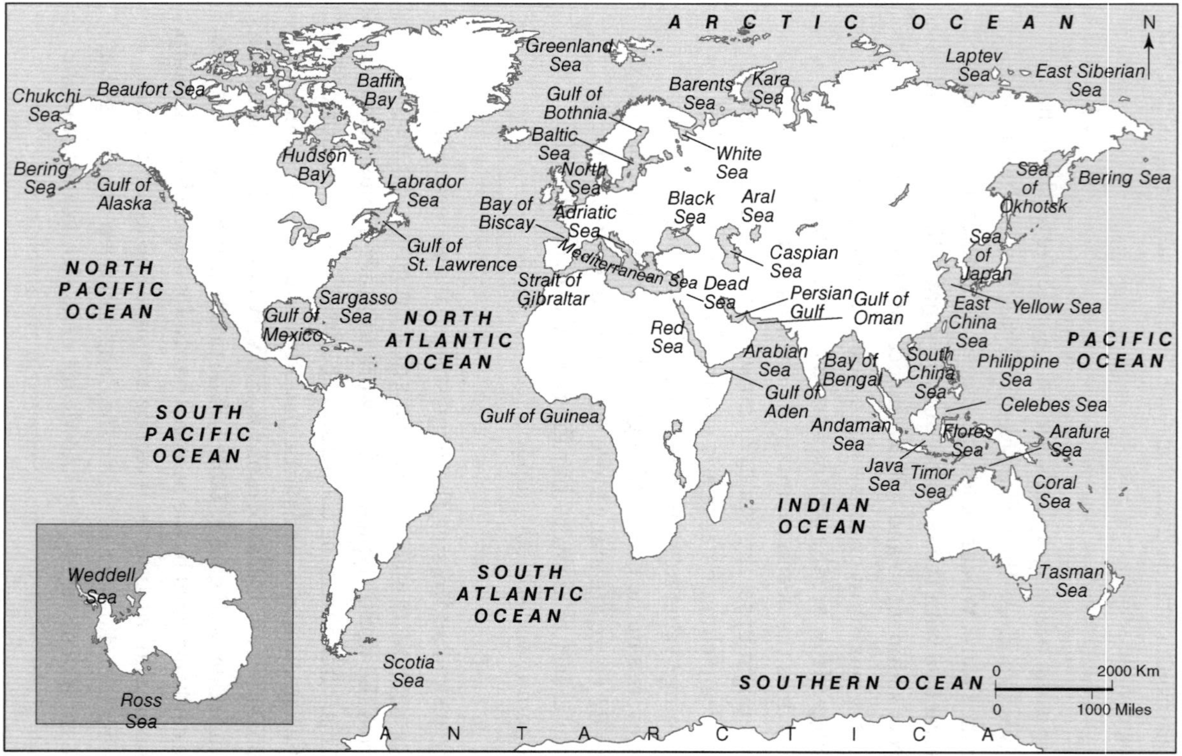

4. Global oceans map.

Table 1 Ocean data

Atlantic Ocean	
Area	82,000,000 km^2
Average depth	3300 m
Maximum depth	8605 (Milwaukee Deep)
Volume	321,930,000 km^3
Oldest ocean crust	175 million years (Middle Jurassic)
Marginal seas	Gulf of Mexico, Caribbean, North Sea, Mediterranean Sea Labrador Sea, Baltic Sea

Indian Ocean	
Area	73,600,000 km^2
Average depth	3890 m
Maximum depth	7450 m (Java Trench)
Volume	292,131,000 km^3
Oldest ocean crust	140 million years (Early Cretaceous)
Marginal seas	Red Sea, Gulf of Aden, Persian Gulf

Pacific Ocean	
Area	166,000,000 km^2
Average depth	4280 m
Maximum depth	10,924 m (Challenger Deep)
Volume	723,700,000 km^3
Oldest ocean crust	165 million years (Middle Jurassic)
Marginal seas	South China Sea, East China Sea, Java Sea, Celebes Sea, Banda Sea, Sea of Japan, Sea of Okhotsk, Bering Sea, Coral Sea, Tasman Sea

Arctic Ocean	
Area	12,173,000 km^2
Average depth	990 m
Maximum depth	5608 m (Molloy Deep)
Volume	17,750,000 km^3
Oldest ocean crust	55 million years (Paleogene)
Marginal seas	Beaufort Sea, Chukchi Sea, East Siberian Sea, Laptev Sea, Kara Sea

(continued)

Table 1 Continued

Southern Ocean	
Area	35,000,000 km^2
Average depth	3350 m
Maximum depth	7235 m (South Sandwich Trench)
Volume	117,250,000 km^3
Oldest ocean crust	140 million years (Early Cretaceous)
Marginal seas	Weddell Sea, Bellingshausen Sea, Ross Sea

Chapter 2
Ocean transience

Once formed from the primitive Earth environment, the oceans as well as the continents have been constantly moving, changing, and evolving, at a rate perceptible only in geological time. Oceans are defined as much by the shape and features of the underlying seafloor (the ocean basin made of ocean crust) and their cover of sediment and organisms, as by the water they contain. Ocean basins are born, expand, and contract, islands rise from the sea, continents grow and divide. The land-ocean crust as well as the Earth's interior is acting as one unified system in this slow dance of time. This discovery in the middle of the last century led to the most recent great paradigm of the earth and ocean sciences—that of plate tectonics. This chapter explains the origin and evolution of oceans within the plate tectonic paradigm.

As a student at Cambridge University, I well remember a buzz in the lecture theatre as some of the scientists involved in developing the plate tectonic theory in the early 1970s (Drum Matthews, Fred Vine, Dan Mackenzie) outlined their newest results and ideas. We felt as though we were surfing on the crest of a new wave of discovery in our science—as indeed we were. Many years later, as chief scientist of the Integrated Ocean Drilling Program expedition (IODP 339) I took the *JOIDES Resolution* drillship to a region of the Atlantic Ocean between the Azores and Gibraltar, and witnessed the same tangible excitement as we realized that our drilling results had revealed something entirely new about the plate tectonic mechanism. We had recovered a weak but distinct signal of what I call the 'Earth's heartbeat'. Our records showed the near-surface response to powerful tectonic forces that were acting deep within the Earth's mantle at one-million-year intervals. We are still working on this discovery.

Origin of the oceans and atmosphere

The Earth condensed from a cloud of dust and gas around 4.5 billion years ago. As the third planet out from the Sun, it was neither too close and hot so that the surface was covered in a cocktail of poisonous vapours, nor too distant and cold so that only barren, frozen wastes prevailed. In the process of condensation and the associated nuclear inferno that ensued, the principal chemical elements that make up our planet were formed. Segregation of the heavier elements towards the centre led to a layered Earth with core, mantle, and crust, each having a distinct chemical composition (Figure 5).

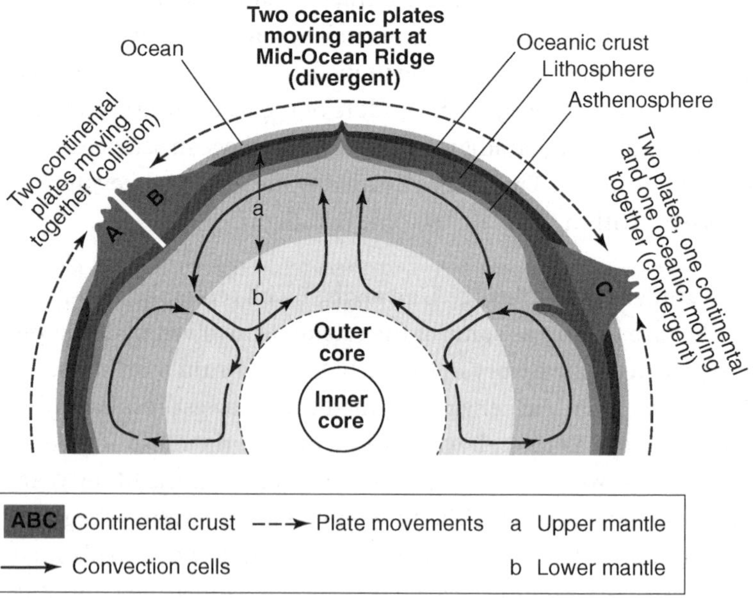

5. Structure of the Earth.

It is probable that the lightest elements (H, He, N, C, O) could not be retained as an atmosphere at this stage and simply boiled off into space.

The next crucial phase early in the development of the planet was differentiation of its outermost layer into oceanic and continental crust. The rock composition of these and their mode of formation are very different. Oceanic crust, the more primeval, is made up of dark volcanic rocks, now mainly basalts, which extruded at the surface from a molten interior under repeated violent eruptions. Continental crust, made up of still lighter materials—granites, metamorphic rocks, and sediments—took much longer to develop. Repeated melting and cooling allowed these progressively lighter materials to separate gradually, coagulating into the nuclei of primitive continents. Aggressive weathering by torrential rains from an early atmosphere led to the break-up of these rocks and their redistribution as sediments along the margins of the first small continents. Countless cycles repeated and slowly the continents formed, relatively more elevated due to their lower density than the surrounding proto-oceanic basins. About 7 per cent of the present-day continental crust consists of remnants of these early continents, all over 2.5 million and some as much as 3.8 million years old.

There are two competing theories for the genesis of the oceans. The first proposes that oceans formed from the gases that issued during the first phase of crustal differentiation, by a process known as de-gassing. These would have contributed to a primordial atmosphere and then, as the Earth cooled, water vapour would have condensed and fallen as rain. Gases emanating from volcanoes today include the same gases that had previously been lost into space, including water vapour, carbon dioxide, hydrogen, nitrogen, sulphur dioxide, and several others. These are released by the melting of the rocks and minerals in which they are bound. The second theory is that most of the water fell from space as a component of ice-laden comets during an early period of intense bombardment. Today, around 30,000 tonnes of water falls to Earth every year in a fine rain of cometary particles. The gradual change in composition of the oceans from largely freshwater to the saline brines we know today is a complex story of the interaction between the Earth's rocks, hydrosphere, atmosphere, and biosphere.

Jigsaw puzzle of the plates

The plate tectonic concept is elegant and simple, like many of the grandiose theories that stand the test of time. It holds that the outer layer of the Earth, between 120 and 180 kilometres thick, is made up of a series of very large and some smaller, rigid plates that are in constant motion with respect to one another (Figure 6). These are known as *lithospheric plates* (from the Greek *lithos* meaning stone). These plates ride on a weaker, hotter, almost molten (or partially molten) layer known as the *asthenosphere* (from Greek *asthenes* meaning weak). The asthenosphere, like the lithosphere, is around 100–200 kilometres thick.

Not only do plates move, but their size and shape constantly changes as new material is continually being added and old material consumed. This takes place at plate boundaries, irregular and interlocking cracks and healed sutures that scar Earth's outer crust, and along which the majority of tectonic activity occurs—earthquakes and volcanoes, hot springs and heat loss from the Earth's interior. At divergent plate boundaries (spreading centres) new crust is being added, while at convergent margins older crust is consumed or deformed. At transform boundaries, the gigantic, rigid plates scrape and grind past one another with enormous force.

Plates move about the outer Earth driven in large part by convection. This is a process, most familiar to us in liquids and gases, whereby hot, less dense material rises and cooler, denser material sinks. It is the process that drives the great conveyor belt of ocean circulation and the rapid turmoil of winds in the

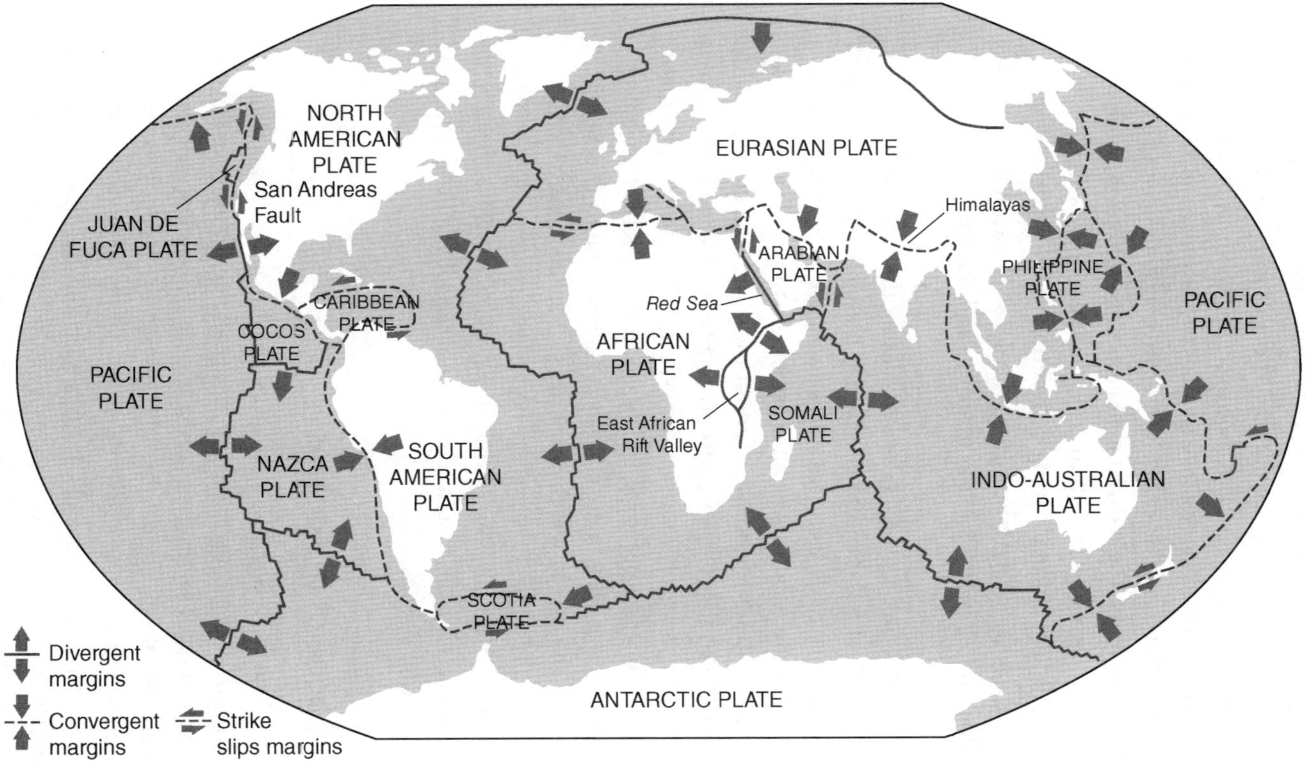

6. Principal tectonic plates and plate boundaries.

atmosphere, as much as it does the cooling of coffee in our mug or the rising of smoke up a chimney. At conditions of extremely high temperatures and pressures, however, the apparently 'solid' rocks of the outer Earth can behave as an extremely viscous 'fluid' that creeps or flows and thereby allows convection to occur. Even after 4.5 billion years, the natural heat contained within the core of the Earth, following its accretion and solidification, is still the principal heat engine driving convection in the mantle. Some heat, in addition, is derived from the decay of naturally occurring radioactive elements such as uranium and thorium.

Several methods now exist for calculating the rate of plate motion. Most reliable for present-day plate movement are direct observations made using satellites and laser technology. These show that the Atlantic Ocean is growing wider at a rate of between 2 and 4 centimetres per year (about the rate at which fingernails grow), the Indian Ocean is attempting to grow at a similar rate but is being severely hampered by surrounding plate collisions, while the fastest spreading centre is the East Pacific Rise along which ocean crust is being created at rates of around 17 centimetres per year (the rate at which hair grows). For the Pacific Ocean, however, the plates involved are being even more rapidly consumed at convergent plate boundaries, in a process known as subduction. The net result is, in fact, a reduction in size of the Pacific relative to the other oceans.

Backbone of the oceans

One of the most remarkable features of the oceans is an almost continuous range of submarine mountains that stretches for tens of thousands of kilometres across the face of the Earth. From the Arctic Ocean, almost directly beneath the North Pole, this mountain range runs axially down the length of both the North and South Atlantic Oceans. It links with another that completely encircles the Antarctic continent, from which great spurs divide into both the Pacific and Indian Oceans. In all cases, the mountains rise up to 3 kilometres above the adjacent ocean basins to within 2.5 kilometres of the ocean surface and, at their broadest, boast a width of over 1000 kilometres. This is the global mid-ocean ridge system—the backbone of the oceans.

Mid-ocean ridges are the sites at which new crust is continually being created as outpourings of a dark volcanic rock called basalt. The entire ridge system is essentially a linear belt of active volcanoes along which the majority of the Earth's internal heat is lost. Shallow-focus earthquakes occur in abundance as volcanic material is forced up to the surface, new crust is accreted, and the seafloor of yesterday pushed aside.

Hot magma wells up beneath the axis of the ridge driven by gigantic convection cells in the Earth's interior. A hot mush of crystals and molten rock is held in a magma chamber only a few kilometres beneath the seafloor, from which sheets and pipes (dikes) of magma force their way through the weakened crust above and erupt repeatedly on to the deep-ocean floor. Eruption beneath 2.5 kilometres of water is not violent but more like squeezing toothpaste out of a tube. The creation of new seafloor in this way has been captured on film, the dark, oozing basalt forming a series of small rounded domes known as pillow lava. The rind of these pillows cools very rapidly into a black glass as lava at over 1000°C meets near-freezing water.

Measuring the age of ocean crust yields an intriguing pattern on the seafloor, and recognition of the systematic increase in age away from the ridge crest provided the final proof of plate tectonic theory in the early 1960s. It is a quite remarkable story of how the Earth's magnetic field interacts with cooling magma, and the seafloor acts as a magnetic tape recorder. Iron-rich minerals crystallizing out from the hot lava become individually magnetized and oriented towards magnetic north, setting firmly as the lava solidifies. The present direction of the magnetic field is referred to as 'normal' and the opposite direction as 'reverse'. During the geologic past, the Earth's magnetic field has switched between normal and reverse with a variable periodicity, from many thousands to millions of years. Towing sensitive magnetometers behind research ships allows us to measure the sense of magnetization of crustal rocks. This reveals a pattern of elongate, narrow bands of normal and reverse magnetic direction with almost perfect symmetry on either side of the ridge crest. The ages of each band can be worked out using radiometric dating of the lavas and a complete map of the age of ocean crust constructed. This shows that the oldest crust was formed around 180 million years ago and lies furthest from the present-day spreading centre—the ridge crest. It also allows us to calculate the rate of spreading.

Black smokers, ophiolites, and hot spots

Along the mid-ocean ridge system, hydrothermal vents known as black smokers spout billowing plumes of hot, mineral-laden water. They are the result of cold seawater that percolates into cracks and fissures associated with seafloor spreading, then penetrates several kilometres into newly formed ocean crust and leaches out a cocktail of chemicals as it seeps downwards. When the water encounters hot magma it is forced back up to the surface, emerging on the seafloor as hot springs. Dissolved minerals rapidly precipitate as these often superheated waters (300°–400°C) come into contact with near-freezing temperatures at the ocean bottom. Their precipitates produce massive ore bodies rich in iron, copper, zinc, and a host of other metals, appearing almost like a cityscape of chimneys, spires, and stacks rising from the seafloor, or as pools of metal-rich sediments ponded in hollows along the mid-ocean ridge. Despite the high temperatures, pitch blackness, and a lethal concoction of toxic metals around the vents, a weird and wonderful flora and fauna thrive in this hostile environment.

Under the powerful forces involved in plate collision, fragments of ocean lithosphere can become detached and emplaced on continental crust. These fragments are known as ophiolites, and recognized by their distinctive suite of oceanic rocks. They are found in many orogenic (mountain) belts that stretch across the continents. Pillow lavas that were once the floor of a 2-billion-year-old ocean form part of a much fragmented ophiolite exposed in northern Quebec. More complete ophiolites are known from the island of Cyprus—an 80-million-year-old fragment of the now vanished Tethys Ocean—and, younger still, from many parts of the Japanese Island Arc. In such places, we can actually walk on the floor of a vanished ocean or stand astride the famous Mohorovičić or 'Moho' discontinuity between crust and mantle rocks. These are unforgettable experiences for an ocean scientist.

Another shrine for scientists who study the deep seafloor is Iceland. This volcanic island is part of the Mid-Atlantic Ridge, built up over millions of years from vast outpourings of oceanic lava, so that the crest of the ridge itself is exposed on land. Walking along the Thingvellir graben near Reykjavik is like a stroll down the narrow valley that runs along the axis of all slow-spreading mid-ocean ridges. Iceland has been formed directly above a hot spot, where molten material rises from the mantle in a narrow plume that extends as much as 600 kilometres beneath the surface. This hot spot was initiated around 63 million years ago beneath the continental crust that formerly joined Greenland with northern Europe. It was instrumental in the ensuing continental break-up and formation of a new spreading centre. Unusually for hot spots, it has remained active in the same place ever since.

Collision, subduction, and slippage

New crust is continually being added to the oceans all along the mid-ocean ridges, which implies that an equal volume of material must be destroyed annually. Destruction of ocean crust takes place in the world's largest recycling plants—the subduction zones, located along convergent plate margins. Because the rock material that makes up oceanic plates is denser than that of the continents, where the two collide the ocean plates are pushed under, or subducted. The parts of the seafloor where this occurs are commonly marked by deep trenches into which the oceanic lithosphere is thrust downwards to be remelted and recycled. Subduction results in earthquakes, volcanoes, island formation, and mountain building.

In the upper parts of a subduction zone, melting at the surface of the descending plate occurs as the result of tremendous frictional resistance. The wet sediments and rocks carried down on the plate surface as well as those of the deep lithosphere begin to melt at depths of 50 to 100 kilometres, where temperatures have risen to between 1200 and 1500 degrees Celsius. Localized pockets or chambers of molten rock (magma) are created. Some of this magma rises as intrusions into the lower crust where it cools and crystallizes as granite plutons—the principal rock type of the continents. Some of the molten material forces its way right to the surface in highly explosive volcanic eruptions.

The entire Pacific Ocean is rimmed by subduction zones and these are the location of the largest number of earthquakes and volcanoes anywhere in the world—hence its nickname the *Ring of Fire*. The tectonic plates that make up this ocean are constantly being recycled beneath the continents. The Nazca plate has been plunging beneath South America for at least 200 million years—the imposing Andes, the longest mountain chain on Earth, is the result. Further north, the small Juan de Fuca and Cocos plates are the only remnants of the once mighty Farallon plate, which floored much of the ancestral Pacific Ocean.

Along large stretches of the western and northern margins of the Pacific, subduction has led to the birth of a string of island volcanoes. Groups of volcanic islands occur some hundred kilometres behind the linked trench system, and separated from the continent by a broad marginal sea or completely isolated in the broad expanse of ocean. These groups in fact follow great curvilinear traces—known as island arcs—of which the Aleutian, Japanese, Philippine, and Indonesian arcs are some of the best known. With time, the once distinct islands amalgamate and landmasses grow to resemble small fragments of continent.

Mountain building that has occurred as the result of the subduction of oceanic crust beneath continental crust is well illustrated by the Andes Mountains. These have been forming for at least the past 100 million years from melting of lithospheric material subjected to intense frictional heating in the great subduction factory that underlies this imposing mountain range. As rocks melt at great depth so the molten magma begins to push upwards into the cooler rocks above, where the magma cools once more and begins to crystallize. Certain minerals, such as quartz and some feldspars, are the last to crystallize and so continue to rise with the remaining magma until they also crystallize out to form granite—the most common rock of the continents. All mountain chains are intruded by *plutons* of granite in this way, and where the magma continues right to the surface it will erupt as *andesitic* and *rhyolitic* lavas. The deep granite roots of the mountain chain are still buoyant, so that parts of the Andes are rising at rates of over 5 centimetres a year.

The mountain chains of Europe and the Middle East—the Alps, Apennines, Pyrenees, Betics, Hellenides, and Carpathians—have all formed in this way as Africa continues to plough northwards into Eurasia. The twists and turns of microplates, fragmented at the leading edge of collision, as well as island arcs, volcanoes, and abandoned trenches, make the jigsaw puzzle of mountain ranges and remnant basins in the whole Mediterranean region one of the most complex on Earth. In this sort of complexity, parts of ocean crust become isolated and scraped off on to the continent as ophiolites, while whole fragments of continent are detached and thrust high up over the mountains as *nappes*.

The chaotic and deformed rocks associated with such features are known as *melanges*.

In some regions, plates grind and slide past one another, rather than colliding or separating. These are known as transform boundaries in the oceans or strike-slip boundaries on land. Although this process conserves plate material it is by no means passive. The stepped offsets along mid-ocean ridges are examples of transform faults, some of which extend for many hundreds of kilometres either side of the ridge crest. The San Andreas Fault in California and the Southern Alpine Fault in New Zealand are examples of strike-slip boundaries on land. Along these giant fault lines, the two parts of a continent crunch, slip, and grate past one another, resulting in much earthquake activity.

Oceans past and present

We are so familiar with the map of our world, the shapes of continents and the breadth of oceans, that it is easy to believe in its permanence. In fact, the opposite is more true—continents have moved and grown, oceans have come and gone, ocean crust has been lost and remelted. These changes, though slow even by geological standards, have often had the most dramatic effects on Earth's climate, ocean circulation, floral and faunal distribution, and mass extinctions. It is therefore an important challenge in our science to be able to reconstruct the disposition of past seas and land areas accurately. The study of past oceans, known as palaeoceanography, is currently a 'hot topic' for research throughout the world.

There have been many cycles of change and many different oceans in the 4.5 billion years since planet Earth was formed. But our knowledge of those more distant in time is very sketchy. We can be much more confident in charting the past 250 million years of this story. This is roughly the time it has taken to create and then destroy one great ocean—the Tethys—and thence to shape the oceans of today (Figure 7).

At the start of this period, there was a single supercontinent known as *Pangaea* and a super-ocean known as *Panthalassa*. The large body of water that straddled the palaeo-equator as an arm of Panthalassa was known as the *Tethys Ocean*. Both poles were under water, global climate was generally warm, sea level was very low, and the continental interior extremely arid. Vast outpourings of volcanic lava, some of which now form the Siberian Traps, altered the chemistry of atmosphere and oceans. This combination

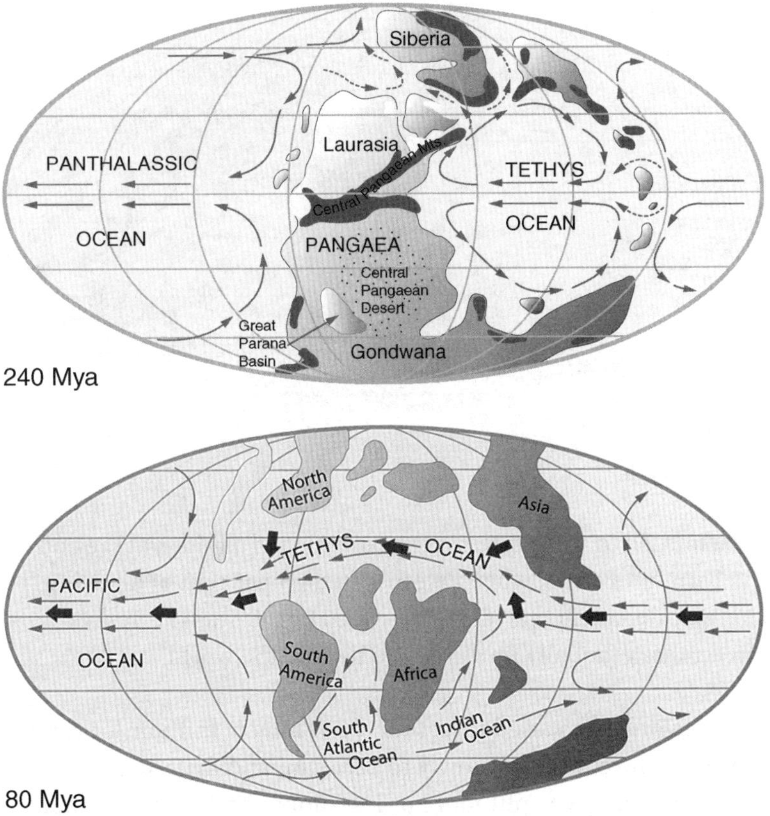

7. Past oceans of the world: 250 million years ago to present.

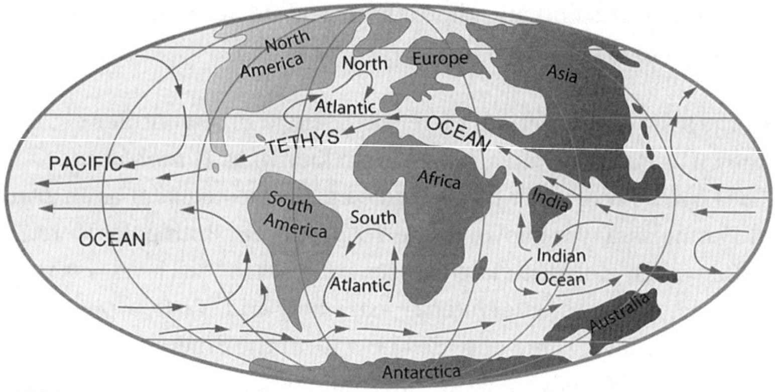

45 Mya

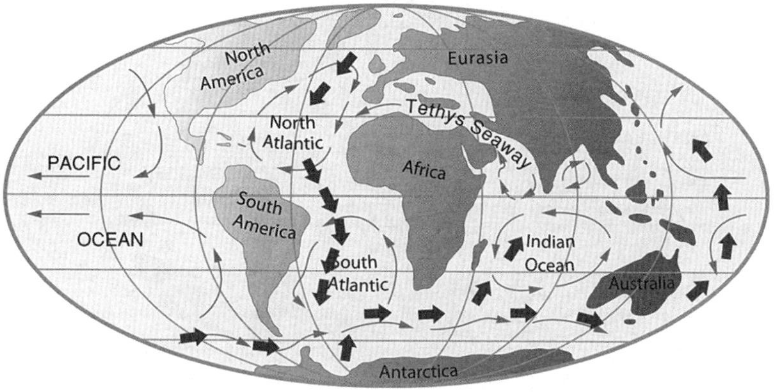

15 Mya

7. Continued.

of factors led to the greatest mass extinction of all time, at the end of the Permian Period, when an estimated 95 per cent of all living species (almost all marine) were wiped out. It was the Tethys Ocean that gradually nurtured life back to the world.

Pangaea only remained intact for a few tens of millions of years at most before it began slowly to break up and drift apart. In the first place Pangaea split more or less along the equator so that the Tethys Ocean then separated two large continents, Laurasia to the north and Gondwana to the south. The climate began to change, as moisture from this enlarged ocean penetrated the continental interior. Where there had been only desert, plant life spread and flourished. Along the margins of the continents, shallow shelf seas became home to coral reefs and tropical lagoons, sporting myriad new forms of marine life—coiled ammonites, squid-like belemnites, starfish, giant oysters, sea lilies, and fishes, preyed upon by ichthyosaurs, pliosaurs, and the ancestors of modern sharks.

By around 120 million years ago, South America and Africa began to drift apart and the South Atlantic was born. It is this era that is known as the true *Age of the Ocean*, for sea levels rose higher than at any time during the past billion years, perhaps as much as 350 metres higher than today. Only 18 per cent of the globe was dry land—82 per cent was under water. These excessively high sea levels were the result of increased spreading activity—new oceans, new ridges, and faster spreading rates all meant that the mid-ocean ridge systems collectively displaced a greater volume of water than ever before. Global warming was far more extreme than today. Temperatures in the ocean rose to around 30°C at the equator and as much as 14°C at the poles. Ocean circulation was very sluggish.

In these extreme conditions the oceans became dangerously low in oxygen. Several periods of near oxygen starvation occurred, globally or at least semi-globally. These are known as *ocean anoxic events*, during which large quantities of undecayed organic matter were preserved in seafloor sediments. Wherever we have drilled into sediments of this age beneath the ocean floor or, indeed, where rocks of this age are now exposed on land, we encounter dark grey rocks called black shales. Over half the world's oil reserves have been generated from these rich source rocks. There then followed a long period of warm, tranquil seas dominated by a profusion of plankton and a diverse animal life. This stability ended dramatically 65 million years ago in another mass extinction event, in which some

50 per cent of known species disappeared—including the dinosaurs on land.

Sea levels fell, global cooling set in, and the continents continued to break up. Antarctica separated from Australia, and drifted across the South Pole, taking up more or less its present position. India had already detached and begun a slow northward drift. Between 60 and 50 million years ago the leading edge of this detached Indian plate began to collide with the northern landmass of Laurasia. Before long, a full continent–continent collision ensued and a new mountain range began to emerge—the Himalayas. This is Earth's highest mountain chain, claiming all ten of the world's peaks in excess of 8000 metres. It even has parts of the early Tethys Ocean floor, thrust up and over the rising mountains, and exposed at the surface today—for example, at the 8500 metre summit of Mount Makalu, a neighbour of Everest on the border between Nepal and Tibet.

As India collided with China, so Africa closed in on central and western Eurasia and South America drifted towards its northern counterpart. The Tethys Ocean slowly disappeared, and only slithers of rock from its former floors are now caught up in the Himalayas, in China, and in the Middle East. In a final twist of its fate, the last remnants of the Tethys became an irregularly shaped landlocked water body roughly similar to the present-day Mediterranean and Black Sea at about 6.5 million years ago. This remnant ocean repeatedly evaporated to dryness and then reflooded over a period of one million years, leaving behind an extensive layer of evaporite sediment (mainly gypsum and halite) that is up to 2000 metres thick in places. Eventually a stable connection with the Atlantic Ocean was established through the Straits of Gibraltar and normal marine conditions ensued.

Chapter 3
Ocean floor

The jigsaw puzzle of tectonic plates and their movement about the Earth determines the nature and shape of the seafloor. This is as varied as it is variable—boasting the world's longest mountain chain and its deepest chasm, valleys that would swallow the Grand Canyon, and vast lifeless plains twice the size of Sahara. But all these features change with time and patterns of change are forever cyclic, though the time scales vary and the past is never exactly repeated. The plate tectonic cycle, as outlined in Chapter 2, is the longest of these, and closely linked with the cycle of the rocks, from continent to ocean to the Earth's interior and back. The flux of sedimentary materials into and through the oceans is complex, at times sudden and catastrophic, otherwise slow and continuous. This chapter examines the morphology of the ocean floor, its composition, sediment cover, and cycles of change.

In the late 1980s, I led an international scientific expedition with Jim Cochran (of Lamont-Doherty Geological Observatory in the USA) for which we took the *JOIDES Resolution* scientific drillship to the middle of the Indian Ocean. Having surveyed the nature of the seafloor and what lay beneath, using seismic imaging, we selected three representative sites and drilled into the most distant part of the world's largest deep-sea fan (the Bengal Fan). This gigantic sedimentary deposit, which extends 3000 kilometres from the Ganges Delta to somewhere south of the equator at a water depth of over 5000 metres, has been growing ever since the Himalayas began to push upwards. Our deepest hole penetrated 1000 metres below the seafloor, reaching back to sediment eroded from the Himalayas some 18 million years ago. By analysing the composition of the sediment column above this, we unravelled a picture of progressive denudation of this mountain range. Today, what was originally the deep core of the Himalayas is exposed at its summit. We also found that the sediment cover and the ocean crust below were being slowly buckled and deformed into a regular pattern of enormous folds, as a result of the intense pressure built up as the Indian plate continues to push into the Eurasian plate. The ocean floor is varied and complex.

Shape of the seafloor

The land–ocean boundary is known as the shoreline. Seaward of this, all continents are surrounded by a broad, flat continental shelf, typically 10–100 kilometres wide, which slopes very gently (less than one-tenth of a degree) to the shelf edge at a water depth of around 100 metres. Beyond this the continental slope plunges to the deep-ocean floor. The slope is from tens to a few hundred kilometres wide and with a mostly gentle gradient of 3–8 degrees, but locally steeper where it is affected by faulting. The base of slope abuts the abyssal plain—flat, almost featureless expanses between 4 and 6 kilometres deep. The oceans are compartmentalized into abyssal basins separated by submarine mountain ranges and plateaus, which are the result of submarine volcanic outpourings.

Those parts of the Earth that are formed of ocean crust are relatively lower, because they are made up of denser rocks—basalts. Those formed of less dense rocks (granites) of the continental crust are relatively higher. Seawater fills in the deeper parts, the ocean basins, to an average depth of around 4 kilometres. In fact, some parts are shallower because the ocean crust is new and still warm—these are the mid-ocean ridges at around 2.5 kilometres—whereas older, cooler crust drags the seafloor down to a depth of over 6 kilometres. The mid-ocean ridges are cut through by deep, almost linear gashes known as fracture zones, which can be over 100 kilometres long. Where ocean crust plunges into long, narrow trenches at subduction zones, the floor of the ocean can drop away to a water depth of over 9 kilometres—and a maximum of 10,924 metres in the Challenger Deep of the western Pacific Marianas Trench.

Isolated volcanic seamounts rise from the deep seafloor, in some cases piercing through the sea surface to form small remote islands, such as the many favourite holiday destinations scattered across the Pacific and Indian Oceans.

Seafloor sediments

The seafloor is almost entirely covered with sediment. In places, such as on the flanks of mid-ocean ridges, it is no more than a thin veneer. Elsewhere, along stable continental margins or beneath major deltas where deposition has persisted for millions of years, the accumulated thickness can exceed 15 kilometres. These areas are known as sedimentary basins—the repository of much hidden wealth, both economic and historical.

All sediments are made up of discrete particles of material that accumulate with time in distinct layers at the surface of the Earth (Table 2). Some are deposited on land, most at sea. With the passage of time and continued accumulation, older sediment is buried to greater and greater depths. Under the high temperatures and pressures that result from burial, individual grains are compacted ever more tightly until, at a burial depth of one or more kilometres, they begin to fuse together. Pore fluids are squeezed outwards and upwards to escape the ever-increasing pressure, and certain minerals precipitate out and act as a cementing agent binding together the once separate particles.

Table 2 Principal rock types

Igneous Rocks	
Origin	Cooling and crystallization of molten rock (magma)
Examples	Plutonic rocks: granite, diorite, gabbro Volcanic rocks: rhyolite, andesite, basalt, pumice, obsidian
Metamorphic Rocks	
Origin	Recrystallization of pre-existing rocks at high pressures and temperatures
Examples	Slate, schist, quartzite, hornfels, gneiss, marble
Sedimentary Rocks	
Origin	Deposition of particulate material from pre-existing rocks, organisms, and dissolved chemical salts
Terrigenous	Land-derived, from erosion and weathering of pre-existing rocks Examples: sandstone, conglomerate, mudstone, shale
Biogenic	Biological origin, from broken up fragments of organisms Examples: limestone, chert, phosphorite, coal
Chemogenic	Chemical origin, from precipitation of dissolved salts in seawater Examples: halite, gypsum, manganese nodules, ironstone, tufa, travertine
Volcanogenic	Volcanic origin, from fragmented volcanic/igneous rocks Examples: volcanic ash, volcanic tuff, pyroclastite, ignimbrite

Many different types of sedimentary material find their way into the ocean basins. Terrigenous material is derived primarily from the physical and chemical weathering of pre-existing rocks—igneous, metamorphic, and sedimentary alike. This debris is delivered to the ocean via rivers, coastal erosion, floating ice, and as wind-blown dust and yields gravel, sand, silt, and clay (mud) deposits common throughout the oceans. Upon lithification these sediments become conglomerates, sandstones, and mudstones.

Biogenic material, produced from living organisms, includes both hard shells and soft organic tissue. It is supplied to the seafloor from copious amounts of plankton in surface waters as well as the break-up of reefs and shell banks. Various types of limestone and a tough silica rock (chert or flint) are the end result. Where soft organic remains dominate, then black shale and coal are eventually formed.

Chemogenic particles are those derived from the wide range of dissolved chemicals in ocean water. A steady-state chemistry is maintained in the oceans, subject always to large material flux in and out of solution. Where these conditions change, then the more common chemicals are likely to precipitate out of solution. Coastal lagoons or shallow seas partially cut off from the global ocean can rapidly become salt pans if climatic conditions lead to an excess of evaporation over precipitation. Natural salts (halite) and gypsum are the result. Other physico-chemical conditions locally favour the precipitation of iron, manganese, and a host of other metals as nodules, crusts, and chimney edifices in the deep sea.

The map of sediment distribution in the global ocean reveals an intriguing pattern (Figure 8). Whereas some features are readily understood in terms of different sediment types and supply routes, other aspects are much less obvious. That the continental margins, including deltas and submarine fans seaboard of major rivers, are composed of terrigenous sediments is a clear reflection of this material being eroded and supplied from the continent. Likewise, glacigenic sediments clearly dominate high-latitude seas. But why is calcareous biogenic sediment more common in the central part of the Atlantic and Indian Oceans, and over certain broad tracts of the Pacific? And why are there three broad latitudinal bands of siliceous oozes? The answers lie in the complex nature of productivity and preservation in the oceans.

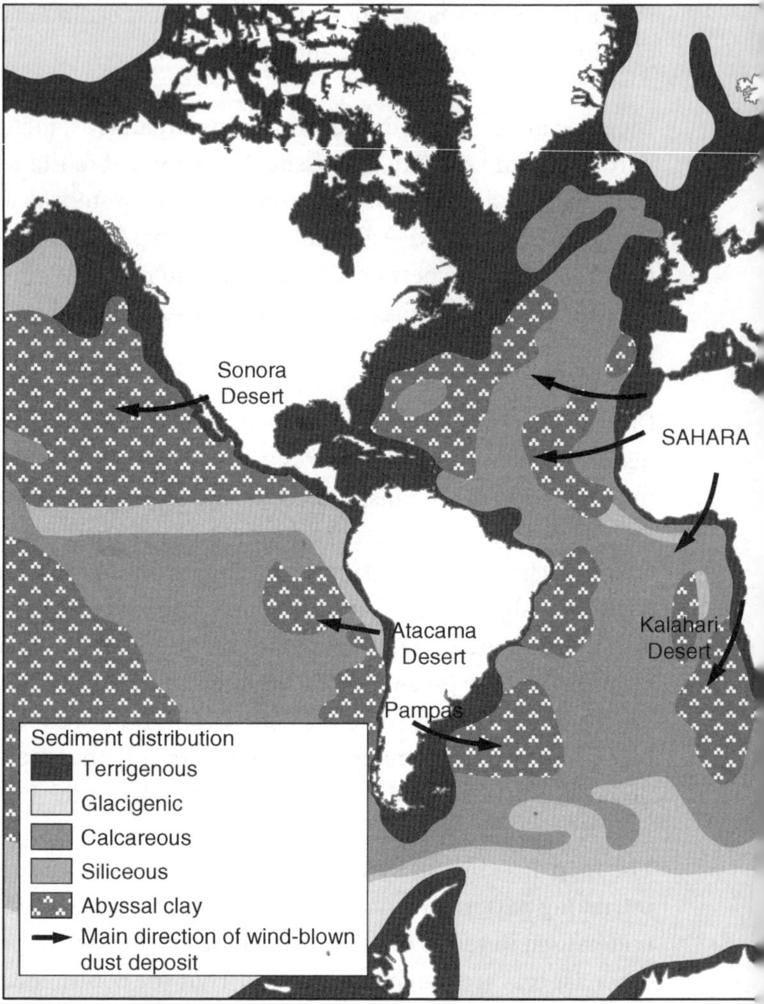

8. Pattern of sediment distribution on seafloor.

Planktonic organisms (the result of primary productivity in the surface waters) supply both calcareous and siliceous skeletal hard parts as a steady rain to the seafloor. But at a certain depth in the water column, currently around 4.5 kilometres in the Atlantic, the bottom water becomes more acidic and dissolves any calcareous material that sinks this far. Calcareous oozes, therefore, can only be preserved where the depth of the seafloor lies above what is known

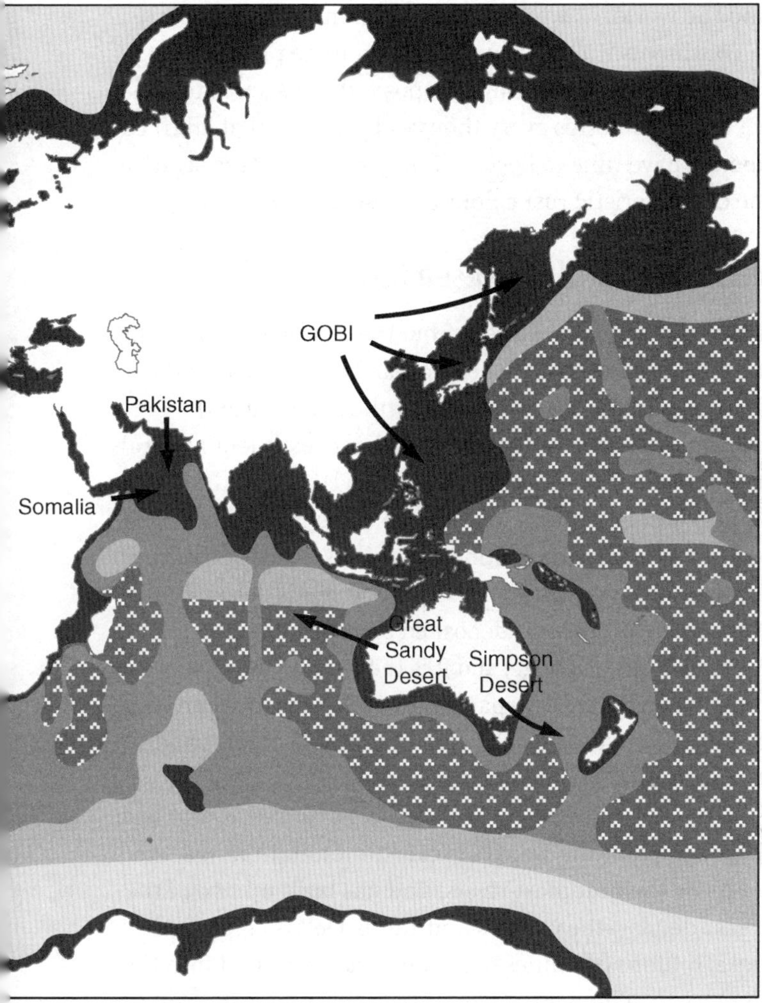

as the *carbonate compensation depth*, which explains their distribution over more elevated regions of the seafloor. Siliceous skeletons are even more soluble in seawater and will only reach the seafloor and be preserved as sediment if they are produced in sufficient quantities to completely swamp the system. This can occur beneath surface zones of especially high primary productivity—in a broad equatorial belt, and in two high-latitude belts around the world, as well as in shelf regions on the western margins of continents. In the deepest, most remote parts of the ocean basins, only abyssal red clay is deposited. This accumulates at rates of a few millimetres every thousand years, so that all traces of iron minerals have time to become fully oxidized on the seafloor yielding the characteristic rust colour of these abyssal clays.

Canyons, slopes, and deep-sea fans

The transfer of terrigenous sediment from the continents across the continental shelf and slope to the deep-ocean basins is part of the sedimentary cycle. Rocks are eroded under the chemical and physical influence of water and break into their constituent minerals and grains. These are washed by rivers towards lakes and the sea, rounding and grinding as they move. Ocean currents further polish and sort sediments across the continental shelves, while submarine slides and flows eventually transport sands and muds deep into the ocean basins. When sediment is deposited on the seafloor it still holds water, rather like a sponge, and it is the cycling of millions of litres of water through the pore spaces between individual particles that eventually leads to the precipitation of mineral cements and lithification into a hard sedimentary rock.

It is not surprising that the world's greatest mountain range, the Himalayas, feeds the muddiest rivers, and has built up two of the world's largest deltas—the Ganges and Indus Deltas (Figure 9). Beyond these, billions of tonnes of sediment are emptied into the deep Indian Ocean. The Bengal Fan, a gigantic submarine delta, is the world's single largest sediment body. It covers an area of over 1 million square kilometres and reaches a maximum thickness of at least 15 kilometres, thinning to a feather edge 3000 kilometres out into the Indian Ocean.

Four main types of slope make up the ocean margins, each characterized by different morphology and processes. The first is smooth and gentle, typically swept by the action of contour-hugging

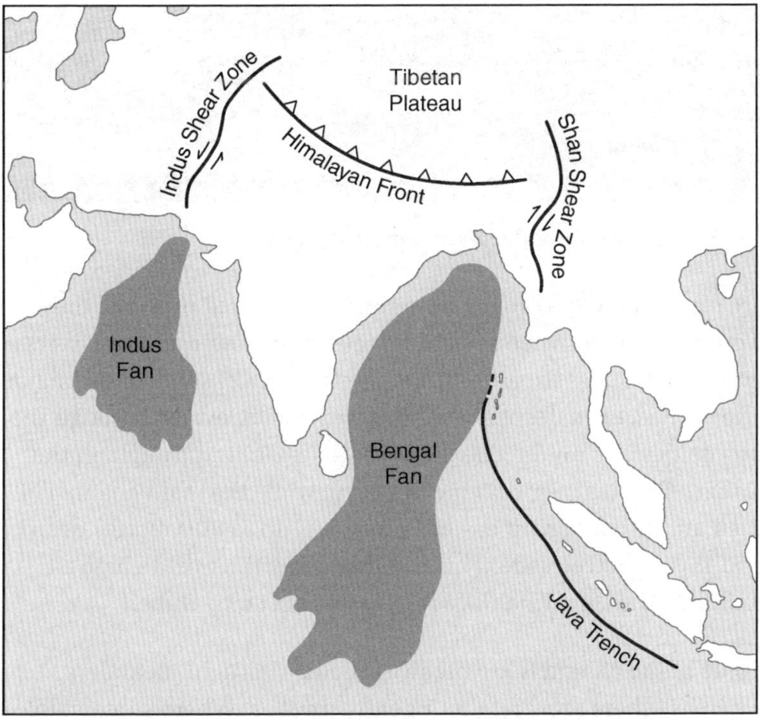

9. Bengal and Indus submarine fans, north-east Indian Ocean.

bottom currents. The second type is steep and rugged, with gradients over 10° and locally more than 45°. These are found off coral reefs and carbonate banks, and also where major faulting has accentuated the slope angle. The third type is irregular in surface morphology and quite gentle (say 5–10° gradients). They are characterized by submarine slides and mudflows as a result of great instability due to earthquakes and volcanism. They occur along active (convergent or transform) continental margins and where there has been very rapid build-up of thick sediment piles from glaciomarine or riverine supply. The fourth type is dissected by channels of all different sizes, shapes, and styles.

These channels are the principal conduits for transporting sediment to the deep oceans. In some cases we can see where they

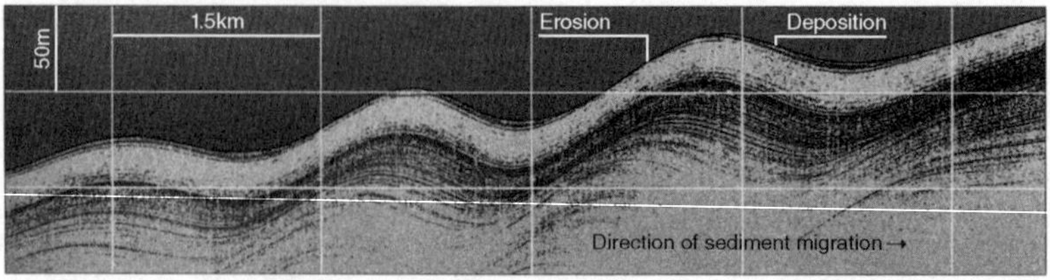

10. Seismic profile of deep-sea sediment waves.

are clearly linked to an onshore river system, and presume they were first carved when sea levels were much lower and the rivers flowed out across broad continental shelves. Off some of the major river deltas, even deeper troughs have been excavated through the pro-delta slope muds. The Swatch-of-No-Ground trough off the Ganges Delta is over 600 metres deep, while the main channel of the Laurentian Fan off eastern Canada is up to 800 metres deep and 15 kilometres wide. This could swallow the world's highest building, the Burj Khalifa, as well as its host city, Dubai!

Some of the channels are highly sinuous with tight meanders, whereas others are straight or gently sinuous. Where submersible dives have reached the bottom of such channels or core samples have been recovered from their narrow floors, coarse gravel and sand have often been observed. The channel levees or overbank regions, by contrast, are built up of thick, well-layered deposits of fine silts and clays, material that has spilled out of the channel during the passage of a giant flow—a submarine river flooding its banks. Some remarkable images across these channel overbank areas show huge fields of regularly spaced giant sediment waves (Figure 10). The wavelength is typically between 1 and 2 kilometres, while the amplitude is several tens of metres.

Hidden currents of the deep

Much is still to be learned about the processes that move material from the basin margins downslope, either through the many channel systems or across the slope by some other means. One important and common process on most slopes is that of submarine slides and slumps. It involves the sudden downslope displacement of the upper layers of sediment along a basal shear plane. Single slide masses range from very small localized displacements to very large bodies that may be as much as several hundred metres in thickness and over 100 cubic kilometres in volume. Examples of such catastrophic slides at sea have involved the complete loss of a drilling platform with all hands on board off the Mississippi Delta, the removal of half the new runway at Nice Airport in southern France and its sliding downslope into the Mediterranean Sea, and the overnight disappearance of a Ukrainian village from the Crimean Peninsula into the Black Sea. Such large-scale slides generally lead to the generation of major tsunamis and further disastrous effects around the periphery of semi-enclosed basins. The destruction of the Minoan civilization on Crete some 3500 years ago is believed to have resulted from a combination of explosive volcanism on the island of Santorini, followed by submarine sliding around the flanks of the caldera and the generation of devastating tsunamis.

During particularly chaotic slide events, much seawater is ingested by the moving mass so that it becomes much less coherent and more lubricated. Debris flows and turbidity currents are the result. Turbidity currents are believed to be one of the most common processes of the deep-sea environment although, paradoxically, a full-sized prototype has never yet been observed in nature. The process remains a phantom of the deep about which we have pieced together a great deal of information from their dramatic effects—the regular breaking of submarine telegraph cables, and their deposits—turbidites. The larger turbidity currents, generated from gigantic basin-margin slides, may reach over 500 metres in thickness, 10 kilometres in length, and speeds of over 70 kilometres per hour, and eventually deposit a 2-metre-thick layer of sand and mud over an area the size of France or the State of Texas, for example. Jim Cochran and I found exactly this type of mega-turbidite deposit when we drilled on the Bengal Fan in the central Indian Ocean.

Chapter 4
Chemical broth

The Earth is a single unity linked everywhere by oceans and seas. The remarkable properties of the simple water molecule have not only coloured the planet blue when viewed from outer space, but also allowed Earth to retain its hydrosphere and all its cycles, the seas to develop their saltiness and hierarchy of tiers, and life to develop and flourish. Water is a super-solvent, absorbing gases from the atmosphere and extracting salts from the land. About 3 billion tonnes of dissolved chemicals are delivered by rivers to the oceans each year, yet their concentration in seawater has remained much the same for at least several hundreds of millions of years. Some elements remain in seawater for 100 million years, others for only a few hundred, but all are eventually cycled through the rocks. The oceans act as a chemical filter and buffer for planet Earth, control the distribution of temperature, and moderate climate. Inestimable numbers of calories of heat energy are transferred every second from the equator to the poles in ocean currents. But, the ocean configuration also insulates Antarctica and allows the build-up of over 4000 metres of ice and snow above the South Pole. This chapter considers ocean chemistry and physics.

I am not a chemical oceanographer, but I do use the chemical and physical signature of seawater, captured in the composition of microscopic plankton, to decode and explain past changes in ocean temperature and circulation. As a PhD student of Dalhousie University in Canada, I spent many hours with a microscope counting the tiny coiled shells of *Globigerina pachyderma*—a particular species of planktonic foraminifera. Those that coiled to the right (dextral) lived in warm waters, as recovered from the surface sediments today. Those that coiled to the left (sinistral), recovered from deeper within my sediment cores, had lived in much colder waters of the past ice ages. I could therefore date the other changes seen in the sediments in relation to past glacial and interglacial climates.

Science has moved on (thankfully), so there is now a barrage of sophisticated chemical and other analyses that can be made on the skeletons of foraminifera, rather than counting their coiling direction. A few years ago, I sailed with Dave Hoddell of Cambridge University to drill a series of deep wells into the continental slope muds off south-west Portugal. Now, after tens of thousands of analyses made on samples of the sediments recovered in different laboratories across the world, we have the world's most complete marine record of climate change over the past 1.8 million years. This has only become possible because we have learned so much more about ocean chemistry, how it responds to climate change, and how it influences the chemical make-up of marine life.

Why the sea is salty

It is perhaps unsurprising that the substance that makes the Earth unique has a very simple and well-known chemistry. Water (H_2O) is made up of two parts hydrogen, the most abundant element in the universe, and one part oxygen, an element that accounts for nearly half the weight of the Earth's crust. But the way in which these elements combine yields a common substance with rare and remarkable properties that are crucial in determining physical and chemical conditions across the surface of the world.

The oceans formed early in the planet's history as water escaped from the crust and mantle through the process of outgassing and as a rain of cometary particles bombarded Earth. The composition of the first seas was mostly one of freshwater together with some dissolved gases. Today, however, the world ocean contains over 5 trillion tonnes of dissolved salts, and nearly 100 different chemical elements, including some 5.5 billion kilograms of gold. If the oceans' water evaporated completely, the dried residue of salts would be equivalent to a 45-metre-thick layer over the entire planet. Marine chemists aim to understand the nature of ocean salinity and the flux of elements into and out of solution. The chemical compounds that form the building blocks of life—carbon, nitrogen, phosphorus, hydrogen, and oxygen, as well as several essential trace elements—all occur in water. How and when did they get there? And do they remain in constant proportions? The global cycling of these elements is both extremely complex and vital for life to continue to flourish.

The super-efficiency of water as a solvent is due to an asymmetrical bonding between hydrogen and oxygen atoms (Figure 11). The resultant water molecule has an angular or kinked shape with weakly charged positive and negative ends, rather like magnetic poles. This polar structure is especially significant when water comes into contact with substances whose elements are held together by the attraction of opposite electrical charges. Such ionic bonding is typical of many salts, such as sodium chloride (common salt) in which a positive sodium ion is attracted to a negative chloride ion. Water molecules infiltrate the solid compound, the positive hydrogen end being attracted to the chloride and the negative oxygen end to the sodium, surrounding and then isolating the individual ions, thereby disaggregating the solid. An apparently simple process, but extremely effective.

The rain that falls on land as part of the water cycle, from the very first that ever fell on Earth to the present time, actively dissolves a multitude of chemicals from the rocks. Those elements that are

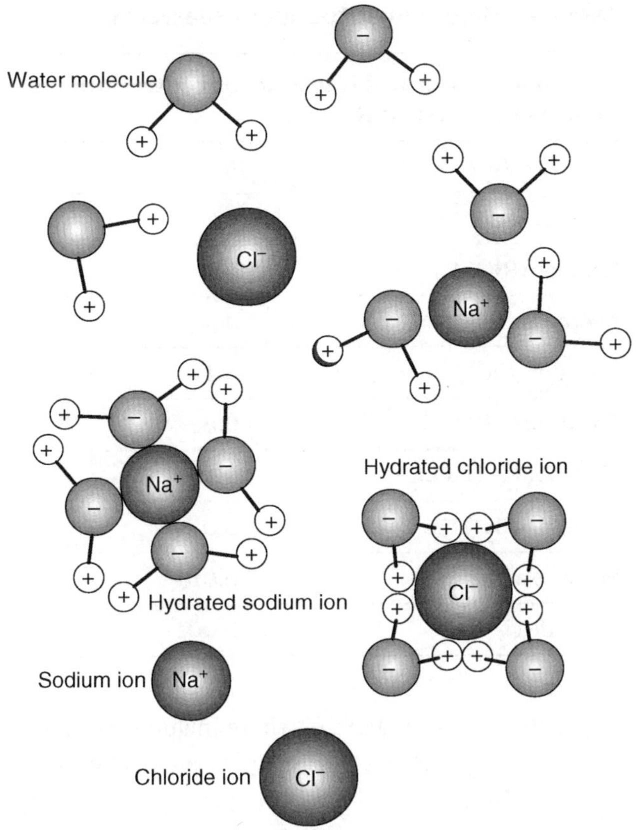

11. Chemical properties of water.

easily disaggregated, rather than the more abundant, are leached in greater amounts. Certain gases in the atmosphere, notably carbon dioxide and sulphur dioxide, are dissolved in the water droplets as they fall, so forming weakly acidic rain. This is an even more effective solvent than pure water. Over many aeons, the oceans slowly accumulated dissolved chemical ions (and complex ions) of almost every element present in the crust and atmosphere. Outgassing from the mantle from volcanoes and vents along the mid-ocean ridges contributed a variety of other elements, including juvenile (new) water. Most elements, apart from hydrogen and oxygen, are present in extremely small

Table 3 Major constituents of seawater

Principal chemical solute and concentration in parts per thousand	
Chloride (Cl^-)	19.3
Sodium (Na^+)	10.7
Sulphate (SO_4^{2-})	2.7
Magnesium (Mg^{2+})	1.3
Calcium (Ca^{2+})	0.41
Potassium (K^+)	0.38
Bicarbonate (HCO_3^-)	0.14
Bromide (Br^-)	0.065
Strontium (Sr^{2+})	0.013
Fluoride (F^-)	0.001

amounts (parts per thousand, ‰)—these include sodium, chlorine, magnesium, sulphur, calcium, potassium, and carbon. The next five most common are measured in parts per million (ppm), whereas all the rest are present only as trace elements.

The total concentration of dissolved (inorganic) substances in water is referred to as its salinity. This varies from about 3.3 per cent to 3.7 per cent by weight (or 33–37‰), depending on local factors such as precipitation, evaporation, and riverine influx. The average is 3.5 per cent (35‰) and has remained more or less constant for as long as measured records are available and, in fact, has changed little for the past 200 to 300 million years (Table 3). But this poses a conundrum—why doesn't the ocean get progressively saltier as a result of continued riverine input and outgassing from mid-ocean ridges? There is also a related puzzle—why is the chemistry of river water so different from that of seawater? Rivers typically contain a much larger proportion of rock-derived elements (silicon, calcium, magnesium, iron, and aluminium).

Cycles and sinks

The abundance of water on Earth and its occurrence in multiple forms is unique in the solar system. The storage of water and its transfer between different forms and reservoirs is known as the hydrological cycle. This is the single largest sink for incoming solar radiation, and has the greatest effect on life, climate, and the shape of the land. The dominant reservoir is the ocean and its marginal seas, housing over 90 per cent of Earth's water. The second principal reservoir is subsurface water—some held in soils and rocks, but most residing in the tiny pore spaces of sediment that still remain open down to several kilometres beneath the seafloor. Ice sheets, glaciers, and snow hold most of the world's freshwater, with only a very small fraction cycling through the atmosphere, rivers, and lakes.

Water everywhere is constantly on the move. Solar energy causes large-scale evaporation from the oceans, lakes, and rivers, as well as evapotranspiration from plants on land. Atmospheric winds disperse water vapour across the globe until it cools and condenses, falling back to the surface as rain or snow. Some 80 per cent of the rain falls directly back into the ocean, the rest eventually finding its way back via rivers and groundwater flow. The average time a single molecule of water remains in any one reservoir varies enormously. It may survive only one night as dew, up to a week in the atmosphere or as part of an organism, two weeks in rivers, and up to a year or more in soils and wetlands. Residence times in the oceans are generally over 4000 years, and water may remain in ice caps for tens of thousands of years.

Although the ocean appears to be in a steady state, in which both the relative proportion and amounts of dissolved elements per unit volume are nearly constant, this is achieved by a process of chemical cycles and sinks. The input of elements from mantle outgassing and continental runoff must be exactly balanced by their removal from the oceans into temporary or permanent sinks. The principal sink is the sediment and the principal agent removing ions from solution is biological.

Many elements are removed directly into the sediment by absorption on to clay particles as they fall through the water column or lie on the seafloor, and by the chemical precipitation of ferro-manganese nodules, black-smoker vents, and evaporite sediments along arid shorelines. As sediment lithifies into rock, more chemical elements are bound up as cement. Some sediment as well as water is lost back into the mantle at subduction zones, much of which is subsequently uplifted into mountain ranges on land, so that the cycle of weathering, dissolution, and runoff begins again.

There are now sufficient data that we can build up a semi-quantitative measure of the rates at which different elements are added to or removed from the ocean reservoir. It is therefore possible to calculate the average length of time an element spends in the ocean (its residence time) from the relationship:

$$\text{Residence time} = \frac{\text{Amount of element in the ocean}}{\text{Rate of addition / removal from the ocean}}$$

The residence times of different elements vary enormously from tens of millions of years for chloride and sodium, to a few hundred years only for manganese, aluminium, and iron. Ocean water itself has a residence time of around 3500 years, as determined from measured rates of evaporation, precipitation, and runoff. As the Earth's oceans are more than 4 billion years old, we can infer that, on average, individual water molecules have cycled through the atmosphere (or mantle) and returned to the seas more than a million times since the world ocean formed.

The data on chemical residence times are of great practical significance. As pollution of the global ocean accelerates, with ever-increasing volume and variety of anthropogenic input—lead from petrol, mercury, and other heavy metals, radioactive elements, pesticides, petroleum, plastics, sewage, and acid rain—it is important that we know the effects this will have and the timescales involved. Natural oil seepage was once the dominant input of immiscible petroleum to seawater, mostly finding its way quickly back into the sediment or washed up along the shoreline. Transport and waste discharge now equal or exceed the natural supply, but the ultimate sink remains the same. Deep ocean floor sediments are actively being considered as safe ultimate repositories for radioactive wastes and other highly toxic products. But research shows clearly the active cycling of water and chemicals through the sediments and the potential for rapid leaching from burial waste. All these aspects need further investigation.

One of the most fundamental exchanges between the ocean and atmosphere, from the viewpoint of life on Earth, is that of carbon dioxide. The plants and animals that live in the ocean are very sensitive to the chemistry of seawater, including the amount of dissolved carbon dioxide. This is more than sixty times that in the atmosphere. All marine plants (as well as land plants) take in carbon dioxide during the process of photosynthesis and release oxygen. During animal respiration, the reverse is true, so that all animals take in oxygen and breathe out carbon dioxide. From natural sources, vast quantities are delivered to the oceans daily as rainfall. Human pollution, principally from burning fossil (carbon-based) fuels, provides additional input to the oceans of an estimated 3 billion tonnes of carbon dioxide per year.

Any large excess of acid rain falling into freshwater rivers and lakes rapidly increases their acidity until they become barren of life. However, the effect of that falling at sea is moderated due to a series of reactions involving carbon dioxide and the water molecule that serve to buffer the effects of any major increase or decrease in the carbon dioxide content of the oceans. Until recently, these processes have maintained seawater as a mildly alkaline solution, with an average pH value of 7.8 and a range generally between 7.5 and 8.4. There is now a serious trend towards ocean acidification (lower pH values) as a direct result of the increased atmospheric concentration of carbon dioxide. The weakly alkaline nature of seawater is very beneficial for plants and animals that make carbonate shells, as more acidic solutions readily dissolve carbonate, and also for the formation of many complex compounds that make up living organisms.

Ocean temperature

The remarkable physical properties of water are even more fundamental to life on Earth than its chemical efficiency as a super-solvent. They prevent extreme temperature ranges over much of the planet by acting as a global thermostat, inhibit instantaneous vaporization of the oceans, engage in all life processes, and ensure that water is the dominant component of living organisms.

Because of its polar structure and hydrogen bonding between individual molecules, water has both a high capacity for storing large amounts of heat and one of the highest specific heat values of all known substances. This means that water can absorb (or release) large amounts of heat energy while changing relatively little in temperature. Beach sand, by contrast, has a specific heat five times lower than water, which explains why, on sunny days, beaches soon become too hot to stand on with bare feet while the sea remains pleasantly cool.

Solar radiation is the dominant source of heat energy for the ocean and for the Earth as a whole. The differential in solar input with latitude is the main driver for atmospheric winds and ocean currents. Both winds and especially currents are the prime means of mitigating the polar–tropical heat imbalance, so that the polar oceans do not freeze solid, nor the equatorial oceans gently simmer. For example, the Gulf Stream transports some 550 trillion calories from the Caribbean Sea across the North Atlantic *each second*, and so moderates the climate of north-western Europe. Any small change in the global atmosphere–ocean regime induced by human or natural causes can have a significant impact on heat transfer and therefore on regional climate.

A dramatic natural example of this impact was the opening of the Drake Gateway as South America drifted away from Antarctica, coupled with the opening of the Tasman Gateway south of Australia. Both these events occurred around 25–30 million years ago, allowing the onset of the Antarctic Circumpolar Current and hence complete isolation of the Antarctic continent from the warming effects of the tropical ocean. This was probably the principal cause of prolonged global cooling that led to an icehouse Earth and the recent ice ages.

Colours of the ocean

From space, both the atmosphere and ocean are mainly blue, apart from reflective white clouds and brown-yellow plumes of river-borne sediment near the coast. But for anyone who has spent time at sea or indeed walking along its extensive coastline, the sea in reality is a chameleon of colour change. But first, why is it mostly blue?

The sunlight incident on the sea has a full spectrum of wavelengths, including the rainbow of colours that make up the visible spectrum (Figure 12). The longer wavelengths (red) and very short (ultraviolet) are preferentially absorbed by water, rapidly leaving near-monochromatic blue light to penetrate furthest before it too is absorbed. The dominant hue that is back-scattered, therefore, is blue. In coastal waters, suspended sediment and dissolved organic debris absorb additional short

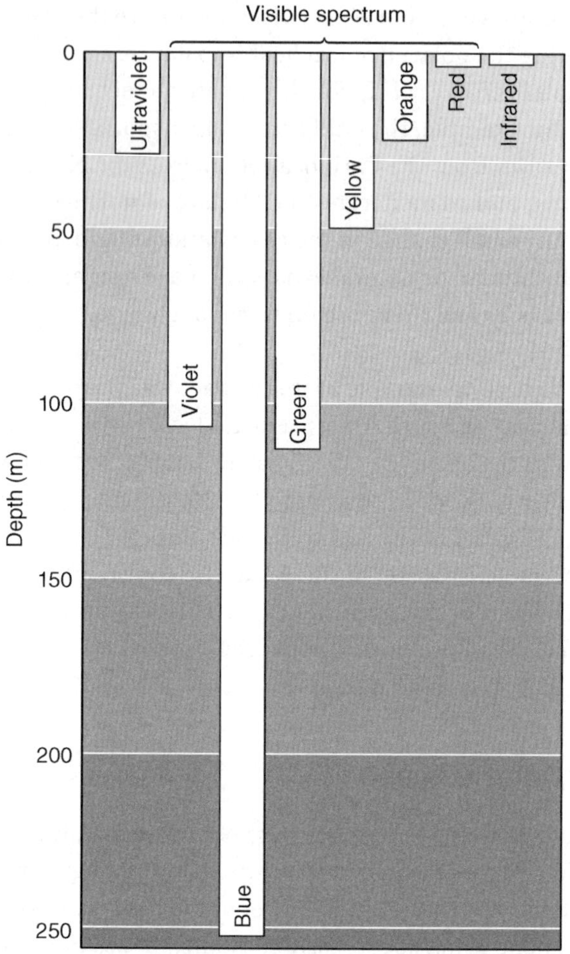

12. Underwater light.

wavelengths (blue) resulting in a greener hue. The crystal lattice structure of ice behaves in a similar way, yielding the green-coloured cliff faces of Antarctic ice shelves and floating icebergs.

Microscopic phytoplankton in surface waters utilize sunlight for photosynthesis. But, as sunlight of all wavelengths is rapidly absorbed, even in the clearest waters, photosynthesizing organisms cannot live below about 100 metres. This is the photic zone, which may be as little as 20 metres in near-shore waters. There is also a twilight zone in the open ocean, with the barest hint of energy from the Sun penetrating up to 750 metres below the surface. Below that the ocean is pitch black, except for scattered bioluminescence generated by the organisms that inhabit this underworld.

Underwater sound

Marine mammals communicate with sound—well known as the often quite complex language and song of cetaceans. A range of invertebrates also make sounds, some crustaceans (such as the mantis shrimp) are known to click their limbs, and cod can grunt. Most fish have lines of sensors along their bodies that pick up vibrations from sound and movement, and many also create sound themselves.

The speed of sound in seawater is about 1500 metres per second, almost five times that in air. It is even faster where the water is denser, warmer, or more salty and shows a slow but steady increase with depth (related to increasing water pressure). There is a zone of minimum sound velocity at around 1000 metres depth, known as the *deep-sound channel* (or SOFAR). Sound generated in this channel is focused by refraction from above and from below and so loses little energy due to dispersion. Whales use this channel to communicate over great distances, and scientific field tests have shown that sound waves can travel for 25,000 kilometres from Australia to Bermuda.

We now have a wide array of scientific instruments for generating and directing sound impulses of different frequencies, and receivers for recording and processing the signals that return. These underwater sonar devices first produced a simple record of bathymetry, usually as a single line beneath the ship's track. Today we use sophisticated, sideways-looking, three-dimensional imagery to map great swathes of seafloor, pushing resolution down to the scale of sediment waves and dunes, submarine telegraph cables, and pipelines. It is these techniques that have been used to survey 120,000 square kilometres of seafloor in the remote south Indian Ocean as part of a coordinated international effort to locate remains of the Malaysian Airlines Flight 370 that went missing in 2014. It is the very first time that most of this area has ever been surveyed. Exploration geophysicists have become equally sophisticated in using sound to look through the water and into the sedimentary record beneath the seafloor in the search for oil and gas.

Even within the water column, we can use sound to provide important information. The Doppler principle—the change in pitch due to relative motion between the sound source and the receiver—is now used in acoustic Doppler current profilers. These yield measurements of current velocities accurate to within 1 centimetre per second for up to 128 different depth slices through a major ocean current up to 1 kilometre in thickness. Such studies have already greatly improved our understanding of otherwise 'invisible' internal waves, which travel along density interfaces within the ocean and break against the continental shelf-edge (Figure 13).

Ocean layers

From top to bottom, the ocean is organized into layers, in which the physical and chemical properties of the ocean—salinity, temperature, density, and light penetration—show strong vertical segregation. This layer-cake structure is always present but variable in its stability and subject to periodic breakdown and cyclic change (Figure 14).

Almost all properties of the ocean vary in some way with depth. Light penetration is attenuated by absorption and scattering, giving an upper photic and lower aphotic zone, with a more or less well-defined twilight region in between. Absorption of incoming solar energy also preferentially heats the surface waters, although with marked variations between latitudes and seasons. This

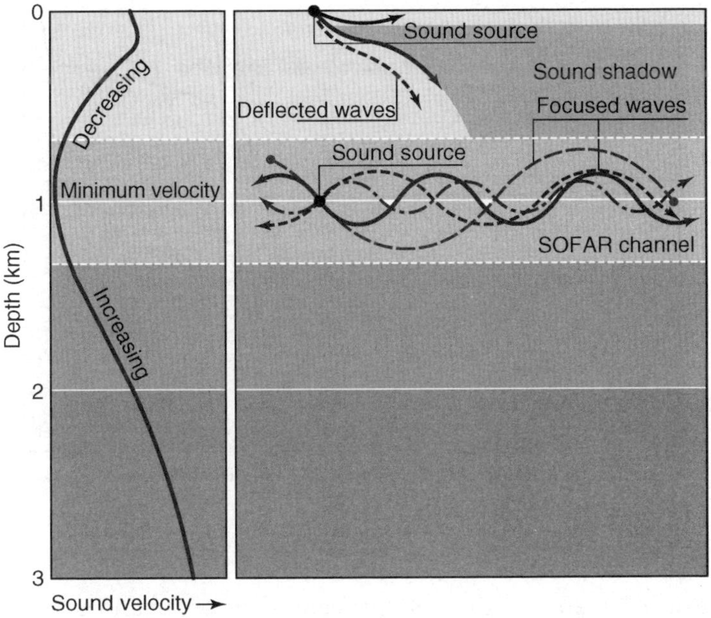

13. Underwater sound.

results in a warm surface layer, a transition layer (the thermocline) through which the temperature decreases rapidly with depth, and a cold deep homogeneous zone reaching to the ocean floor. Exactly the same broad three-fold layering is true for salinity, except that salinity increases with depth—through the halocline.

The density of seawater is controlled by its temperature, salinity, and pressure, such that colder, saltier, and deeper waters are all more dense. A rapid density change, known as the pycnocline, is therefore found at approximately the same depth as the thermocline and halocline. This varies from about 10 to 500 metres, and is often completely absent at the highest latitudes. Winds and waves thoroughly stir and mix the upper layers of the ocean, even destroying the layered structure during major storms, but barely touch the more stable, deep waters.

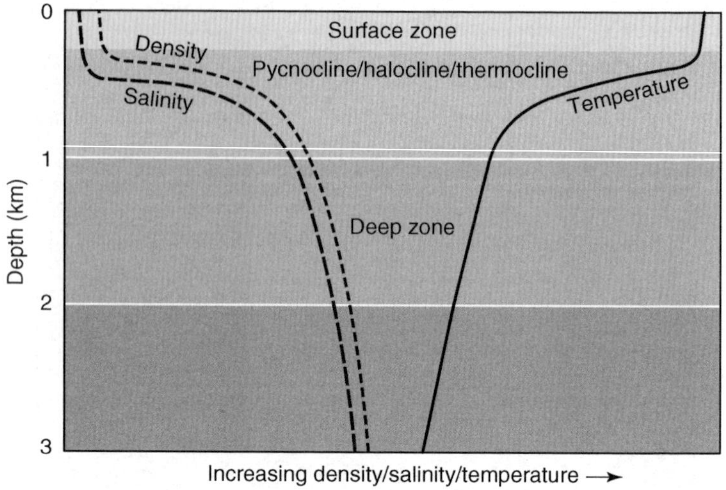

14. Ocean layers.

These deep waters constitute 80 per cent of the ocean and are made up of different water masses, most of which are generated at high latitudes by the cooling and sinking of polar waters, which then spread out at depth towards the equator. Depending on just where they are formed (Arctic, Antarctic, Labrador, or Greenland Seas, for example) and how much subsequent mixing has taken place, their properties differ. The coldest, most saline waters, formed around Antarctica, are the densest and hence form the deepest layer in the oceans. Above this, the layer-cake structure of the water column is complex and variable.

But the layer which is perhaps of greatest importance is also that which is most difficult to study, for it is a microlayer at the sea surface only a few millimetres thick. It is through this thinnest of horizons that 70 per cent of the Earth's solar energy is absorbed, most of the rainwater, carbon dioxide, and oxygen are exchanged, and enormous volumes of particulate matter and pollutants are passed. The consequent influence on the ocean–climate couple and on the whole of marine life below is highly significant.

Stagnant pools

One effect of layering is isolation of the deep sea from its well-mixed, light and airy surface layer. Plankton blooms at the surface contribute a large volume of dead organic matter to the quieter, deeper waters. The microbial consumption of this material as it falls through the water column depletes dissolved oxygen, leading first to an oxygen-minimum layer, and eventually to a completely anoxic basin, at least below the thermocline or halocline. Such stagnant basins or pools are well known from marginal, semi-enclosed seas, such as the Black Sea, Eastern Mediterranean, or Gulf of California, but are less easily generated in a large open ocean. When and where they do occur, the destruction of organic matter is much reduced so that it accumulates on the seafloor as carbon-rich sediment. This is a significant sink within the global carbon cycle, as well as a future source for generating oil.

Over the past million years there have been at least ten episodes of stagnation in the Eastern Mediterranean, each yielding a thin layer of black carbon-rich sediment (black shale) across the whole basin. During similar periods of the more distant past, known as ocean anoxic events, much larger parts of the global ocean appear to have reached such low levels of oxygen that widespread black shales have accumulated. But the ocean is inherently unstable and such stagnation cannot persist for long before the ocean waters are overturned and oxygen once more introduced into the deep. Layers of black shale are therefore interbedded with layers of pale-coloured, carbon-poor sediment.

Chapter 5
Dynamic ocean

The relentless pounding of waves against a rock-strewn shore and rhythm of tides that sweep back and forth across mud flats and broad sandy beaches are the very heartbeat of the ocean. They have been constant and regular since the oceans first formed 4 billion years ago. For mariners, fishermen, leisure-time sailors, or passengers, the endless motion of the sea surface is an unpredictable force to be reckoned with. There are feared and notorious parts of the ocean that any sailor would prefer to avoid, even in today's world of supreme technology. Ocean currents are many thousand times more powerful than any river on land. Those in the deep ocean are silent and unseen. Here, there are waterfalls without sound, rivers without banks, and storms that rage unnoticed for weeks at a time. This chapter explains the fuzzy logic of ocean dynamics.

It is the dynamics of the sea surface that causes so many people to suffer motion sickness at sea. I am generally little affected, which is one of the reasons I so much enjoy ocean-going expeditions. But everyone has their natural limit, as I found to my cost on one particular voyage to the eastern Pacific Ocean. Mine is prolonged Gale Force 9 on a narrow-hulled ex-navy ship when our survey course took us oblique to the wind and 10-metre waves—the yaw was horrendous, so that most of the crew and all the scientists suffered.

Our findings, on the other hand, were very exciting. We were surveying an area of the seafloor adjacent to the Monterey deep-sea channel, where turbidity currents had overspilled the channel bank as they rounded a meander and deposited a field of gigantic sediment waves—just like ripples in the sand, except that each had a wavelength of around 2 kilometres and a height of 40–50 metres. I published a new theory for their origin from turbidity currents, with a physical oceanographer colleague, Tony Bowen, from Dalhousie University. Such fields of sediment waves are now well known from many parts of the ocean floor and several different theories for their origin exist, testament to the range of currents and processes that operate in the deep sea (Figure 10, Chapter 3).

Energy in motion

Almost all the surface waves we observe are generated by wind stress, acting either locally or far out to sea. Although the wave crests *appear* to move forwards with the wind, this does not occur. Mechanical energy, created by the original disturbance that caused the wave, travels through the ocean at the speed of the wave, whereas water does not. Individual molecules of water simply move back and forth, up and down, in a generally circular motion. This is shown quite clearly by a resting seagull or floating driftwood that bobs up and down as the wave energy passes, but moves only very slightly forwards with each wave (Figure 15).

The greater the wind force, the bigger the wave, the more energy stored within its bulk, and the more energy released when it eventually breaks. The amount of energy is enormous. Over long periods of time, whole coastlines retreat before the pounding waves—cliffs topple, rocks are worn to pebbles, pebbles to sand, and so on. Individual storm waves can exert instantaneous pressures of up to 30,000 kilograms (3 tonnes)

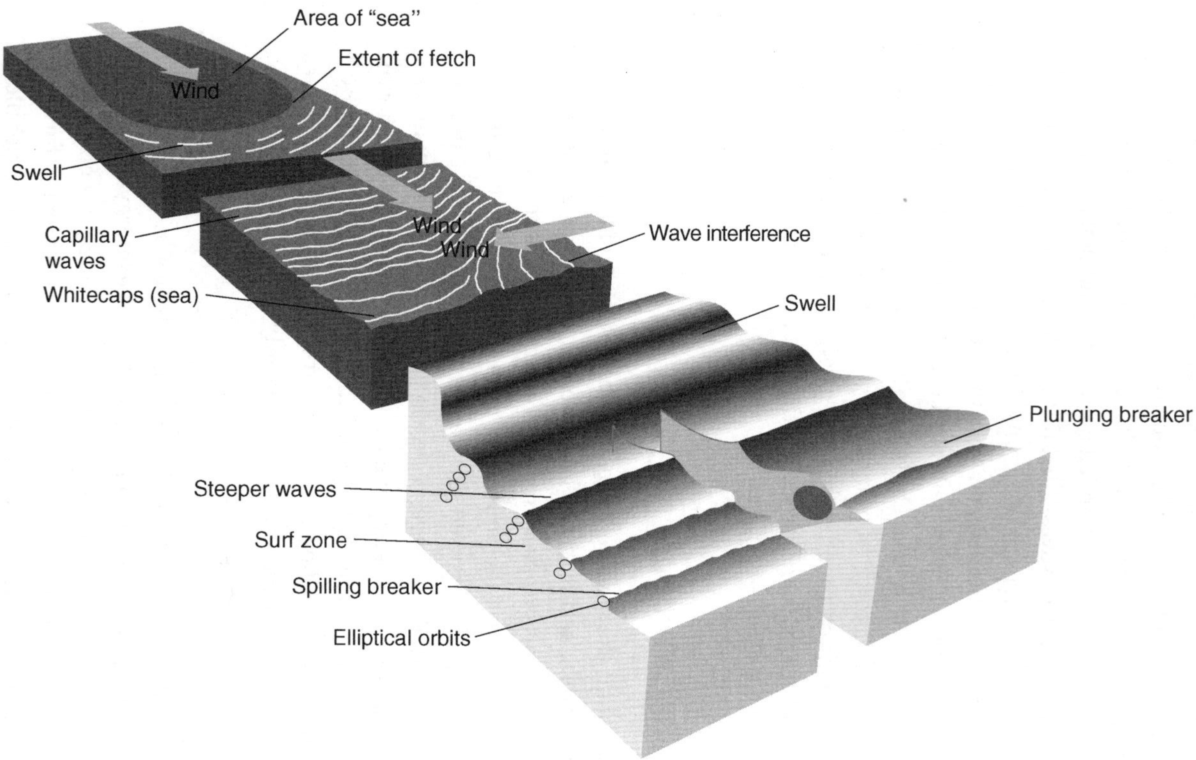

15. Wave generation and types.

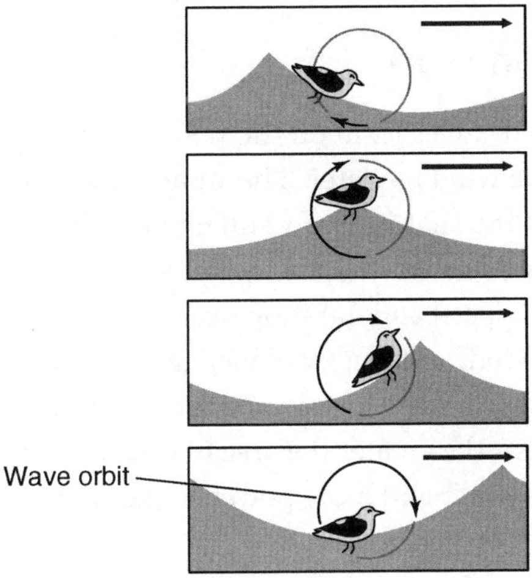

15. Continued.

per square metre. Concrete piers can be removed by a single massive wave; whole houses and villages can be washed away in the course of a major storm. In open waters, even large ships can be tipped over and under, or tossed head over heels and snapped like matchsticks.

The rate at which energy is transferred across the ocean is the same as the velocity of the wave. This can be determined from a simple physical relationship in which:

$$\text{Wave velocity} = \frac{\text{Wavelength (distance between crests)}}{\text{Wave period (time interval between waves)}}$$

On average, successive waves are between 60 and 150 metres apart, and the time period between successive wave crests is 10–15 seconds. It follows from the above relationship that waves typically travel at speeds of 30–40 kilometres per hour, and that waves with a greater wavelength will travel faster than those with a shorter wavelength.

Sea, swell, and surf

Wind-generated waves form on the sea surface by the transfer of energy from the wind to water. The smallest waves formed by a gentle puff of wind that is barely sufficient to break the surface tension are tiny diamond-shaped ripples known as cats' paws. With increasing wind speed and duration over which the wind blows, the wave height, period, and length all increase. The distance over which the wind blows is known as fetch, and is critical in influencing the growth of waves—the greater the area of ocean over which a storm blows, then the larger and more powerful the waves generated.

The three stages in wave development are known as sea, swell, and surf. The state of random choppiness, building to larger but still irregular waves with no systematic pattern, is known simply as sea. As these waves leave the region of fetch where they were generated, the longer waves outpace the shorter ones because their velocity is greater. Gradually, they fall in with other waves travelling at similar speed. Where different waves are in phase they reinforce each other and where out of phase they are reduced in size. Eventually, a regular pattern of high and low waves is developed that remains constant as it travels out across the ocean. This is known as the swell.

The ocean is highly efficient at transmitting energy. Water offers so little resistance to the small orbital motion of water particles in waves that individual wave trains may continue for thousands of kilometres. They decrease in height a little as they lose some energy, but the same regular pattern remains. Major storm waves generated in the Southern Ocean off Antarctica can take nearly a week crossing the Pacific before they break along the shores of Hawaii. Those that miss the islands travel on for another three or four days before they wash ashore on the remote beaches of Alaska. Their size has diminished but the original pattern of swell that first left the Southern Ocean remains intact.

When the wave train encounters shallow water—say 50 metres for a 100-metre wavelength—the waves first feel the bottom and begin to slow down in response to frictional resistance. Wavelength decreases, the crests bunch closer together, and wave height increases until the wave becomes unstable and topples forwards as surf. Violent plunging waves, with that characteristic tube of air that surfers love to ride, form when large waves approach a steeply sloping bottom. A more gently sloping bottom generates a milder spilling wave.

Very often, waves approach obliquely to the coast and set up a significant transfer of water and sediment along the shoreline. The longshore currents so developed can be very powerful, removing beach sand and building out spits and bars across the mouths of estuaries. The build-up of energy in longshore currents becomes sufficient to overcome the power of incoming waves at an irregular spacing along the coast. This leads to the development of strong offshore-directed rip-currents, which are especially dangerous to swimmers, and instrumental in the seaward transport of sediment.

Catastrophic waves

Rogue waves cannot be predicted, they strike erratically, often in the middle of the ocean, and then disappear without trace. They occur when two or more storm wave crests merge, or when a series of storm waves encounters an opposing current. When the current speed exceeds 4 knots, opposing storm waves can whip upwards to four times their original height, hurtle forwards, and break at sea under their own instability. Examples are well known from the Agulhas Current off the South African Wild Coast, where shipwrecks litter the seabed, as well as from the Kuroshio Current off Japan and the Gulf Stream in the North Atlantic. Particular climatic conditions that lead to higher than normal storm waves include hurricanes, typhoons, tornadoes, thunderstorms, downbursts, and sudden pressure drops.

Tsunamis are unusual waves of extreme wavelength (up to 200 kilometres) that travel radially away from their point of origin at speeds up to 800 kilometres per hour—similar to that of a long-haul passenger jet. They are not due to wind stress but are caused by the sudden vertical movement of the seabed along faults, due to subsea earthquakes or giant submarine slides, as well as by sudden displacement of the ocean surface. This can result from a major landslide or debris avalanche moving directly from land into the sea, from huge icebergs calving and falling from the edge of a glacier or ice-cliff, and from major explosive volcanic flows into water. In each case, it is the enormous volume of water displaced that gives them such power and velocity.

The worst tsunami of recent times occurred just after midnight on 26 December 2004. It was the direct result of a seafloor earthquake off Indonesia—the third largest ever recorded (9.1–9.3 on the Richter scale), releasing energy equivalent to 23,000 Hiroshima-sized atomic bombs, and causing the whole Earth to wobble by as much as 1 centimetre. The tsunami travelled clear across the Indian Ocean, reaching Sri Lanka in 2.5 hours and South Africa in 11 hours. In the open ocean the wave height was around 50 centimetres and passed completely unnoticed by most of the ships, large and small, in its path. But as the tsunami approached land the velocity slowed and the wave height increased dramatically, reaching up to 30 metres in a very short period of time on the Indonesian island of Sumatra.

Rhythm of the tides

Tides are created by the gravitational pull of the Moon and the Sun and by a centrifugal force due to the rotation of the Earth. Because the ocean waters are mobile with respect to the solid Earth, lunar gravity is able to pull the water towards it, creating a very slight bulge on the side of the Earth nearest the Moon.

On the opposite side, centrifugal force pulls water away from the Moon, creating a second bulge. These opposing bulges are the high tides. In between, where the water has pulled away, are the areas of low tide (Figure 16).

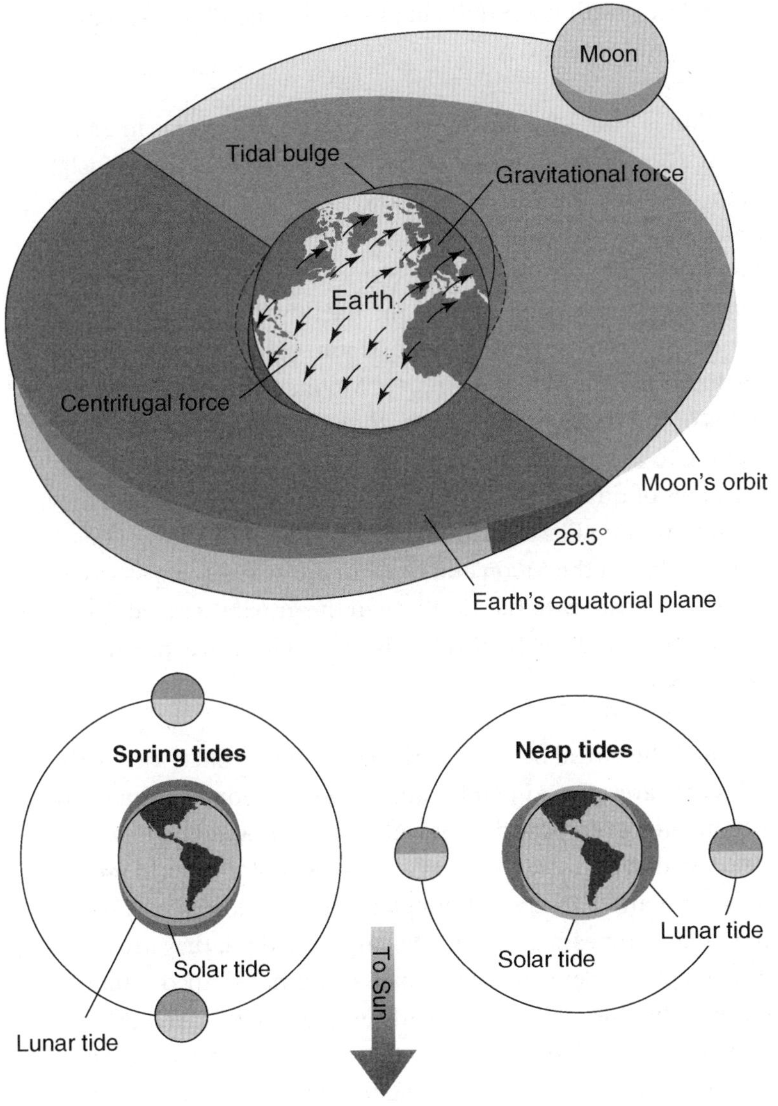

16. Tides and how they work.

As the Earth spins on its axis every 24 hours, so each point should pass through each of these opposing bulges, thus experiencing two high tides and two low tides in a daily cycle. Indeed, this is very nearly true in most of the world. But friction slows the movement of water a little, while the Moon's orbit around the Earth is not quite in phase with the Earth's spin, gaining by 50 minutes each day.

The Sun is 400 times further away from Earth, yet its mass is about 27 million times that of the Moon. In effect, this translates to the fact that the Sun exerts a gravitational pull on the ocean waters that is about 40 per cent as strong as the lunar influence. The tidal bulges caused by the Sun's gravity and opposing centrifugal force, move around the Earth with a quite different periodicity from those due to the Moon—a solar year rather than the lunar month. When the Earth, Moon, and Sun are aligned, at times of full moon or new moon, then the tidal bulges are in phase leading to extra-high and extra-low tides. These twice-monthly extremes of tidal range are known as spring tides, because they seem to well up like a spring (nothing to do with *spring* as a season). When the Moon and the Sun are at right angles to each other with respect to the Earth, then the gravitational attractions are opposed and the tidal range is least. These are known as neap tides.

Much of the global ocean experiences semidiurnal (twice daily) tides that are approximately equal in height. Some of the western Pacific, however, experiences only one high and one low tide per day (diurnal). Tidal ranges across most of the world are between 1 and 3 metres, although in semi-enclosed seas, such as the Mediterranean, and the Black and Red Seas, they are almost imperceptible. Semi-restricted bays or funnel-shaped estuaries, on the other hand, serve to greatly exaggerate tidal range—the maximum recorded being 16 metres in the Bay of Fundy, eastern Canada, and over 12 metres along the Bristol Channel and Severn Estuary, south-western England.

Great surface currents

Wind is the principal force that drives surface currents, but the pattern of circulation results from a more complex interaction of wind drag, pressure gradients, and Coriolis deflection. Wind drag is a very inefficient process by which the momentum of moving air molecules is transmitted to water molecules at the ocean surface setting them in motion. The speed of water molecules (the current), initially in the direction of the wind, is only about 3–4 per cent of the wind speed. This means that a wind blowing constantly over a period of time at 50 kilometres per hour will produce a water current of about 1 knot (2 kilometres per hour).

The second principal force influencing how the pattern of surface currents develops is that caused by seawater being piled up into mounds. This may seem counter-intuitive but, far from being a flat surface once we have removed the local ups and downs of waves, the ocean surface is actually warped into broad mounds and depressions. Converging currents and persistent onshore winds tend to pile water up faster than it can flow away, while diverging currents result in a drawdown of water and the creation of lows.

The third factor involved is the Coriolis force. This force is the result of planetary rotation and is felt most keenly by all moving objects (water, wind, aeroplanes, etc.) that are not rigidly attached to the Earth's surface. Moving currents of water and of air are affected in exactly the same way by the Coriolis force, veering to the right in the northern hemisphere and to the left in the southern hemisphere (Figure 17).

Gyres, loops, and eddies

Working in close consort, these various forces control the surface movement of ocean water. Although the movement of wind may seem random, changing from one day to the next, surface winds actually blow in a very regular pattern on a planetary scale.

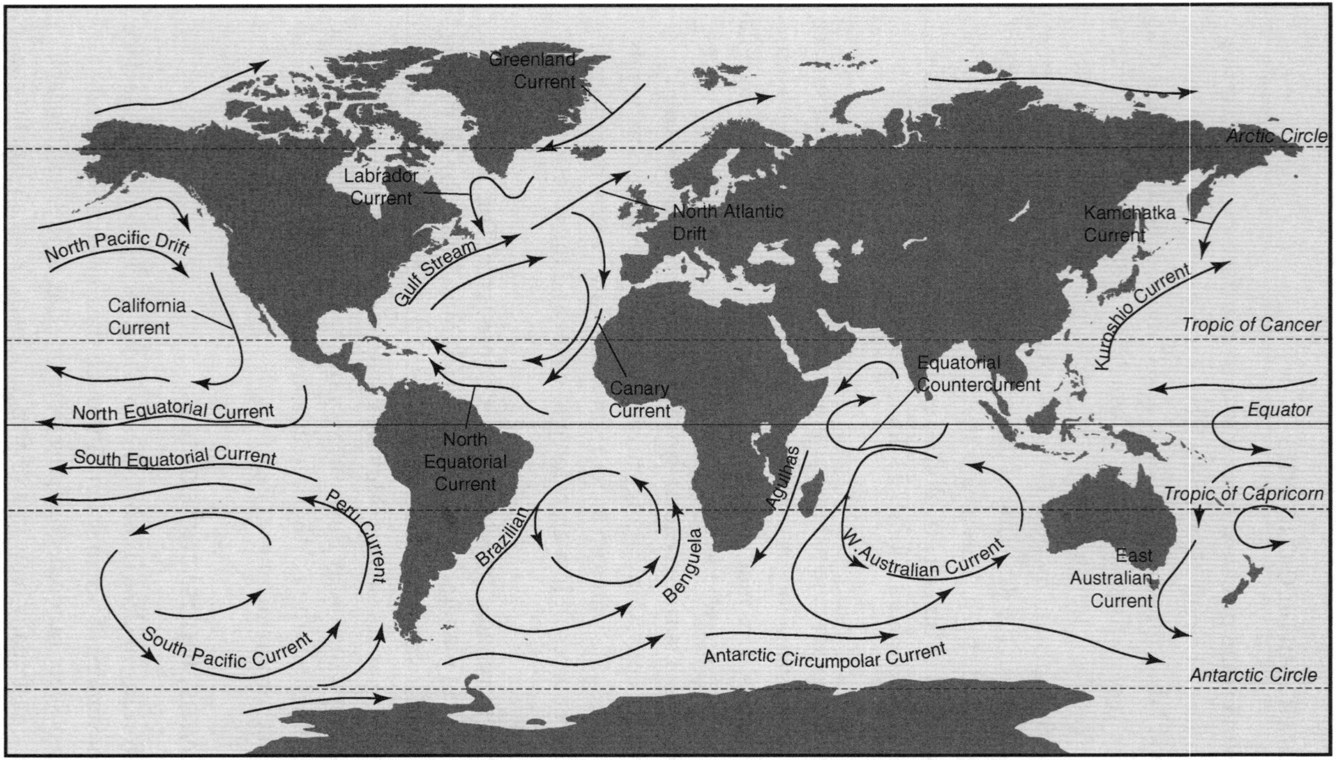

17. Major surface currents of the oceans.

The subtropics are known for the trade winds with their strong easterly component, and the mid-latitudes for persistent westerlies. Wind drag by such large-scale wind systems sets the ocean waters in motion. The trade winds produce a pair of equatorial currents moving to the west in each ocean, while the westerlies drive a belt of currents that flow to the east at mid-latitudes in both hemispheres. (Don't be confused—sailors and oceanographers always call a current flowing eastwards an easterly current, while landlubbers and meteorologists call a wind blowing eastwards a westerly!) Deflection by the Coriolis force and ultimately by the position of the continents creates very large oval-shaped gyres in each ocean.

There is a mirror image of flow about the equator yielding opposing gyres in the northern and southern parts of the oceans. The Antarctic Circumpolar Current is not interrupted by any landmass and so flows continuously around Antarctica, driven by the constant action of the Roaring Forties and Fifties.

As the Coriolis effect continues to deflect the wind-generated currents, so it causes a net transfer of water at right angles to the direction of the wind. This in turn creates a gigantic mound of water within the central region of each ocean gyre. Water tries to flow back down the pressure gradient so produced, and is further deflected by the Coriolis force as it moves. This leads to generation of a steady-state current known as a geostrophic current. The water at the centre of these geostrophic gyres is almost stationary as the main current flows around the outer ring.

In addition, water in the oceans tends to pile up against the continental landmasses along their western margins. Here the geostrophic flows become confined and thereby intensified with respect to the broader, weaker return flows on the eastern margins. Such intensification further produces flow instabilities so that western boundary currents, in particular, are seen to weave and meander along their course in snake-like fashion. Tight meander loops form, sometimes pinching off completely to form large swirling eddies or rings that spin away from the main flow mixing into the adjacent seas.

Wind drag moves water molecules and the motion of these in turn creates a fluid drag on those just below the surface, and so on downwards until the wind energy is fully dissipated. Coriolis deflection causes each successive layer to deviate very slightly from that above. The result is a spiralling flow pattern of decreasing velocity downwards, like a whirlpool with an almost imperceptibly slow spin, known as the Ekman spiral, after the Scandinavian physicist who first explained the phenomenon. The net transfer of water at right angles to the wind direction is called Ekman transport, and this is responsible for another extremely important effect—that of coastal upwelling. In certain parts of the oceans, there is a net transfer of surface water offshore, which is replaced by upwelling of water from below. These deep-sourced waters are rich in nutrients, derived from the dissolution and recycling of slowly sinking planktonic organisms, and so support a great profusion of marine life.

Global conveyor belt

Entirely hidden from view in the deep-ocean basins and involving 90 per cent of ocean waters, are powerful and omnipresent, but very slow-moving currents. Linked with the great surface gyres, these currents form a vast oceanic network of circulating water that transfers energy, nutrients, and sediments around the world. Driven not by atmospheric winds but by density differences linked to water temperature and salinity, these bottom currents are part of the global thermohaline circulation system (Figure 18, Table 4).

The pattern of deep thermohaline circulation in the oceans starts at the surface, mainly at very high latitudes. These are the cold-water kitchens of bottom-water production. During the long polar winters when sunlight is absent or minimal for 24 hours a

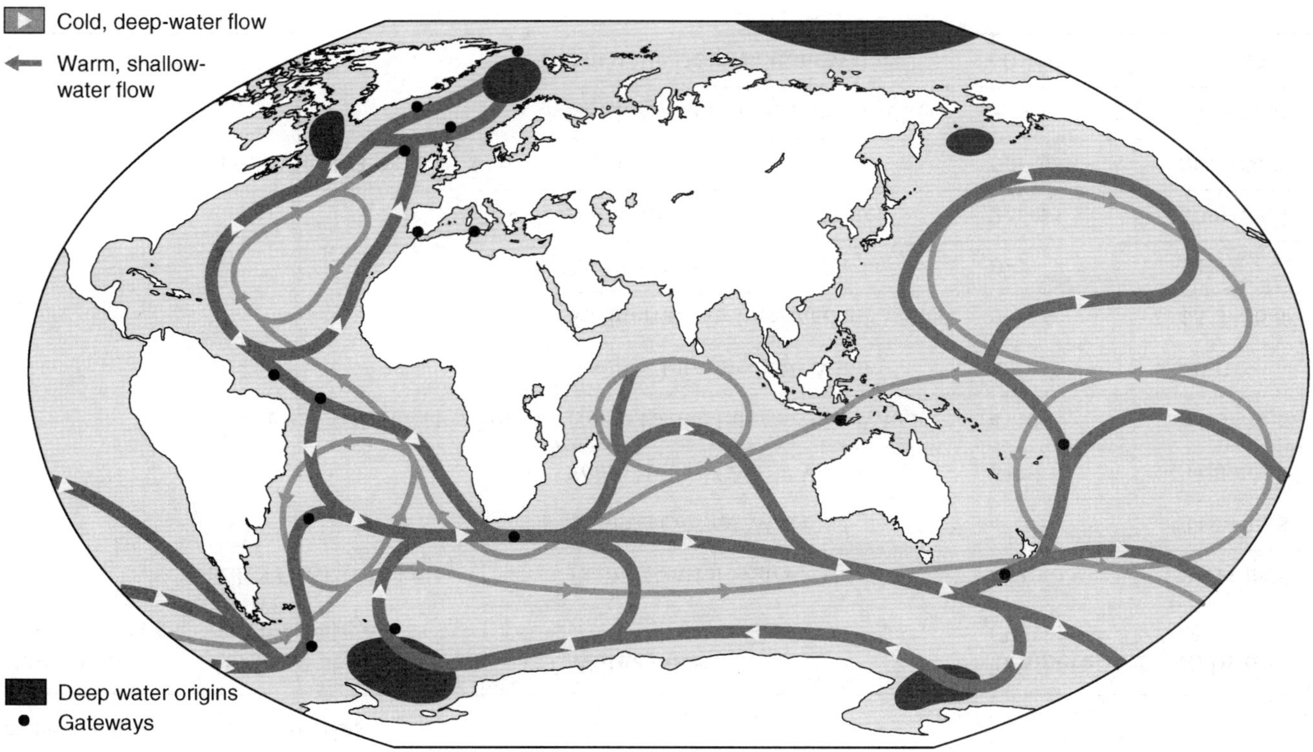

18. Deepwater currents and thermohaline circulation.

Table 4 Water mass properties

Global water mass properties	Types (depth range)	Water mass	Temperature (°C)	Salinity (‰)
	CENTRAL (0–1 km)	Pacific Central Water	7–20	34.1–36.2
		Atlantic Central Water	4–20	34.3–36.8
		South Indian Central Water	6–16	34.5–35.6
	INTERMEDIATE (1–2 km)	North Pacific Intermediate Water	4–10	34.0–34.5
		Red Sea Intermediate Water	23	40.0
		Mediterranean Intermediate Water	6–11.9	35.3–36.5
		Arctic Intermediate Water	0–2	34.9
		Antarctic Intermediate Water	2.2–5	33.8–34.6
	DEEP/BOTTOM (over 2 km)	Common Water	0.6–9	33.5–34.7
		North Atlantic Deep/Bottom Water	2.5–4	34.9–35.0
		Antarctic Deep/Bottom Water	−0.4–4	34.6–35.0

day, seawater becomes extremely cold and hence much denser. At the same time, sea ice expands out from the continents and further increases the density of the water beneath. This is because the freezing process incorporates mostly freshwater, making the underlying water more saline. Cold, saline, dense water sinks rapidly and spreads out across the ocean floors, moving very slowly towards lower latitudes. At the ocean surface, currents flowing from the equator to the poles replace the waters that have sunk with warmer water, which in its turn will cool and sink. The cycle is apparently without end and has become known as the global ocean conveyor belt.

The principal cold-water kitchen off Antarctica is the Weddell Sea, where the coldest and densest of all water masses is produced. Antarctic Bottom Water, as it is called, cascades down the steep continental slope off Antarctica and spreads out across the floor of the ocean. It flows north into the Atlantic, crosses the equator, and finally mixes upwards, losing its identity somewhere east of Newfoundland. Slightly less dense waters are formed in a broad region of the Southern Ocean, before they too plunge beneath the warmer subpolar waters at the Antarctic Convergence zone around 60°S.

Cold bottom waters that form beneath sea ice in the Arctic Ocean are mainly trapped there by the high sills that surround the basin. The principal cold-water kitchen in the northern hemisphere, therefore, is the winter cooling of surface waters in the Norwegian and Greenland Seas. As they spill across the Denmark Strait and through the Faeroe-Shetland Channel, they mix with a small amount generated in the Labrador Sea to form North Atlantic Deep Water. This flows southwards until it ultimately blends with Antarctic Bottom Water to form a water mass known simply as Common Water. It is this mixture that dominates the deep Indian Ocean and much of the Pacific as well.

Submarine gateways and waterfalls

As noted in Chapter 3, the oceans are compartmentalized into abyssal basins separated by submarine mountain ranges and plateaus. Along the length of the global conveyor belt, bottom waters pile up behind such topographic barriers until they reach the spill point. Typically, this occurs as a narrow valley that cuts across the barrier—known as an ocean gateway. As the huge weight of dense water funnels through the narrow gateway, it is severely restricted in width and so accelerates. The bottom currents through such deep-ocean passageways can be highly abrasive, scouring away loose sediment and eroding bare rock. Bottom current velocities of 1–2 metres per second (4–8 kilometres per hour) are quite common—this is strong and fast for the otherwise peaceful world of the deep sea.

As the narrow high-velocity bottom current enters the adjacent basin, the dense water spreads out and cascades downslope. We call these features submarine waterfalls because of their immense height and power, although with such gentle slopes in reality they are more akin to the cataracts or rapids of terrestrial rivers. Whatever the slope, their scale is dramatic. Cold Antarctic Bottom Water, only a fraction of a degree above freezing point (at about 0.2°C) piles up behind the Rio Grande Rise in the South Atlantic and then cascades into the Brazilian Basin—a drop of over 1000 metres. Still more impressive is the submarine waterfall located beneath the Denmark Strait in the North Atlantic. Here, 5 million cubic metres of water cascades downslope into the North Atlantic basin every second, generating giant eddies and turbulent whirlpools, and drops a vertical distance of over 3.5 kilometres. The Denmark Strait waterfall dwarfs any similar features on land. The highest waterfall is the Angel Falls in Venezuela, which drops a mere 1 kilometre. The Cuaira Falls on the Paraguay–Brazil border have the largest average flow rate, 13,000 cubic metres per second, which is 4000 times less than their submarine counterpart.

Chapter 6
Ocean–climate nexus

The oceans and atmosphere are intricately coupled. Together they control and express both the daily drama of Earth's weather systems and the long-term changes in planetary climate. Winds drive the currents that redistribute heat across the face of the globe—a transfer of energy that is staggering in its enormity, and essential to the maintenance of a habitable world. But the climate is no more constant than its ocean regulator is simple. The natural state for Earth during most of its history has been one of warm (greenhouse) conditions. These have been sporadically interrupted by cold (icehouse) conditions with a long-period cyclicity that we can recognize, but not yet fully understand. For the past 3 million years, Earth has been in the grips of one of these icehouse periods, during which glacial and interglacial periods have alternated with regularity. The human impact has been to influence these natural cycles of change dramatically, enhancing the greenhouse effect and causing sea level to rise. This chapter aims to cut through to the essence of this very complex and emotive subject.

Recent climate change

The international consensus is that the Earth is warming rapidly under a thick cloak of greenhouse gases, and that humankind is now the principal contributor to this atmospheric build-up. Certainly, at the start of the 21st century, the world appears to be a warmer place than at any time in the past 700–800 years. Since records began in 1880, the global average surface temperature has increased by about 0.8°C, and is predicted to rise by a further 1.4°C to 5.8°C over the next century. Fifteen of the warmest years on record have been in the 21st century; each decade is warmer on average than the previous one.

As a direct result of global warming, average sea level has risen by 10–20 centimetres through the 20th century as polar ice sheets begin to thin. It is expected to rise some 25–100 centimetres by 2100, as melting continues and because seawater expands slightly as it warms. In a worst-case scenario, a great many island nations would vanish altogether, along with a number of major coastal cities—Shanghai, Venice, and New Orleans, for example. Some 15 per cent of Bangladesh would be submerged, displacing 15 million people. Coastal erosion and widespread flooding would increase and so threaten homes, farmland, and natural habitats in low-lying areas everywhere. This is not sensationalism; it is simply the inevitable effect of sea-level rise.

Extremes of weather are already becoming more common and this trend would continue as temperatures increase further. In middle to high latitudes of the northern hemisphere, cloud cover has increased and heavy rains are more frequent. El Niño events have become more marked over the last forty years. Tropical cyclones and temperate-area storms seem likely to intensify further, bringing torrential rains to some places and drought to others. Some of these changes are positive—harsh climes becoming more equable, greening of desert areas, and longer growing seasons in high latitudes—but the regional patterns of change, their influence on global productivity, and the long-term ocean–climate response are still very poorly understood.

What we do understand is that incident sunlight warms the planet. Some of the solar energy is absorbed directly, but much is emitted back into space as infrared radiation. Certain 'greenhouse' gases in the atmosphere—notably carbon dioxide, water vapour, and methane—absorb part of this infrared energy, trapping it in the atmosphere and so making Earth a far warmer and more habitable planet than it would otherwise be. This is known as the *greenhouse effect*.

Stirring the atmosphere

The envelope of gases forming the atmosphere extends 2400 kilometres above the surface of the Earth and comprises four principal layers. The troposphere is the lowest and thinnest layer (only some 10–12 kilometres thick) and contains 75 per cent of the mass. It is made up of 78 per cent nitrogen and 21 per cent oxygen, as well as a host of other gases in minute quantities (Table 5). It also contains virtually all the moisture and hence all the clouds, snow, rain, and winds—very much the active part of the atmospheric heat engine.

Three planetary-scale spiralling circuits of wind dominate each hemisphere (Figure 19). They are set in motion by a differential

Table 5 Principal gases in the atmosphere

Principal gas	Concentration (%)
Nitrogen (N)	78.08
Oxygen (O)	20.95
Argon (Ar)	0.93
Water vapour (H_2O)	0.1–1.0 (variable)
Carbon dioxide (CO_2)	0.04
Methane (CH_4)	0.000172
Nitric oxide (N_2O)	0.000031
Ozone (O_3)	0.000005 (variable)

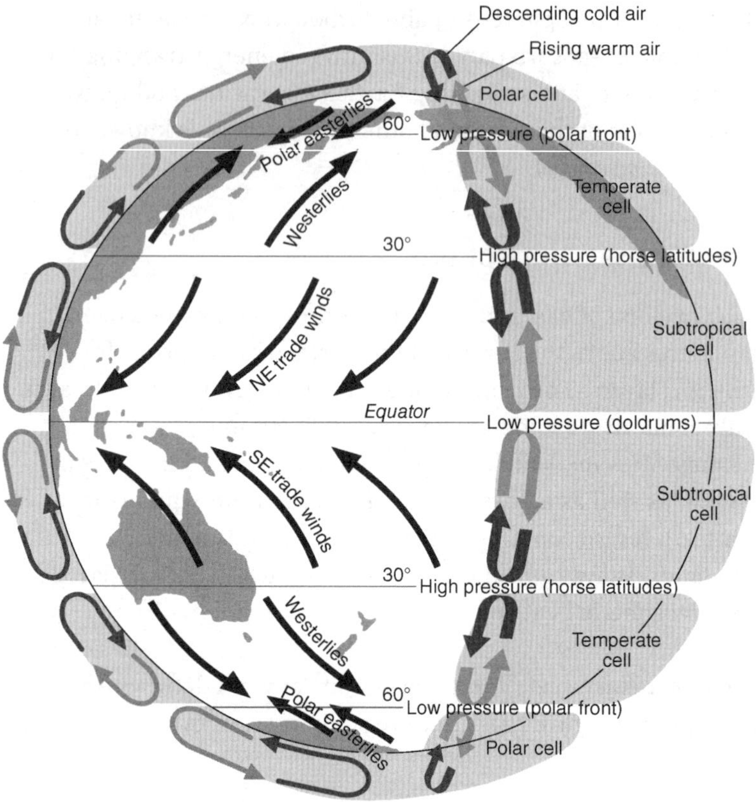

19. Wind cells of the atmosphere.

influx of solar energy, directed by Earth's rotation and deflected by the Coriolis force. The two subtropical cells straddling the equator experience persistent trade winds. Between the north-east (NE) and south-east (SE) trade winds lie the doldrums, with constant hot temperatures, little wind movement, and high humidity. The temperate cells at mid-latitudes are buffeted alternately by mild westerlies, sweeping warm air away from the subtropical high-pressure zone towards the polar front, and harsh polar easterlies that form in the polar cells. Cold frontal depressions or cyclones are generated at the fluctuating interface between these two opposing wind systems. These lead to frequent storms, which become stronger during winter months when the pole–equator temperature gradient increases, driving the heat engine that much faster.

Above the spiral wind cells of the troposphere are narrow, high-velocity jet streams, between 10 and 15 kilometres high, with wind speeds exceeding 160 kilometres per hour. Even at these speeds, the jet streams follow sinuous paths, diving and rising as they flow, and help to create and direct cyclones and anticyclones below. During winter, speeds increase to as much as 500 kilometres per hour, the jet streams are straighter, and the storm winds are stronger.

The distribution of oceans and continents and the height of mountains across the continental interior have an added effect on the winds. This is the seasonal reversal of winds, known as monsoonal circulation. It is caused by the unequal heating of the low-latitude continents and tropical oceans as the Sun swings back and forth between the two hemispheres during its annual cycle. During the northern hemisphere winter, while the Sun is overhead in the south, the continental landmass of Eurasia and North Africa cools dramatically. With little moisture to pick up and high pressures due to the cold heavy air, the north-easterly winds that blow outwards from the continental interior are cool and dry. As the winds blow across the ocean, they gather moisture and deliver torrential rains to South East Asia, northern Australia, central Africa, and South America—the southern hemisphere monsoons.

A reversal of climatic conditions during the northern hemisphere summer leads to continental heating, especially over the Himalayas and Tibetan Plateau, and rising air masses. Moisture-laden winds are drawn in from the oceans and the northern hemisphere monsoon rains pour down from May through September each year. They are particularly heavy in South and South East Asia.

Ocean regulator

The control exerted by the oceans is an integral and essential part of the global climate system. The immense amounts of heat and moisture stored in the oceans act as a giant flywheel to the climate system, both moderating change and also prolonging it once change commences. The oceans are one of the principal long-term stores on Earth for carbon and carbon dioxide and so act to regulate greenhouse gases in the atmosphere, although with an efficacy we cannot yet predict.

A crucial piece of the climate jigsaw, therefore, is the way in which greenhouse gases are transferred between air and sea. The oceans are like a gigantic sponge holding fifty times more carbon dioxide than the atmosphere, and they are thought to absorb between 30 per cent and 40 per cent of the carbon dioxide produced by human activity. But the sea surface acts as a two-way control valve for gas transfer, which opens and closes in response to two key properties—gas concentration and ocean stirring.

First, the difference in gas concentration between the air and sea controls the direction and rate of gas exchange. Gas concentration in water depends on temperature—cold water dissolves more carbon dioxide than warm water, and on biological processes—such as photosynthesis and respiration by microscopic plants, animals, and bacteria that make up the plankton. These transfer processes affect all gases, including dimethylsulfide (DMS), which is produced in abundance during phytoplankton blooms. When DMS escapes into the atmosphere it aids in the formation of clouds and hence changes the reflective properties of the atmosphere.

Second, the strength of the ocean-stirring process, caused by wind and foaming waves, affects the ease with which gases are absorbed at the surface. More gas is absorbed during stormy weather and, once dissolved, is quickly mixed downwards by water turbulence.

Both physical and biological pumps then act to remove carbon dioxide from the ocean surface, so that it remains out of contact with the atmosphere for long periods. The physical pump works because cold water, charged with dissolved carbon dioxide, is heavier than warm water and so sinks to the seafloor. The biological pump works through the uptake of carbon dioxide by planktonic organisms. After death, this carbon-rich matter sinks through the water column and is progressively broken down by bacteria and chemical corrosion as it falls. Bottom-dwelling animals consume much of what eventually reaches the seafloor. Some of the carbon is returned to the water, while another part is buried with the sediment.

The transfer of heat, moisture, and other gases between the ocean and atmosphere drives small-scale oscillations in climate. The El Niño Southern Oscillation (ENSO) is the best known, causing 3–7-year climate cycles driven by the interaction of sea-surface temperature and trade winds along the equatorial Pacific. The effects are worldwide in their impact through a process of atmospheric teleconnection—causing floods in Europe and North America, monsoon failure and severe drought in India, South East Asia, and Australia, as well as decimation of the anchovy fishing industry off Peru.

Tropical cyclones

The largest, most violent storms on Earth are generated at sea. These are known by various names around the world—in the Indian Ocean they are called cyclones, meaning coiled serpents; in the western Pacific they are typhoons, after the Chinese word Tai Fung for great wind; and in the Atlantic they are hurricanes, after Hunraken, the Mayan god of winds. The energy released by a single tropical cyclone in one day would be enough to power the entire industrial production of the United States for one year.

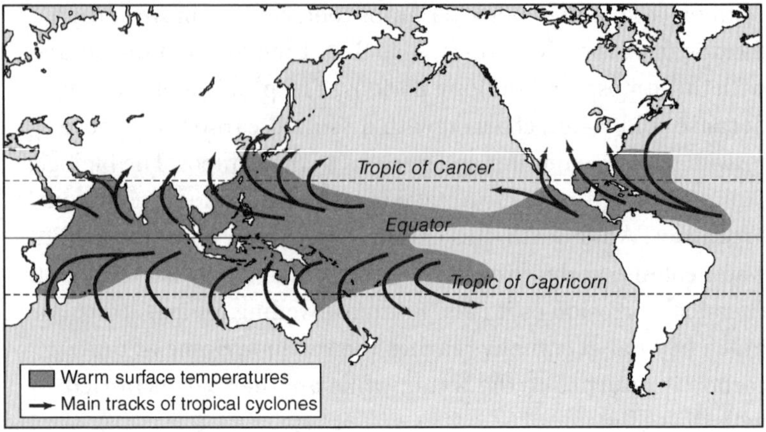

20. Tropical cyclone formation.

Tropical cyclones are the direct result of overheating of the oceans (Figure 20). They develop over warm seas at tropical latitudes when sea-surface temperatures exceed 27°C. As vast amounts of water evaporate from the overheated ocean surface, the hot moist air rises and then condenses as it cools to form billowing cumulonimbus clouds. Air rushes inwards across the sea surface to fill the void, evaporating more water as it passes, causing more clouds to form. Spiralling bands of thunderstorms begin to rotate anticlockwise in the northern hemisphere (clockwise in the southern hemisphere), around a calm clear eye of the storm. As they grow, so they become self-sustaining, sapping heat energy from the ocean and driving the spinning winds ever faster, with wind speeds typically exceeding 160 kilometres per hour and locally gusting to over 350 kilometres per hour. Cyclones extend over a circular area from 500 to 1500 kilometres in diameter.

The role of ozone

Above the troposphere lies the stratosphere, which is 35–40 kilometres thick. Tiny amounts of water vapour sometimes escape from the troposphere to form thin, colourful nacreous clouds. The stratosphere also contains large amounts of very highly dispersed ozone gas—a type of oxygen made up of three oxygen atoms rather than the two atoms forming normal oxygen. It is this ozone layer that protects all life on Earth from the harmful effects of the Sun's ultraviolet rays. It acts as an invisible sunscreen every bit as essential for our survival as the oxygen we breathe.

Since oxygen first appeared in the atmosphere 2.5 billion years ago, building up to its present level about 650 million years ago, there has been an ozone layer above kept in a state of dynamic balance by a complex array of chemical reactions. However, a dramatic rise in pollution since the 1960s, mainly involving chlorine gas from chlorofluorocarbons (CFCs) used in aerosols, refrigerators, and air conditioning systems, has upset this chemical balance and resulted in the destruction of ozone.

Today, there is a marked thinning of the ozone layer in an area about the size of North America, which appears over Antarctica each austral spring. A smaller area of thinning also appears over the Arctic. These regions of thinning are commonly referred to as *ozone holes*. The consequences of such ozone loss are very serious. A 10 per cent reduction in ozone will result in a 20 per cent increase in the amount of ultraviolet radiation reaching the Earth's surface—this will inevitably lead to an increase in skin cancer and eye cataracts, as well as a general suppression of the immune system. Penetration of ultraviolet radiation to the ocean surface will damage plankton, with obvious repercussions higher up the marine food chain.

The role of ozone in climate is less clear. Ozone in the stratosphere has a cooling effect, so that its reduction will tend to lessen this. There is also ozone in the troposphere, mainly as a by-product of traffic pollution, where it makes a very small (<1 per cent) contribution to global warming as a greenhouse gas. In fact, CFCs make a larger contribution to warming. Fortunately, however, the world has now agreed to ban CFCs and further seek to reduce chlorine emissions. If this is achieved and maintained, then the ozone levels will fully regenerate with time.

Past climate change

Earth's climate has not always been as it is today (Figures 21, 22). There are times when the Earth has experienced warm, humid conditions with little temperature difference between the equator and the poles. About 100 million years ago, for example, palm trees and crocodiles lived as far north as 80°N—the equivalent of Arctic Canada or northern Greenland today. At other times a far colder climate has gripped the planet, so that the area covered by ice sheets, glaciers, and frozen tundra greatly expanded. Past climate changes had entirely natural causes.

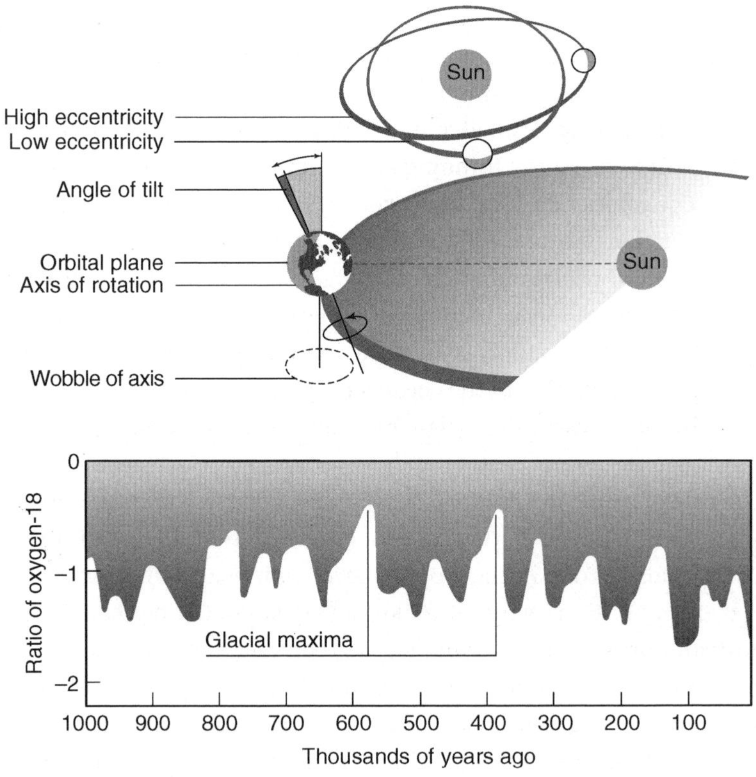

21. Oxygen isotopes and climate cycles.

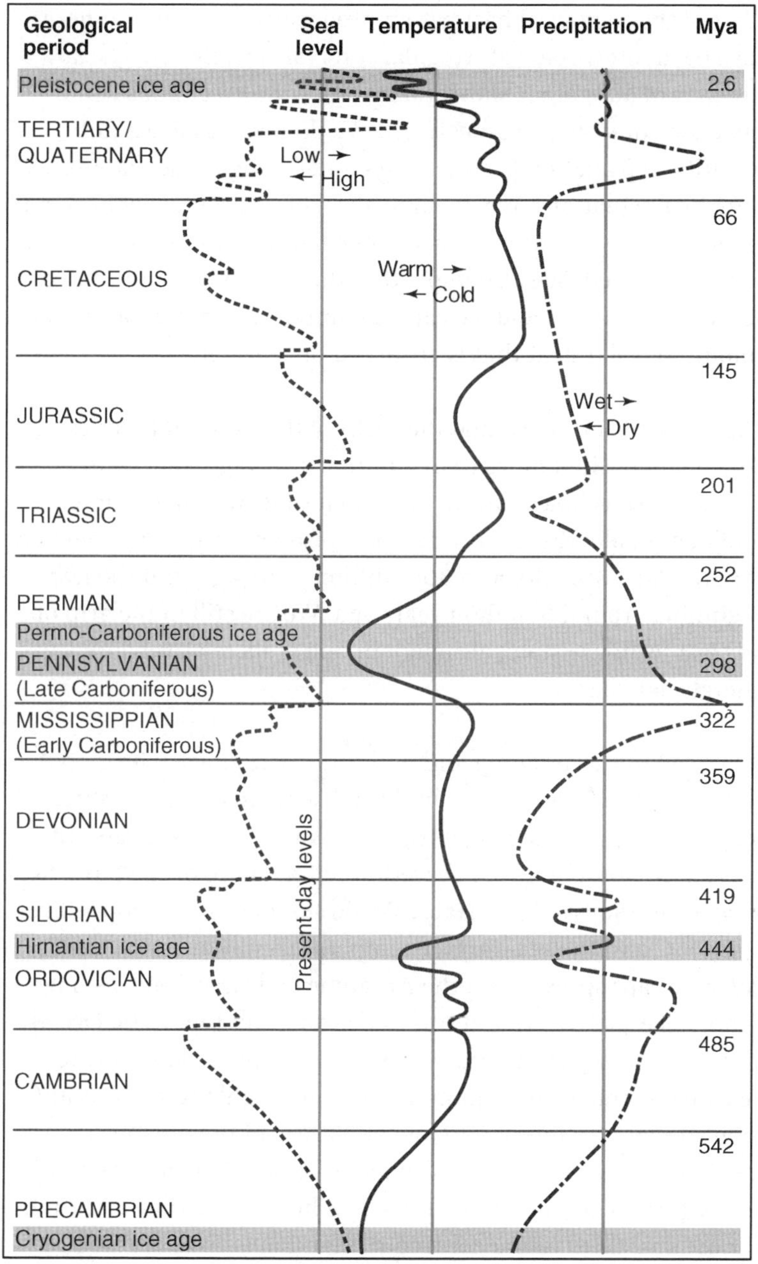

22. Sea-level and temperature chart through time.

Most of the geological past has enjoyed warm conditions. These have been interrupted at irregular intervals by cold and glacial climates of altogether shorter duration—the greenhouse and icehouse conditions, respectively. We do not yet have a full scientific explanation for the causes and timing of such large-scale climatic fluctuations. We do know that the solar influx of heat, and moderation by the ocean–atmosphere couple, are two of the key drivers involved. We also know that the size and distribution of oceans, continents, and ice caps are important in regulating the amount of solar heat that is absorbed or reflected.

There is some evidence that the rocks of the Gowganda series in Canada, deposited more than 2 billion years ago, represent the very first icehouse world. Since that time, we can be more confident in identifying six principal episodes—very approximately at 950, 750, 650, 450, and 300 million years ago, and the last beginning around 3 million years ago. We are still in the grip of this last icehouse state, although in one of its relatively brief interglacial phases.

It arrived quite suddenly and with dramatic effect. The global climate began to fluctuate wildly, but with an overall cooling trend. Winds grew stronger, rain and snow increased, and the inevitable cloud build-up served to reflect more of the Sun's heat away from the Earth's surface. World temperatures dropped by up to 8°C and the sea-surface temperatures by as much as 6°C. Polar ice caps spread from the Antarctic and Greenland, as huge floating ice shelves around Antarctica and over the Arctic Ocean and the Norwegian, Labrador, Hudson, Barents, and Bering Seas. Ice sheets formed in mountain and highland regions and then spread into temperate lowland areas of the northern hemisphere, covering half of the land area of North America and a quarter of Eurasia with ice 2–3 kilometres thick. At times almost one-third of the continental land mass was covered by ice, with thicknesses at the heart of polar ice caps reaching 6–7 kilometres.

During the past 3 million years of icehouse conditions, global climate has varied in regular cyclic fashion due to several forcing factors. The most important of these are changes in Earth's orbit around the Sun, which affect climate in periods of about 22,000, 40,000, and 100,000 years—known as Milankovitch cycles. There have been between ten and eleven of the longer period cycles in the last 1 million years, pushing the Earth from glacial to interglacial conditions. The most recent interglacial episode began 11,000 years ago. Smaller scale wobbles and oscillations in this regular pattern are also evident and known as sub-Milankovitch cycles. There have been relatively warm periods peaking at 6500, 4500, 2000, and 1000 years ago, separated by colder periods, for example the Little Ice Age between 1645 and 1715 CE. These small-scale variations are due to a combination of oceanic forcing and irregularities in solar insolation.

An important discovery of the 1970s, pioneered by Sir Nick Shackleton and colleagues at Cambridge University, has allowed us to build up an ever more refined record of past climate change. They showed that the two principal forms of oxygen (known as oxygen-18 and oxygen-16 isotopes) occur in very slightly different proportions in the water molecules of ice as opposed to normal seawater. When large amounts of water are locked up in the polar ice caps, then the isotopic composition of seawater is preferentially enriched in the heavy oxygen-18 isotope. This is directly transferred to the chemical make-up of fossil shell material secreted by marine organisms, which therefore records the isotopic proportions of the oceans in which they lived.

By carefully picking microfossils from sediment cores and analysing their isotopic chemistry, we have slowly built up a complete record of seawater variation through the past 140 million years. This marine oxygen isotope stratigraphy is the best *proxy* we now have for past climate change and sea-level variation and provides the worldwide standard. Other materials that have oxygen in their make-up can also be used—frozen water from ice cores drilled into the polar ice caps, or stalagmites precipitated in underground caves, for example. All these records compare very closely with one another and with the climate variations predicted by the theory of Milankovitch cycles (Figure 22).

One of my long-term scientific interests has been the study of *contourites*—sediments deposited in the deep sea by bottom currents. In 2012, we cored and recovered over 4500 metres of these sediments from the Atlantic continental margin south of Iberia. To my great relief, our findings confirmed the contourite model I had proposed some thirty years previously. We were also able to use other proxies, in addition to oxygen isotopes, to infer climate change. For example, changes in mean grain size of the contourites could be linked to climate-driven fluctuation in bottom current velocity, and systematic colour changes reflected a climate-controlled influx of sedimentary material across the continental margin. Our understanding of the climate–ocean nexus becomes ever more refined.

Sea-level rise and fall

Sea level has varied in the past in close consort with climate change (Figure 22). Around twenty-five thousand years ago, at the height of the last Ice Age, the global sea level was 120 metres *lower* than today. Huge tracts of the continental shelves that rim today's landmasses were exposed. Land bridges opened up across the world—Alaska to Siberia, the British Isles to continental Europe, and many others. Further back in time, 80 million years ago, the sea level was around 250–350 metres *higher* than today, so that 82 per cent of the planet was ocean and only 18 per cent remained as dry land. Such changes have been the norm throughout geological history and entirely the result of natural causes.

We understand these natural causes of sea-level change, although we do not fully understand their triggers. The four principal causes are:

(1) Displacement of seawater upwards by the addition of new ocean crust. This pushes the seafloor upwards due to the growth of mid-ocean ridges, oceanic hot spots and submarine volcanic plateaus. When spreading rates are high and the outpouring of volcanic lava greatest, then sea level rises. When rates are slow and volcanic activity is less, the sea level falls. Both these effects are global in their extent.
(2) Mountain uplift and crustal subsidence. This is the natural result of plate tectonic movement and creates local changes in sea level. In this case, sea-level rise and fall is relative and regional. Large-scale mountain uplift can also induce climate change and hence become a global driver.
(3) Changes in the distribution of continents and oceans due to plate tectonic movement. When tectonic drift moves a continental landmass over the polar region then it can allow the accumulation of snow and ice on land and hence lower sea level. With no polar landmass, sea level will rise. Ocean–continent distribution also has profound effects on the circulation pattern of the oceans and therefore on global climate. The tectonic reshuffle of continent and ocean was probably the biggest single factor in developing the icehouse Earth conditions of the past 3–5 million years.
(4) Climate change and the natural oscillation between glacial and interglacial conditions. This affects the amount of water locked up as land ice or released back to the oceans in liquid form.

It is only this fourth trigger that is capable of effecting relatively rapid changes in sea level, such as those that have closely followed climate change over the past 3 million years at least. The rapid sea-level rise we see today, however, is very largely due to human-induced global warming. This leads to excessive melting of water that is locked up in glaciers and ice sheets on land and its direct addition to the ocean reservoir.

Models and controls

Global warming and its anthropogenic drive are not in doubt. What is remarkable is that human activity alone has been able to affect, at least in some marginal way, such a huge and complex ocean–climate system. Atmospheric levels of carbon dioxide have increased by 31 per cent since 1750, following widespread industrialization and an exponential increase in our burning of fossil fuels. Such large changes are relatively easy to measure, but the task of computing small variations in global mean temperature, set against the noise of large seasonal and decadal cycles, is really quite challenging, especially for the oceans.

The immense complexity of the natural system and its ocean regulator makes it enormously difficult to predict the Earth's continued response to increased greenhouse gas emissions. Only very recently has it become possible to make sophisticated computer models that realistically couple the atmosphere and ocean. These models show the pattern of atmospheric winds, the track of ocean currents, and the resulting transport of heat and gases around the world. They also show the extent of sea ice and land vegetation cover. Very slowly, we are beginning to make models that can *help* us predict future climate change.

Even if we have international consensus on the nature of global warming, we still have much to learn before we know how to respond. Reduction in greenhouse gas emissions, especially by the industrialized world, seems to be a logical first and immediate step. Methods for pumping carbon dioxide back into subsurface reservoirs have been piloted with success. An interesting new method of enhancing the natural transfer of carbon dioxide to the oceans is to stimulate phytoplankton growth by seeding the sea surface with dissolved iron. However, for some nations a warmer climate would bring very obvious benefits for agricultural production, energy consumption, and so on. Global warming is certainly one of the largest environmental issues facing humankind. It is not surprising, therefore, that there is still far from unanimous agreement about just how we should tackle it.

Chapter 7
Evolution and extinction

Life is inextricably bound with the oceans, from its first origins to its blossoming into the rich variety we know today. The passage of life through the different eras of ocean history is marked by evolutionary divergence and episodes of mass extinction, when up to 80 per cent of the planet's species were wiped out. Evolution has been painstakingly slow—from single-celled to multi-celled organisms, from asexual replication to sexual reproduction with associated mutations, and from soft-bodied creatures for which we have sparse fossil evidence to protective hard parts that are a thousand times easier to preserve. Most of this evolution and extinction has been played out in the oceans, to which life was confined for the first 3.6 billion years (or 90 per cent) of its existence. The changing nature of Earth's atmosphere and climate, fluctuations in the chemistry of seawater, the rise and fall of sea level, and the drifting of continents have all had different and profound effects. This chapter explores the likely origins of life, its evolution and marked changes, and the major extinction events that have punctuated this progress. The principal focus is the role of the oceans in the history of life.

Origins and early evolution

Although there is no single accepted model for the origin of life, there is general consensus that life began in the oceans and that water is a primary condition for its existence. This is why the presence of water on extraterrestrial planets is considered so vital in our search for life on other worlds. Not long after the first oceans formed and conditions stabilized, the first life appeared, probably sometime between 4 and 3.8 billion years ago. Fossil evidence for the first appearance of life, based on primitive microbial remains in marine sedimentary rocks from both Western Australia and South Africa, yields dates from 3.6 to 3.3 billion years ago.

Wherever in the ocean life began, those first single-celled organisms—primitive archaea and bacteria—faced a harsh environment of excess heat, damaging ultraviolet radiation, and bombardment from space. The early ocean waters were anoxic and acidic, with no free oxygen but rich in carbon dioxide, hydrogen sulphide, and iron. Different bacteria evolved to take advantage of alternative sources of hydrogen—some utilized methane in the early atmosphere, some the hydrogen sulphide from submarine volcanic emanations. Before long, new forms arose that were able to release hydrogen from water. These were the more complex cyanobacteria or blue-greens. They contained the complex molecule chlorophyll, which they used to harness the Sun's energy directly in the process of photosynthesis. By dissociating hydrogen from the water molecule they released oxygen into the ocean and atmosphere.

This was a clear evolutionary advantage for the blue-greens because of the evident abundance of both water and sunlight. It was also a significant development that was to have a profound effect on all life that followed. From about 2.45 billion years ago the levels of free oxygen in the atmosphere began to rise, albeit very slowly. Some of the oxygen is present as the ozone molecule, which provides a protective screen cutting out harmful ultraviolet rays from reaching the Earth's surface.

The first 2 billion years of life in the oceans was as nothing more than single-celled organisms, or *prokaryotes*, having no clear differentiation of parts within the cell and reproducing by simply splitting in two. Perhaps ocean conditions were relatively stable and unfavourable to change during this period. However, from around 2.1 to 1.8 billion years ago, there were two evolutionary breakthroughs that transformed life on Earth. The first was the development of cells having a nucleus—a core of material containing all the DNA instructions for life and reproduction (chromosomes or gene sets). These organisms, known as *eukaryotes*, gave rise to all other forms of life. The second was the advent of sex, which allowed the mixing of gene sets from two parents, via egg and sperm cells, rather than simple transfer from one. This greatly increased the potential for genetic variation by mutations, and hence accelerated the rate of evolution.

There was a limit, however, to evolutionary variety and size with only a single cell. It may have been the harsh ocean chemistry that constrained change, but that was slowly altering. Oxygen was building up near the surface, while the depths remained sulphidic, and there was an increase in bio-essential elements (Fe, Mo, Cu, Zn, and Cd). Two new evolutionary directions were tried out around 1.4 billion years ago. One was to form a colony of constituent cells with a coordinated life plan—the sponges of today are representatives of this very ancient line. The second and more successful development was to unite into true multicellular organisms. For the first time there was the potential to differentiate groups of cells according to function—a nervous system, sensory cells, reproductive parts, muscle fibres. The stage was set for great experimentation in life form.

Garden of Ediacara

In the Ediacaran Hills, part of the Flinders Ranges of South Australia, there are remarkable fossil impressions of the first known community of multicellular organisms, completely unlike anything that has lived before or since. They include large fern-like fronds, indentations of creatures that resembled jellyfish, soft corals, segmented worms, and ancient arthropods—all completely soft-bodied. Ripple marks in the sandstone and evidence of microbial mats suggest a shallow marine environment, presumably with a water chemistry and temperature that favoured such experimentation.

A new geological period, the Ediacaran (630–541 million years ago), was created for this time of fundamental change in ocean life. Fossils of the same period are now known from Russia, China, Namibia, Canada, and the UK—multicellular life had arrived. It seems likely that the oceans and atmosphere had begun to assume a chemistry similar to that of today. Atmospheric oxygen increased dramatically during the Ediacaran, reaching 15–20 per cent; the oceans, too, became fully oxygenated throughout the water column for the first time.

Ocean life explodes

Two events mark the onset of the Phanerozoic oceans 541 million years ago. The first is known as the 'Cambrian explosion' and heralded the appearance of a diversified and relatively advanced flora and fauna, which rapidly colonized the Cambrian seas. These included calcified algae, foraminifera and sponges, hard-shelled bivalves, gastropods and echinoderms, corals and sea lilies, together with now extinct but highly successful groups such as trilobites and graptolites. The second was the sudden evolution of hard parts—variously made of lime (calcium carbonate), silica, or chiton (a hard organic polysaccharide). Such mineralized skeletons are 1000 times more easily preserved as fossils than is soft tissue. Ocean chemistry had evolved still further—oceans were both fully oxygenated and less acidic, thus allowing for the preservation of hard skeletal material.

From the Paleozoic Era onwards, therefore, we have a much clearer image of how evolution proceeded (Figure 23). It was during the early Paleozoic that a quiet but fundamental experiment took place—the evolution of a backbone. The creature that first

Geological period	**Date** (million years ago)	**Characteristic life**
QUATERNARY	0 – 2.6	Mammoths, sabre-toothed cats, modern humans
NEOGENE	2.6 – 23	Grasses; hoofed mammals; rodents; snakes; first hominids
PALEOGENE	23 – 66	First whales; coral reefs; early ungulates; primates
CRETACEOUS	66 – 145	Calcareous plankton; flowering plants; placental mammals
JURASSIC	145 – 201	Modern fishes; early mammals; first birds
TRIASSIC	201 – 252	Scleratinian (stony) corals; reptiles; first dinosaurs
PERMEAN	252 – 298	Sponge-bryozoan reefs; advanced mammal-like reptiles
PENNSYLVANIAN (late Carboniferous)	298 – 323	Conifers; winged insects; first mammal-like reptile
MISSISSIPPIAN (early Carboniferous)	323 – 359	Seed-bearing plants; giant land-scorpions; first reptile
DEVONIAN	359 – 419	Large land plants; ammonoids; lungfish; sharks; amphibians
SILURIAN	419 – 444	Vascular plants; jawed fish; early land animals
ORDOVICIAN	444 – 485	Tabulate corals; jawless fishes; spores of land plants
CAMBRIAN	485 – 541	Arthropods; Burgess Shale fauna; first chordate; explosion of life forms
NEO-PROTEROZOIC	541 – 1,000	Ediacara fauna
MESO-PROEROZOIC	1,000 – 1,600	Multicellular organisms; Ediacara fauna
PALEO-PROTEROZOIC	1,600 – 2,500	Sexual reproduction, Eukaryotes evolve
ARCHEAN	2,500 – 4,000	Archaea; bacteria; cyano-bacteria; stromatolites, Abiogenic origin of life
HADEAN	4,000 – 4,600	

23. Evolution and events timescale.

displayed evidence of this structure was *Pikaia*, a flattened worm-like fossil found in the Burgess Shale of the Canadian Rockies. Not long after that the first proto-fishes appeared in the Silurian seas some 425 million years ago. Once the true fishes had evolved and mastered the art of swimming, they were set to conquer the seas.

It was at about this time, too, that the singular dominance of the aqueous realm as home to all life on Earth began to be challenged—after more than 4 billion years. First bacteria, algae, lichens, and fungi moved from the shoreline fringe to colonize the continental interior, and then the higher plants. Before long the continents were as green as the seas were blue. The advent of this colonization by land plants was to have a major and irreversible effect on the whole global environment. Pioneers of the animal world soon took to the land themselves.

Paleozoic mass extinction

Evolution and extinction have always been closely intertwined. At certain times and places in the past, conditions have favoured adaptation and change, great radiations of new creatures such as occurred in the Cambrian explosion of life, and at the beginning of each new geological era. Other times have witnessed the rapid and simultaneous demise of large numbers of species, genera, and whole families. These are the mass extinction events, including the ones that brought both Paleozoic and Mesozoic Eras to an end (Figure 24).

The largest of all took place around 250 million years ago at the end of the Permian period. An estimated 50 per cent of all known families disappeared forever, which equates to around 96 per cent of all species on Earth—most of which were still ocean-bound at that time. Before this, marine life had been a rich cornucopia of species quite unlike those of today but equally varied, forming complex food webs that had been evolving for over 100 million years. Almost all

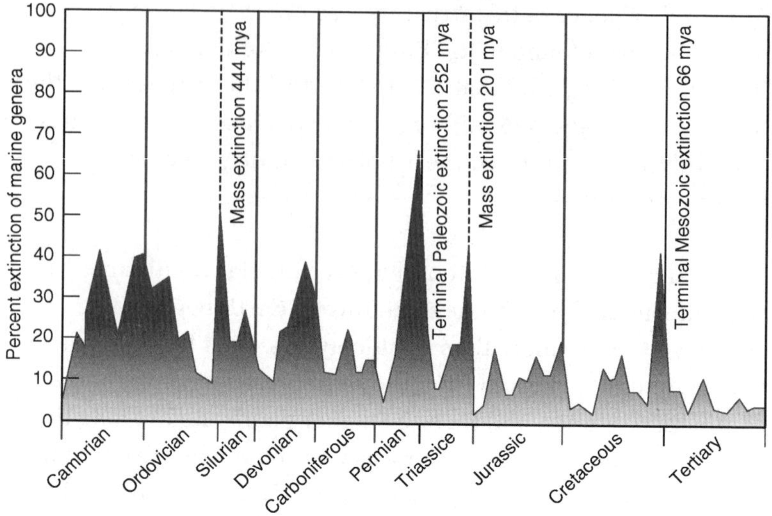

24. Extinction events, with special reference to the oceans.

solitary corals, sea lilies, and encrusting bryozoans died out, together with nearly all the 160 known species of brachiopods. The last of the trilobites crawled over the seabed, and the last graptolites disappeared from the surface waters. This was very largely an ocean extinction, but on land too, the great coniferous forests of Laurasia and Gondwanaland were wiped out, taking with them a host of insects and other small creatures for which we have little record. Only very few of the larger mammal-like reptiles survived.

This great mass extinction event was quite unprecedented in scale and effect. It was drawn out over 8 million years of rapid decline and a shorter 80,000-year period of catastrophic species demise. We can infer that two complex environmental factors were responsible. The first was the slow fusing together of continents during the Permian period to form a single great landmass known as Pangaea. This had several consequences: (a) sea levels fell to an all-time low reducing habitat diversity and promoting ecological instability; (b) the escape of gas hydrates and oxidation of carbonaceous deposits, also a result of lowered sea level, released large quantities of carbon dioxide into the atmosphere thus causing global warming—atmospheric oxygen levels plummeted; (c) continental climates were extreme, severely stressing plant and animal life on land.

The second was an intense period of volcanic activity, for which we have good evidence in the Siberian Traps, which represent enormous outpourings of lava. Immense clouds of volcanic ash may have temporarily blotted out sunlight and led to a 'nuclear winter'. But ultimately the result of vast emissions of carbon dioxide and other gases led to global warming and, perhaps more importantly, to poisoning of the atmosphere and oceans with fluorine, acid rain, and trace metals. Low atmospheric oxygen would also transmit to the oceans.

Pushed to their limits by such a combination of environmental factors, the natural decline of species increased many times over. The loss of certain plants affected a host of animals that fed on them and, in turn, the predators further up the food chain. Competition inevitably increased as favourable habitats diminished. Diseases may have spread more aggressively between animal groups as once-isolated landmasses came together. In the final analysis, it was an unparalleled biological disaster from which the world took many million years to recover.

Tethys Ocean revival

The Mesozoic Era heralded a completely different world. The single supercontinent that had formed in the Permian period proved unstable and began to break apart. A series of east–west rifts opened up a narrow equatorial ocean right across the heart of Pangaea. This was the Tethys Ocean that grew and grew and came to dominate the world for the next 250 million years. Sea levels rose to the highest they had ever been, global temperature rose, more rifts appeared in the continents, and arms of this warm new Tethys Ocean fingered into the continental interior.

Such a benign ocean world was an ideal nursery for the revival of life. New types of microscopic plant life took hold of the phytoplankton world. Coccolithophores, diatoms, and dinoflagellates all came to prominence. There was a parallel explosive radiation of zooplankton to feed upon such bounty—lime-secreting foraminifers and siliceous diatoms at the forefront. Marine invertebrates capitalized on the ocean rejuvenation that was now underway with an exuberant radiation in form. Molluscs proliferated—from the oysters and clams that hugged, burrowed, or attached themselves to the substrate, and great reef-like mounds constructed almost entirely by rudist bivalves, to the highly effective free-swimming shellfish (coiled ammonites and bullet-shaped belemnites). At one period a vast deep-water sponge reef, about one-and-a-half times as long as the Great Barrier Reef today, stretched along the northern Tethys shelf seas. Later still, new types of corals and bryozoans appeared in warm shallow seas all around the ocean.

While dinosaurs proliferated on land, so marine reptiles became the top predators at sea: saltwater crocodiles, paddle-finned long-necked plesiosaurs, and big-headed short-necked pliosaurs, some growing up to 17 metres in length, about twice as long as a bus, with powerful jaws and gigantic teeth. Perhaps most highly evolved were the fast-swimming, dolphin-like ichthyosaurs.

Almost unnoticed amid the weird and wonderful profusion of the time were several key developments, on land rather than at sea, which were to form the cornerstone of future life. First was the evolution of mammals from one of the therapsid group of advanced mammal-like reptiles in the late Triassic Period. Mammals remained small and lay low beneath the overwhelming dominance of reptiles. Second was the evolution of birds, most probably from small therapod dinosaurs in the early Jurassic, like the much-heralded *Archaeopteryx*. And third was the appearance of angiosperms (flowering plants) on land in the early Cretaceous.

Mesozoic mass extinction

The fecundity of the Mesozoic oceans was brought to an end by the mass extinction event at the end of the Cretaceous period, some 66 million years ago. The planktonic world underwent severe decline and dramatic change, with knock-on effects upwards through the food chains. Ammonites and belemnites disappeared forever. With them went roughly a quarter of all species of crocodiles, turtles, and fish, and almost all the top-predator marine reptiles. On land, the long decline of the dinosaurs was completed. Altogether about 20 per cent of known families and an estimated 50 per cent of all species became extinct. The duration of this event is known to have been relatively short, but not instantaneous.

Literally hundreds of theories have been proposed for the death of the dinosaurs—some with an element of sense, many more quite fanciful. Much advocated at present is the idea that a giant asteroid, measuring 10 kilometres in diameter and weighing in excess of 4 million tonnes, struck the Earth somewhere in the Gulf of Mexico region. The ghost of a giant ring-like structure has been seen on remote images of the area and called the Chicxulub crater. Concentrations of iridium, an element common in some meteorites, have been found across the Cretaceous–Tertiary (KT) boundary at different places around the world, together with a highly stressed type of quartz grain. But, in reality, the evidence is meagre. Such catastrophist theories have difficulty explaining the fact that many plants and animals were barely affected—most land plants, for example, survived. Most molluscs, sharks, bony fishes, placental mammals, and all amphibians were also completely unscathed.

There is abundant evidence, however, for a combination of environmental drivers. As with the end Permian extinction, there were large outpourings of lava just preceding the KT boundary event—evidenced by 500,000 square kilometres of Deccan Traps in India. Extremely high sea levels and a warm climate had endured through 30 million years of the late Cretaceous. Then, sea levels began to fall and temperatures dropped dramatically. Coastal habitats diminished and land bridges opened up—the spread of diseases between animal groups, already subject to enhanced competition, would have increased. There is further evidence of long-term decline in many groups of dinosaur, and in the extinction of certain marine fauna several millions of years prior to the boundary. Detailed microfossil records across the KT boundary in marine records drilled beneath the oceans reveal a rapid but stepped species extinction.

It is difficult to avoid concluding, therefore, that the KT extinction event was due to a complex combination of environmental factors, including marked changes in ocean chemistry, which triggered extreme biological stress.

Cenozoic ocean world

Once again the oceans helped nurse the world back to vitality. Continental drift continued to change the distribution of land and sea. The Tethys Ocean was slowly closing—and finally disappeared for good around 5.5 million years ago. The Atlantic and Indian Oceans were expanding, the Antarctic continent drifted across the South Pole, and the world began to look much as it does today. New plankton evolved together with a plethora of colourful fishes and modern corals. Oysters, mussels, barnacles, cockles, and razor clams adorned the rocky and sandy shorelines, while an altogether different underworld colonized the deep oceans. This included unusual chemosynthetic ecosystems around black-smoker vents on mid-ocean ridges, cold-water coral communities that thrive without direct sunlight, and a host of remarkable bioluminescent organisms capable of generating their own light source.

One significant evolutionary development of the Cenozoic Era was the return to the sea of a mammalian line that had become entirely land-based. This was represented by hyena-like creatures, known as *Pachyaena*, which scavenged along the shoreline 45–50 million years ago. Fossil remains show progressive and rapid evolution from these strand hunters to wading 'whales', to paddle-swimmers, and thence into tail-swimming, streamlined, fully marine mammals of the cetacean family. The first to appear were the toothed whales (dolphins and porpoises), whereas the baleen whales evolved some 10–15 million years later.

Chapter 8
Marine web of life

The oceans now cover 71 per cent of the world and over 90 per cent of its habitable living space. They provide vital nutrients, dissolved gases, and mineral salts. They are rich in oxygen and their surface is bathed in an endless supply of sunlight. Water temperatures are far more constant than those on the continents and they are responsible for over half the world's primary productivity.

Life exists through the cycling of matter and specific chemicals, the consumption of food, and the exchange of energy. Every marine organism is affected by its surroundings. Temperature, salinity, water pressure, and the availability of sunlight and of nutrient chemicals are some of the physical factors that influence ocean life. The assemblage of organisms that inhabit any one ecological niche also has a profound influence on every member of the group. There is competition for living space and for food, just as there is an urge to reproduce. But the endless quest for food is the foremost need of all living creatures. Different species play their own unique role in the cycles, complex webs, and food chains of the oceans. Each of the six kingdoms into which we classify life is well represented in the marine realm (Table 6). This chapter provides a small introduction to the much larger topic of marine biology.

Table 6 The six kingdoms of life as represented in the oceans

Archaea	Prokaryotes, single-celled organisms, one of the oldest, most primitive, and most abundant life forms, especially adapted to harsh environments
Bacteria	Prokaryotes, single-celled organisms, one of the oldest, most primitive, and most abundant life forms, more or less ubiquitous
Protista	Eukaryotes, single-celled organisms with well-defined differentiation of nucleus and organelles, catch-all group for animal-like, plant-like, and intermediate forms
Fungi	Eukaryotes, mostly multicellular and lacking independent movement, heterotrophic decomposers of dead and living organic material
Plantae	Eukaryotes, multicellular, and lacking independent movement, autotrophic (primary producers) with an ability to produce their own food through photosynthesis
Animalia	Eukaryotes, multicellular, and mostly showing some degree of independent movement, heterotrophic (consumers)—feeding on other organisms

Biozones and habitats

Ocean space is generally subdivided into *biozones* according to its particular physical attributes (Figure 25). In the first instance, a clear distinction can be made between the *pelagic* province, which includes the whole of the water column and its host of nektonic and planktonic organisms, and the *benthic* province or ocean floor, scoured and inhabited by benthic organisms. A fundamental division is also made between the *neritic* zone of shallow water that overlies the continental shelves, and the *oceanic* zone of the open ocean beyond the shelf break. This can be further subdivided on the basis of depth into littoral (or intertidal), sub-littoral (continental shelf), bathyal (continental slope), abyssal (deep-ocean

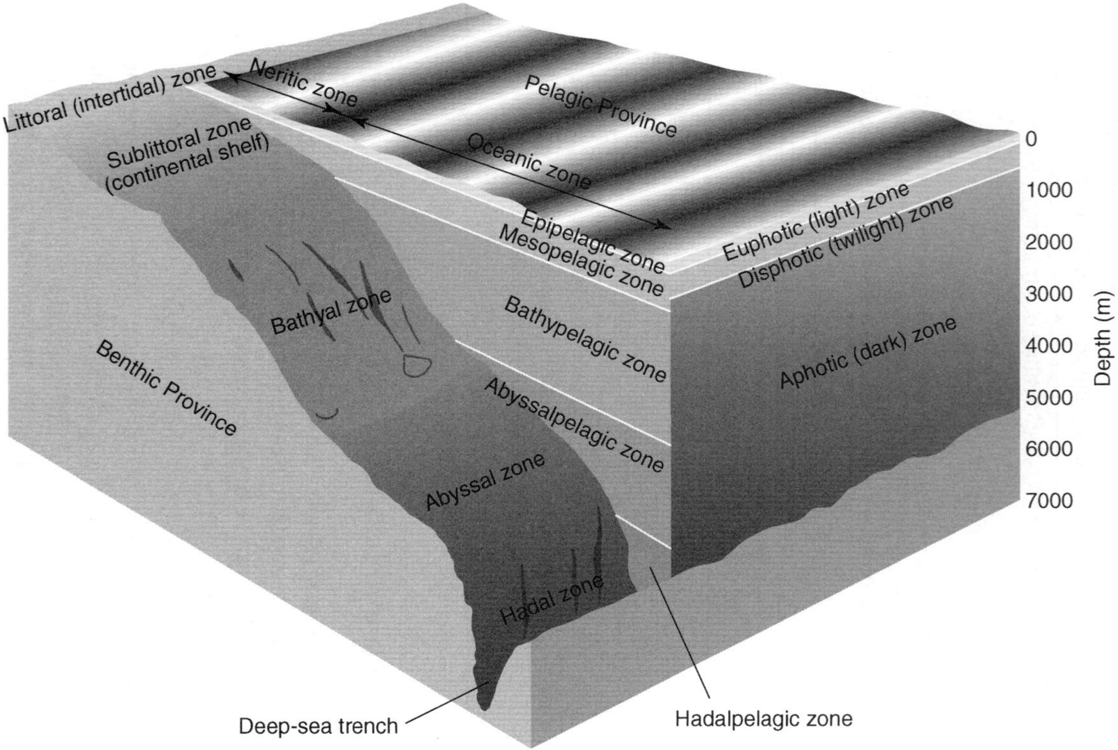

25. Marine biozones and habitats.

basin), and hadal (deep-sea trench) zones. Depth is one of the key controls on the availability of light in the ocean and hence on the nature and distribution of biota. Deep-sea habitats and ecosystems are one of the least known on Earth.

The broad climatic belts expressed on land, such as Arctic tundra, temperate grasslands, and tropical rainforest, have their muted but equally significant expression at sea. Floating ice and winter darkness make the *polar* seas one of the harshest climates for any life to survive, thus forcing some of the most remarkable seasonal migrations on the planet. The *temperate* zones are mild in climate but still markedly seasonal. This drives a strong ocean circulation pattern, overturn of water masses, and recycling of nutrients. The result is a spring and summer productive bonanza, which quite literally feeds the world—an explosive series of planktonic blooms that support many different colonies and ecosystems. An equatorial *tropical* zone of permanently warm seas girdles the Earth. Although its productivity is distinctly patchy and less than that of the temperate seas, it sports some of the most diverse and exotic of all marine habitats, including coral reefs and mangrove swamps.

The possible choice of a home or habitat in the ocean seems almost endless. At first sight it appears strange that animals might choose the icy polar waters in preference to balmy tropics, or swap the bounty of temperate shelves for a near starvation diet on the deep-sea floor. But that is the marvel of competition and adaptation by which all organisms have evolved over countless aeons. Indeed, the nutrient-rich temperate seas support very large numbers of organisms and a whole series of complex food webs. It may be easy to eat and find a mate but it is equally easy to become somebody else's lunch. Coral reefs may provide a smorgasbord of tasty entrées and all manner of places to hide, but also an equal number of predators with that special adaptation to penetrate even the most secure of hiding places or most impenetrable of armour. Set against this backdrop of fierce competition, it becomes clear why colonization of new and harsher habitats, accompanied

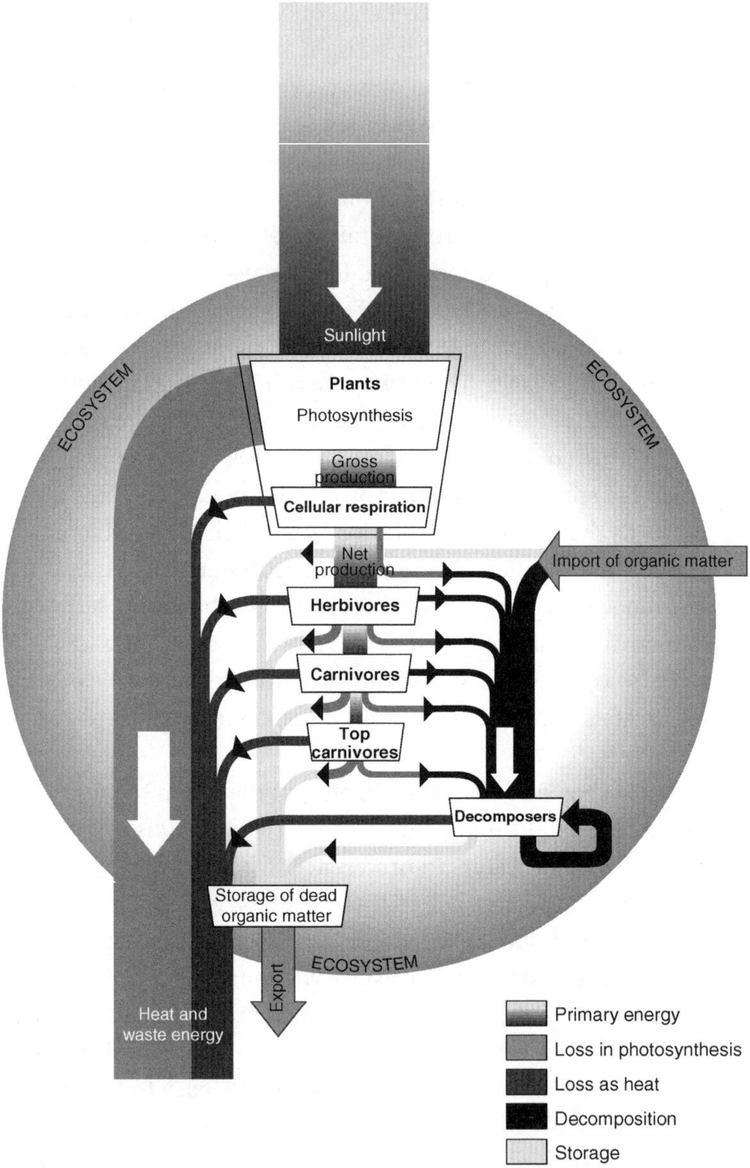

26. Ocean life cycles and webs.

by appropriate adaptation to survive, becomes an attractive alternative to the 'urban' rat race.

Whatever home is eventually chosen—rich suburb, poor shanty town, or remote farmhouse—each organism must find its own particular niche within that habitat in order to survive (Figure 26). In an ecological context, an organism's niche is its occupation. For example, barnacles stick to wave-pounded rocks that few other creatures could survive, filtering food from the surf, while sea cucumbers crawl quietly across the muddy seafloor hidden from light, scavenging and recycling the organic waste from others. The precise niche is determined by a wide range of abiotic and biotic factors to which the organism responds. The more unique the niche and the less it overlaps with those of other organisms, the more successful an organism will be.

The world of plankton

The soup kitchen of the ocean world is the plankton—a multitude of microscopic and tiny organisms that live near the sea surface in the pelagic province. Each year over 6 million million tonnes of *phytoplankton* grow wherever light will penetrate, harnessing solar energy and chemical nutrients in seawater (Table 7, Figure 27).

There are at least 6000 different species of diatom. These miniature organisms create a protective home in silica glass boxes of all shapes and designs. Most store food reserves as droplets of oils and fatty acids, which also help maintain buoyancy and hence a prime position near the sea surface. Diatoms are the dominant phytoplankton in cold and temperate waters, as well as along many shores and coastal inlets. Another group, the silicoflagellates, are most abundant in cold polar waters.

In tropical seas and the open ocean coccolithophores abound. They make their complex spherical homes of tiny patterned discs (coccoliths) from calcium carbonate. They have two thread-like

Table 7 Primary production statistics

Quantity: 500–750 gC/m^2/year	Ocean: shallow inlets, kelp beds, coral reefs	Land: tropical rainforests, freshwater swamps
Quantity: 250–500 gC/m^2/year	Ocean: coastal upwelling systems, deep estuaries	Land: intensive agricultural areas, lakes
Quantity: 50–250 gC/m^2/year	Ocean: continental shelves and some marginal seas	Land: temperate forests, grasslands, croplands
Quantity: < 50 gC/m^2/year	Ocean: open ocean areas	Land: deserts, steppes

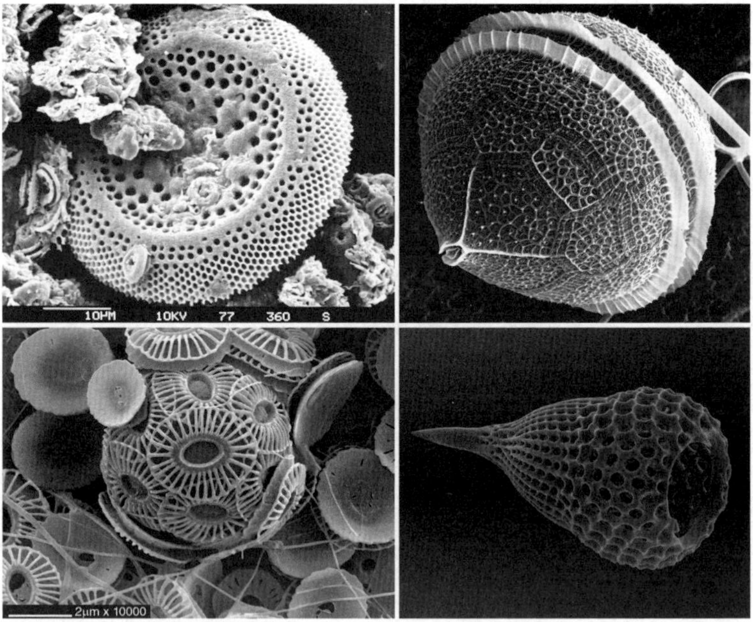

27. Plankton community.

flagella, which they use as a weak form of locomotion, primarily maintaining their position in the sunlight. Dinoflagellates are other members of the tropical phytoplankton, some of which glow with a blue-green bioluminescence at night. Some species have opted for a symbiotic life within the bodies of jellyfish, corals, and molluscs. Their task is to supply food, while their host provides protection, carbon dioxide, and other nutrients. Other dinoflagellates have taken up a parasitic existence, living in the intestines of marine crustaceans.

Formerly unnoticed in the phytoplankton, because of their ultra-microscopic size, are the cyanobacteria. More than half a million of their individual cells would fit on to a single pinhead. Yet we now know that they can account for 80 per cent of primary production at the ocean surface. In shallow waters, where sunlight easily penetrates, they are also found carpeting the seafloor as rather slippery, dense green mats. Those forms that secrete calcium carbonate are architects of cabbage-like stromatolites—living representatives of an ancient life form.

Everywhere that primary producers live, they are accompanied by an equally diverse *zooplankton* community of tiny herbivores and carnivores. Protozoans are all single-celled organisms that commonly build tiny sculptured shells, about the size of sand grains. They include the multi-chambered shells of foraminiferans, made from calcium carbonate, spiky glass spheres of radiolarians, and helmet-shaped tintinnids. These organisms extend fine radiating strands of their own cell material through tiny pores, which they use for capturing prey as well as for locomotion.

The chief consumers of both phytoplankton and other zooplankton are copepods. They grow a little bit larger, up to 2 millimetres in length, hunt more ferociously, and consume more rapidly than the smaller protozoans. They are tiny elongate shrimps with broad waving antennae, which have developed highly efficient means of grazing. They beat their legs furiously, setting up a steady flow of water that directs the floating plankton towards feeding cups spaced out along their limbs.

In the Southern Ocean, high plankton productivity is related to upwelling of nutrient-rich waters along the polar front that separates different water masses. The diatom blooms at these high latitudes generally begin in the early summer months, when pack ice begins to melt and the hours of sunlight increase. As the phytoplankton bloom they attract krill—open-water shrimps that grow to several centimetres in length and multiply rapidly. Single swarms can be hundreds of square metres in area, 5 metres thick, and have been estimated at around 2 million tonnes in weight. Most of the eighty-six known species of krill are bioluminescent, so that these incredibly dense swarms produce an eerie glow at night.

The marine environment

Light availability, temperature variation, saltwater chemistry, pressure, and density are the principal physical parameters of the marine environment. These are the factors that all marine organisms must learn to live with if they are to survive.

Sunlight is vital for all photosynthesizing organisms, which have therefore developed a multitude of adaptations for maintaining their position in the photic zone—less than a few metres from the surface in cloudy coastal waters or down to 200 metres in the clear open ocean. The majority of heterotrophic organisms must similarly adapt to live where food is plentiful. There is also a diverse range of creatures which have adapted to life without sunlight, below even the twilight zone.

Most of the solar energy absorbed by seawater is converted directly to heat, and water temperature is vital for the distribution and activity of life in the oceans. Whereas mean temperature ranges from 0 to 40 degrees Celsius, 90 per cent of the oceans are permanently below 5°C. Most marine animals are ectotherms (cold-blooded), which means that they obtain their body heat from their surroundings. They generally have narrow tolerance limits and are restricted to particular latitudinal belts or water depths. Marine mammals and birds are endotherms (warm-blooded), which means that their metabolism generates heat internally thereby allowing the organism to maintain constant body temperature. They can tolerate a much wider range of external conditions.

Coping with the extreme (hydrostatic) pressure exerted at depth within the ocean is a challenge. For every 30 metres of water, the pressure increases by 3 atmospheres—roughly equivalent to the weight of an elephant. At 1 kilometre depth, the pressure is 100 atmospheres—or the equivalent of thirty-three elephants piled up on just one square metre. For most surface-dwelling species, these crushing pressures would be untenable, but there is a rich and diverse community of organisms that populates the abyssal seafloor. This is because it is gases not liquids that are highly compressible and all marine creatures are composed mainly of water and contain no gases. They are apparently quite unaware of the oppressive hydrostatic pressures under which they live. Rather more specialized adaptations are required, however, for those fishes and whales that can live at the surface and then dive into the deep sea in search of food.

Movement underwater

Several different styles of movement are used by marine organisms. These include floating, swimming, jet propulsion, creeping, crawling, and burrowing. A few species have also learned to hitch a ride on others, or to catch the wind and sail across the sea surface. Yet other animals choose a sedentary existence, at least for most of their life. The particular physical properties of water that most affect movement are density, viscosity, and buoyancy. Seawater is about 800 times denser than air and nearly 100 times more viscous. Consequently there is much more resistance to movement than on land, as anyone will know who has ever tried to run through even waist-deep water.

Floating and drifting is the preferred option for many zooplankton that reside amid phytoplankton pastures. Others display a much greater range of movement. Some planktonic animals only 1–2 millimetres in length actually travel several hundred metres each day, swimming up to the surface to feed at might. At dawn they sink back down in an effort to avoid predation. The double journey would be like a person swimming 700 kilometres! Even jellyfish use a weak form of jet propulsion, squeezing water from their floating sacks to effect motion.

Most large marine animals, including all fishes and mammals, have adopted some form of active swimming (Figure 28). Swimming efficiency in fishes has been achieved by minimizing the three types of drag resistance created by friction, turbulence, and body form. To reduce surface friction, the body must be smooth and rounded like a sphere. The scales of most fish are also covered with slime as further lubrication. To reduce form drag, the cross-sectional area of the body should be minimal—a pencil shape is ideal. To reduce the turbulent drag as water flows around the moving body, a rounded front end and tapered rear is required. The resultant shape, taking into account all three types of drag, is the torpedo form of a tuna fish—this is the fastest swimming of all fishes.

Fins play a versatile role in the movement of a fish. There are several types including dorsal fins along the back, caudal or tail fins, and anal fins on the belly just behind the anus. Operating together, the beating fins provide stability and steering, forwards and reverse propulsion, and braking. They also help determine whether the motion is up or down, forwards or backwards.

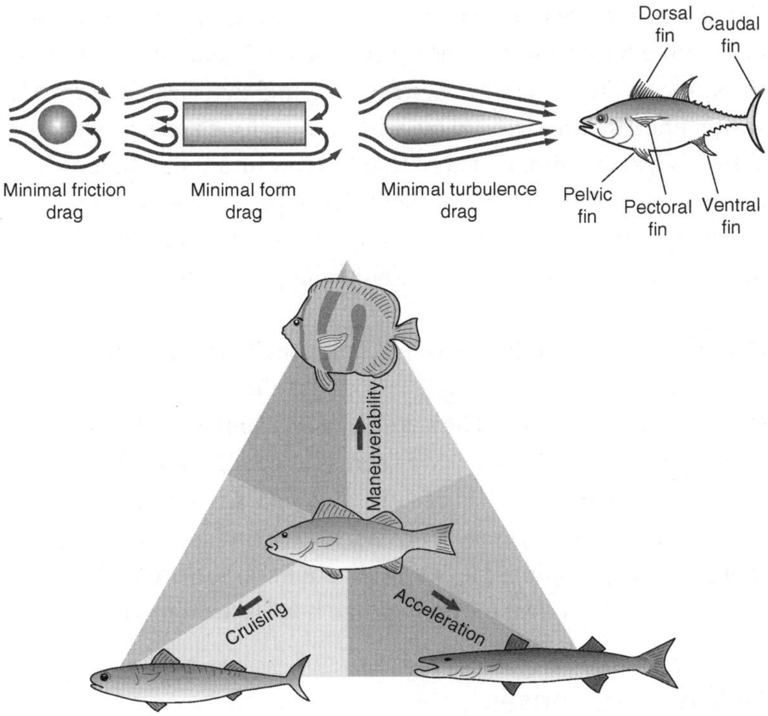

28. Movement in fishes.

Several fishes have learned to glide through the air. For the fast-swimming flying fish it is probably the most important evolutionary adaptation that has enabled it to survive through millions of years of predation by equally swift hunters. Launching into the air requires the fish to swim upwards at high speed, then as it begins to leave the surface it thrusts strongly from side to side with its enlarged caudal fin, and extends its broad wing-like pectoral fins for complete lift off. These fishes can leap as high as 10 metres, soaring through the air at speeds of 60 kilometres per hour and travelling 250 metres in a single flight. The fast whirring action of their caudal fins as they return to the sea allows them to take off again and make several long flights in a row, even turning a near right angle in mid-flight.

For every creature that swims or floats, there are many more that have opted for a slower or more sedentary existence on or around the seafloor. These include bacteria and fungi that clean and recycle waste, photosynthesizing algae within the photic zone, as well as a host of larger animals. Those that burrow into the sediment for protection (worms and some shellfish) as well as sessile anemones, corals, sponges, and bryozoans, simply play a waiting game for food to fall to the seafloor or wash up along the shoreline.

Other bivalves, including oysters, clams, scallops, and mussels, as well as a variety of sea snails (gastropods) and sea slugs, creep very slowly over the seafloor. The sea slug uses a similar method of movement as it munches its way across a diet of seaweed, or an animal host to which it has become attached. Crustacean scavengers—lobsters, crabs, crayfish, and shrimps—use four of their five pairs of jointed legs to walk about on the ocean floor, a clumsy almost comical movement like heavily armoured knights.

Heightened senses

Marine animals have developed a heightened awareness of several different sources of sensory information. Sight and sound are important for some, whereas for others it may be pressure differences, smell, touch, taste, or even gravity or magnetic and electrical fields.

There are a wide range of adaptations for vision under the sea. The flatworm has an organ analogous to an eye with tiny pigment spots, which allow it to distinguish light and dark. As there are two receptors, it can also determine the direction of the light. The giant Pacific scallop has a series of receptors rimming the fleshy periphery of its body that give a simple sense of light and dark, perhaps warning the shellfish to clamp tight shut when the shadow of a predator approaches. Most fishes have eyes set on opposite sides of the head and use them independently for monocular vision. By weaving their head and body from side to side as they swim, each eye can scan a wide range. Some fish can swivel their eyes forwards and so achieve limited binocular vision. Having no muscles to alter the shape of the lenses, they must move the entire lens backwards to see distant objects and forwards to view near objects, in exactly the same way as we focus a camera.

Chemical stimuli are easily transmitted through water and so form an important source of information. Sea anemones begin to reach out their waving tentacles and grasp at any suitable food particles that come within their chemical range. A great many other creatures have well-honed chemoreceptor cells—from primitive protozoans and colonial sponges, to salps and sea cucumbers, carnivorous molluscs and crustaceans, and all types of fish.

Most fishes have a well-developed sense of smell, some much more so than others. The moray eel is a common reef resident, hiding in crevices by day and hunting by night, locating and tracking its prey largely by scent. The Nassau grouper has a double nasal opening giving it a highly efficient olfactory sense. It is well known that sharks have an uncanny sense for the least trace of blood within a wide circle of their location, as well as excellent vision up to about 15 metres. They can detect food or blood in the water at levels of only a few parts per hundred million.

All elasmobranchs—skates, rays, sawfish, and sharks—are able to sense electricity, through special organs (ampullae of Lorenzini) located over the top and sides of the head region. They are small sacks of sensitive tissue filled with a jelly-like substance that are connected to the surface via narrow ducts and pores. These ampullae can detect as little as one one-millionth of a volt of electricity. Since all animals involuntarily generate minute electrical charges as they live and move, the ability to detect and interpret such charges is a formidable weapon.

Such noisy silence

Far from being a silent, tranquil underworld, the sea is filled with a cacophony of sound. Animals of all types contribute clicks, wheezes, whines, clucks, rumbles, scrapes, and bumps. All these sounds are transmitted by compressive wave motion far more effectively underwater than in air. As a result sound travels twice as fast in water and about four times as far.

Fish, shellfish, and crustaceans have no vocal cords to help them emit sound, but use different adaptations. Fish of the grunt family grind together their upper and lower pharyngeal teeth emitting a sound not unlike that of feeding pigs. The croakers and drummers are also aptly named fishes for the sounds they produce by vibrating strong muscles attached to the swim bladder walls. The toadfish both grunts and whistles, the latter as long low-frequency bursts of sound used typically in the mating season. The pistol shrimp, though less than 5 centimetres long, can produce a very sudden and sharp retort by snapping together two parts of its outsized claw. This is highly effective for stunning small prey and also in defending their burrows. Fiddler crabs use their claws to rap out warning signals, and leg movements to produce a lower frequency honking sound that attracts female crabs in the vicinity. The variety is as intriguing as it is diverse.

The lateral line is a system of mucus-filled canals just beneath the surface of the skin that stretches along the length of many fishes and heightens their response to infrasonic vibrations. Fishes are therefore very aware of the least movement underwater, which is one reason that a whole school of many hundreds of fish is able to twist and turn in exact unison.

Sound is the principal sensory system used by larger marine mammals such as whales and dolphins. Dolphins emit high-frequency sounds, from audible clicks to ultrasonic vibrations of over 100,000 Hz, and then listen for the echoes. From these they construct an accurate image of their surrounds—the distance, direction, and movement of any objects, their size and shape, texture, and density, and even species of fish. The clicks are produced from the dolphin's large forehead region, by recycled compressed air, and the echoes are received over a broader area of the head including the inner ears. A large auditory lobe in the brain helps decode such a complex array of signals.

Feeding strategies

So many of an animal's adaptations for life in the sea are ultimately strategies for feeding and for avoiding predation. This is the harsh reality of survival, in which all animals tread the finest of lines between life and death. From the top predators to tiny zooplankton, each animal establishes its own ecological niche and then adopts a suitable feeding strategy. To achieve this necessitates the correct selection of tools and techniques, armoury and camouflage, and the decision to cooperate or to avoid conflict.

Eating low on the food chain is the most energy efficient means of nourishment for animal life. Size and speed of movement do not matter. From tiny zooplankton and slow-moving sea snails to the great blue whale, the principal determinant is locating enough to eat. Baleen whales are the ultimate in perfection and scale when it comes to harvesting a meal from the ocean plankton. The blue whale is the largest creature on the planet and eats a daily average of 4 tonnes of plankton. Mostly it eats krill, a small shrimp-like member of the zooplankton, but simply by opening its enormous mouth it swallows everything in its path. In place of teeth, there are large plates of baleen (a keratin substance) forming a tight mesh. When the whale's mouth is full of food and water, it closes and expels the water through the baleen plates straining out the krill and other plankton, which it then swallows. Humpback whales often feed by ascending slowly from below a rich patch of plankton, blowing a ring of bubbles. This acts as a bubble net, trapping the krill as a concentrated broth near the surface.

Other creatures prefer to settle down for most or all their life in just one place. This is an excellent way to conserve energy, not having to move but simply letting food and water waft towards them, perhaps helping it along by flailing cilia or waving tentacles. The chief problem is to find a suitable location where food will be naturally plentiful, and a suitable substrate. Polychaete worms and many bivalves burrow into soft muds and sand; other bivalves live on or bore into rock. Barnacles, the small hardy crustaceans whose conical encrusting shells are so familiar along every rocky seashore, attach themselves to almost anything—rocks, ship's hulls, and other marine animals including crabs, turtles, fishes, and whales.

Corals and other reef builders construct solid, three-dimensional edifices that may cover many square kilometres of seafloor. Individual coral polyps are tiny soft-bodied creatures that live in and over the little cups of calcium carbonate they have secreted. Typically, their tentacles are lined with nematocysts (stinging cells), and also have harpoon tips for firing poison. They also extrude long, fine threads to wrap around and ensnare prey, perhaps coated with a sticky substance, which further prevents escape. Some are shorter fleshy stalks covered in minute cilia that beat in unison, directing a flow of water and foodstuff over the polyp's mucus-lined interior. Equally effective is the polyp's common symbiotic relationship with photosynthesizing dinoflagellate algae, known as zooxanthellae.

Hunting and poisoning

For those animals that hunt for a living, locating and trapping a meal is a more or less constant pursuit, aided by a range of hunting equipment—teeth of all kinds and numbers, sharpened spikes, swords and tusks, electric shocks and loud stun guns, suckers and stings, and poisons that immobilize and kill.

The cruising fish and toothed mammals are some of the most voracious predators in the ocean and some of the most effective, capable of devouring large quantities of smaller prey in a matter of moments. There are some 250 species of shark, 35–40 of which are dangerous to humans. Their several rows of large, sharp, triangular teeth coupled with immensely powerful jaws, keen senses, and swift movement cast them among the top marine predators, alongside dolphins and killer whales.

For others, the hunting technique is more varied and creative. Many reef-feeding fishes have elongate snouts for prying into cracks and crevices. Sea stars use strong suckers to prise open shellfish, while the crown-of-thorns starfish has an anvil of small rasping teeth to grind and suck away at coral polyps. Sea spiders feed on the juices of cnidarians and other soft-bodied invertebrates that they extract with a long sucking proboscis. The bat ray swims slowly over the seafloor spurting water from its gills to stir up the sediment, thereby revealing any hiding animals. It then settles and sucks the helpless victims into its mouth. Electric rays and torpedo rays are among the 250 species of fish known to possess specialized organs capable of delivering painful electric shocks (from 8 to 220 volts), stunning or even killing their prey.

The art of poisoning is even more prevalent at sea than on land. Many species of five main invertebrate phyla and a large number of vertebrates regularly use venom, either as a defensive mechanism or for immobilizing prey prior to feeding. Several of the sedentary animal groups employ batteries of stinging cells (nematocysts) for both defence and attack, and often advertise the fact with bright colours—red moss sponge and fire sponge, strawberry anemone and hell's fire sea anemone, for example. Nearly all the 2700 varieties of hydroid also deploy rows of nematocysts along their waving tentacles.

Some of the most venomous creatures in the ocean include the box jellyfishes and sea wasps of northern Australia and the north Indian Ocean. These can kill a person within thirty seconds of being stung as a result of circulatory or respiratory failure. Among many different types of venomous fishes—dogfish, dragonfish, scorpionfish, stonefish, and pufferfish—the most dangerous of all are the superbly camouflaged stonefish, which can kill small prey in seconds and a human swimmer within a couple of hours, and the pufferfish whose toxin is 200,000 times more poisonous than the deadly plant extract used to tip poison arrows.

Sex at sea

Food and reproduction are the chief preoccupation of most living organisms, and the scale of reproduction in the ocean is quite phenomenal. An average litre of surface water from the ocean contains over half a million diatoms and other unicellular phytoplankton and many thousands of zooplankton. During the spring bloom, each cell divides and rapidly reproduces, asexually, easily yielding more than a billion progeny in a month.

Copepods are among the first 'larger' animals drawn to such spring blooms. As they graze and reproduce, sexually, so their numbers increase astronomically. After fertilization a female copepod can produce over a hundred eggs, and some species produce a new clutch of eggs every 4–5 days. New hatchlings take less than two weeks to reach maturity before they too can reproduce. Where food is plentiful, especially in the surface waters across broad continental shelves of upwelling areas, their concentration can reach 100,000 individuals per cubic metre of water. At such times, they probably rank among the most numerous animals on the planet. Each one can consume as many as 120,000 diatoms per day.

The ability to lay large numbers of eggs is a major advantage for species survival. Horseshoe crabs each lay 20,000 eggs and their forebears, who have changed very little in appearance through time, have probably been doing the same every spring for the past 500 million years. The average hake will lay 1 million eggs at a time, a haddock up to 3 million, and a cod as many as 9 million. The purple sea hare snail produces 20 million eggs, while an average oyster will lay 500 million eggs in a single year! The individual polyps of a large coral reef effect a multi-species synchronized mass spawning with the simultaneous release of billions of eggs and sperm. There is an amazing pinkish haze across the coral reef when this occurs.

There is enormous variety in how reproduction is achieved, and many species keep several options open. Corals, sponges, and sea anemones can reproduce by an asexual budding process, as well as by spawning. Ostracods can reproduce without the need of male sperm. A number of organisms have evolved a hermaphrodite lifestyle and can become either male or female as required by the sex ratio of the colony—limpets and giant clams, for example. Older giant clams (aged 6–8 years) become both male and female simultaneously, and so release both eggs and sperm.

To gain an advantage in sexual reproduction, many techniques are employed. Colour displays, bioluminescent signals, and the release of chemical pheromones are all common practice. Establishing and defending a territory for mating engages males of many species, from tiny worms, fishes, and cephalopods, to mighty tusked walruses. Building and protecting nests can involve both partners, while the jawfish lays her eggs in the male's mouth, where he incubates them until they hatch.

Ritualistic mating dances and courtships are often spectacular and intricate, and may be played out over several hours before mating or egg and sperm release occurs. Marine mammals, in particular, perform these elaborate routines. They are viviparous, in that eggs are fertilized and the embryo grows within the female body. Cetaceans (whales and dolphins) give birth to only one or two offspring who then travel with the larger pod for protection as they grow.

The oceans, however, remain a challenging environment for life, as over 99 per cent of progeny will never survive to maturity.

The deep-ocean habitat

Of all the marine communities, life in the deep sea is the most remarkable and still the least known. Light fades gradually through the upper ocean so that, even in the aphotic zone, below the level where photosynthesis occurs, there is still some vestige of light down to about 600 metres in the clearest of waters. This eerie twilight soon passes into complete darkness of the lower bathyal zone.

On the seafloor, the number of suspension feeders (sea pens, colonial octocorals, sponges) decreases rapidly downslope, as the supply of organic detritus from the plankton and the constant wash of currents also diminishes. They are replaced by bottom-scavenging deposit feeders such as the red crab, squat lobster, and sea cucumbers. In very few places this rather monotonous and widely dispersed benthic fauna gives way to an oasis of diversity and profusion. Sponge reefs, for example, present a living prickly carpet of densely packed hexactinellid sponges, harbouring a wide variety of smaller organisms and attracting a range of more mobile predators. Cold, deep-water coral communities are every bit as complex and varied as their warm-water counterparts, but flourish in the bathyal zone without a source of light.

Of the free-swimming fauna encountered at these depths, some are just daytime visitors who rise again at night to feed near the surface in the relative safety of darkness. Others, such as squids, octopuses, sting rays, and deep-sea cod, together with the occasional larger predator such as tuna, sharks, and killer whales, descend to the twilight zone in search of food. Many deep-sea sharks live out their entire lives between twilight and the zone of perpetual darkness below. The largest is the sleeper or Greenland shark, growing up to 7 metres in length and patrolling slowly but constantly over the seafloor. The smallest is the pygmy shark, the size and shape of a fat Cuban cigar, while one of the most fearless and aggressive is the cookie-cutter shark that swims fast and ferociously towards any larger animals, sinking its razor-like teeth into the flesh and taking a circular bite. Many of these deep-water predators are covered with bioluminescent organs, especially over their ventral surface, so they shimmer ghostly green through the darkness.

The true inhabitants of the deeper bathyal and abyssal zones are sparse and peculiarly adapted to their surroundings. With body temperatures close to that of the ambient water, their metabolic rate is very slow. They move and grow more slowly, reproduce less frequently, and live longer than similar species from the surface. Most deep-water species are also smaller, but a few are truly giants. Sea urchins can measure up to 30 centimetres in diameter (five to ten times the size of their shallow-water relatives); hydroids and sea pens off the coast of Japan reach heights of 2.5 metres; while bright red shrimps grow to twenty times the size of those in our prawn cocktails. The most spectacular giant of the ocean floor is the giant squid, averaging from 9 to 16 metres in length. This mollusc is by far the largest known invertebrate, with eyes thc sizc of footballs and tentacles as thick as human thighs, each bearing over 100 suckers with serrated edges.

Perhaps the most remarkable deep-sea habitat, first discovered in the late 1970s, is that surrounding hydrothermal vents that emanate from mid-ocean ridges and spew hot (300–450°C), metal-rich waters directly on to the ocean floor some 2500 metres below the surface. Surrounding the vents for a few metres in all directions are rich and complex marine communities. These include clams, mussels, sea anemones, barnacles, limpets, crabs, worms, shrimps, and fishes—most of which were new to science and are unique to vents. The most impressive of several new species of tubeworm are as thick as a human arm, up to 3 metres long, and have a blood-red gill-like structure protruding from the tips of their white tubes. Pompeii worms are another variety found in cabbage-like clusters closest to the emerging water.

Whatever the vent community, it is chemosynthetic bacteria growing on and within the tissues of many different organisms that are the primary producers. They are capable of oxidizing the normally lethal hydrogen sulphide, thus providing energy to manufacture organic compounds from carbon dioxide. The entire community, therefore, is based on chemical and heat energy derived from within the Earth, rather than on the external solar energy that drives photosynthesis. Some animals feed directly on the bacteria, such as the self-grazing shrimps, clams, and mussels, while others absorb organic molecules released from the bacteria when they die. The tubeworms have symbiotic bacteria making up some 50 per cent of their body weight and so have no need for a mouth, anus, or digestive system. Clams and mussels may comprise as much as 75 per cent bacteria, but they still retain filter-feeding capability and a rudimentary digestive tract. Strange eelpout fishes nibble at the worms and clams.

Chapter 9
Ocean bounty

To the energy sector, the ocean represents oil, gas, and coal, clathrates (frozen methane), and renewables in abundance. To the metals industry, it's manganese, copper, nickel, cobalt, tin, aluminium, molybdenum, titanium, zirconium... as well as gold, diamonds, and precious gems. To fisheries, there's a catch of 100 million tonnes a year—and still growing. To tourism, there are golden beaches and luxury cruises, silent fjords and island tranquillity, miles of hotels, timeshares, and coastal apartments. To the military and to politicians, it represents missile bases and sheltered harbours, trade routes and waste disposal, supremacy at sea and wealth for the future. But to most of us, the oceans will always remain a breath of fresh air and a safe playground for our children.

In a world where the population is set to exceed 10 billion by 2100 and global aspirations are for ever-improved standards of living, it is inevitable that the world's natural resource base is under scrutiny. It is also inevitable that we are turning more and more to the oceans in this context. However, although the ocean is bountiful it is not an inexhaustible solution to our needs. This chapter examines the variety of resources and their availability in the ocean realm.

Metals from the sea

Manganese nodules were first discovered during the pioneering scientific voyage of HMS *Challenger* between 1872 and 1876 (Figure 29). They are concentrated at depths between 4000 and 5000 metres, either closely packed or widely strewn across the seafloor. They are typically potato-shaped, ranging in size from 2 to 15 centimetres, brownish-black in colour, and strangely light in weight—in fact a bit lighter than a potato of similar size.

The nodules are mainly composed of manganese and iron oxides and hydroxides, abundant metals on land and so presently of little economic interest. However, the attractive feature is their high content of copper, nickel, and cobalt, averaging 2–3 per cent combined weight in places. Numerous other metals are scavenged during their growth, including zinc, lead, molybdenum, titanium, and vanadium, which further add to their ore value.

Many scientific questions remain. How, why, and where do they grow? How fast do they grow and are they found buried beneath the sediment surface? We can answer these questions partially. Growth rates are minimal, typically only a few millimetres per million years. This is far slower than the rate of sedimentation over much of the ocean floor, and yet they mostly occur at the sediment surface. The larger nodules must have been growing in the same place for 10–15 million years without becoming buried in sediment—this presents us with an apparent paradox. Three different mechanisms may help explain their position preferentially at the surface: (1) strong bottom currents sweep away any suspended sediment; (2) benthic organisms remove any sediment that does fall; and (3) the metals are continuously dissolved and then reprecipitated on the seafloor.

Two recent discoveries have further added to the inventory of metallic wealth in the oceans. In the early 1960s metal-rich muds

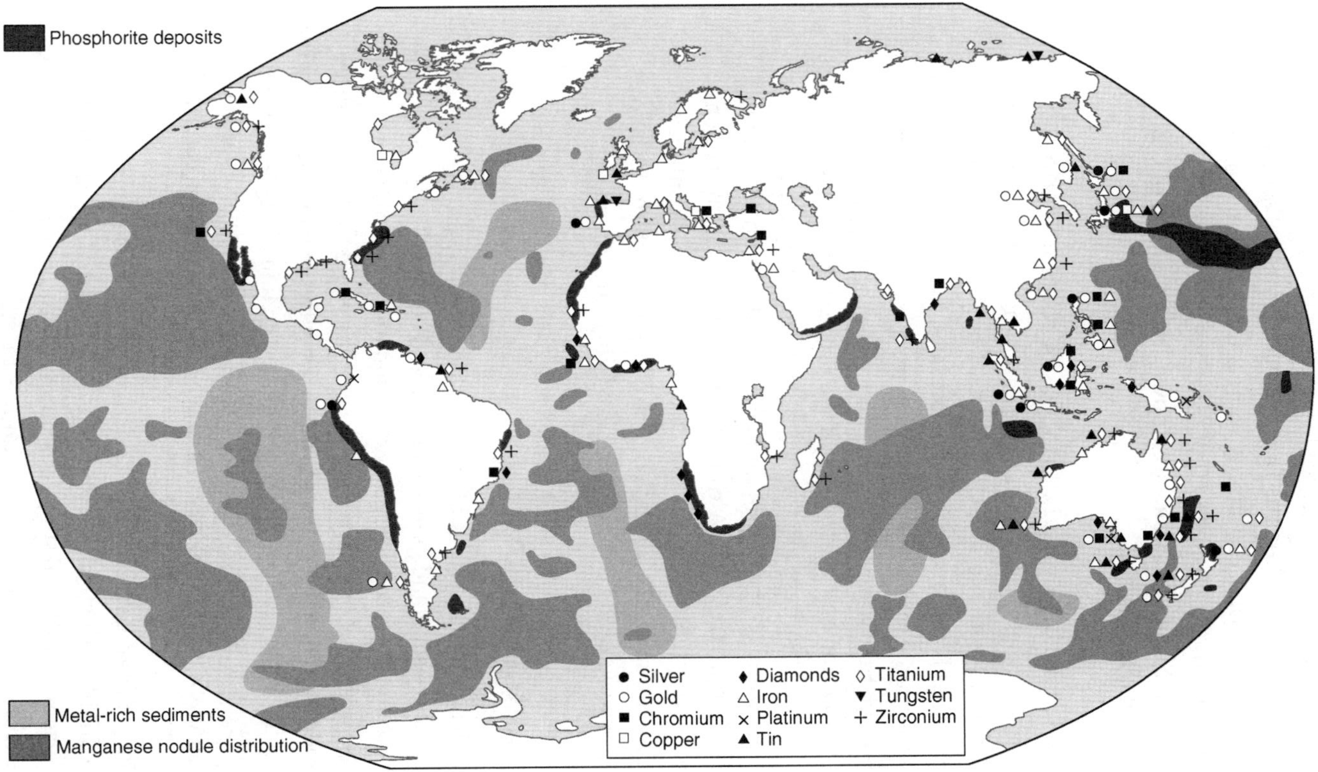

29. Mineral distribution map.

were discovered beneath hot brine pools in the deepest parts of the Red Sea. The Atlantis Deep is one example of several narrow elongate deposits, containing some 3 million tonnes of zinc, 1 million tonnes of copper, 80,000 tonnes of lead, and 5000 tonnes of silver. Similar deposits are known from the Gulf of California and Guaymas Basin.

The second discovery, in 1975, was of hot (250–350°C) hydrothermal fluids discharging along the East Pacific Rise, associated with metal-rich deposits. Many such vent sites, known as black smokers, have now been found along the crest of the global mid-ocean ridge system, where seawater circulates through newly formed hot volcanic rocks, scavenging metals into solution and heating up in the process. At some sites, giant tubes or chimneys are formed of condensed metal sulphides (commonly copper, iron, and zinc), in places up to several hundred metres high. Although still some way from economic recovery, preliminary data show that such bodies contain several million tonnes of ore, and compare favourably with the largest massive sulphide deposits that are being mined on land.

Industrial wealth

With an annual output of over 8 billion tonnes, the aggregate business—sand and gravel, concrete and cement—is by both volume and value the second-largest extraction industry in the world after hydrocarbons. Japan is currently the world leader in offshore production of aggregates. However, as with the planned mining for metals on the seafloor, the continued extraction of aggregates must tread a fine line between resource sustainability, environmental degradation, and recovery of a much-needed industrial commodity.

Marine aggregate resources, particularly in those countries that are highly industrialized and densely populated, are gradually replacing traditional supplies from rivers and other onshore areas. Beaches are the first obvious targets to supply the construction industry, but their use now presents a serious conflict of interest with the tourist industry. The next step is offshore, where at least half the area of the broad expanse of continental shelves is covered by sand and gravel. These are relict deposits from former rivers, beaches, and coastal dunes, formed when the sea level was much lower during the past Ice Age.

The other part of the construction equation, a source of lime for cement production, is still very largely available from large *onshore* limestone quarries. But island communities with no suitable supply on land must turn elsewhere. The beach sands of coral islands are composed of broken reef fragments and shell debris, and so present an attractive alternative source of lime. Similar production now occurs off Sri Lanka, Australia, and the United States. Even Iceland, with its interior of dark volcanic rocks and complete absence of limestone, has turned to offshore dredging for shell-rich sand and gravel.

The list of industrial minerals gained from the shallow marine environment continues to increase. Very pure quartz (silica) sand is taken from some beaches directly for the glass industry. A pure form of calcium carbonate (aragonite) is produced in very large quantities from the shallow lagoons of the Bahamas. Locally known as 'white gold', aragonite is an odourless, tasteless, and non-toxic substance with multiple uses in the steel, glass, chemical, agricultural, and food industries. Phosphorite is a sedimentary material containing various phosphate minerals, of prime importance in the manufacture of fertilizer. It is widespread as a recent deposit across continental shelf and upper slope regions in many parts of the world, generally at depths less than 1000 metres—a potential resource for the future.

Salt and freshwater

The oceans are a vast storehouse of dissolved minerals, including all 102 naturally occurring chemical elements. Most are disseminated in such trace amounts that their extraction is quite uneconomic. Very few are sufficiently abundant as well as useful that they are currently extracted on a commercial basis. The most common of these is sodium chloride, or common salt, which makes up 71 per cent of the dissolved solids found in seawater.

Salt has been of prime importance for cooking and for trade over at least the past 5000 years, and has clearly been an item of significant value. The word *salary* derives from the fact that Roman soldiers were paid partly in salt—*salarium argentium*. Then, as now, the principal means of extraction is by direct evaporation of seawater—several stages of crystallization being used to remove some of the magnesium, calcium, and iron compounds that otherwise make for a rather bitter taste. Today, evaporation accounts for about one-third of the world supply of salt, mainly from large-scale plants in India, Mexico, France, Spain, and Italy.

For arid regions, an even more important extract from salt water is fresh water. Desalination plants are a vital way of obtaining scarce supplies for both domestic and industrial purposes. They are becoming increasingly common throughout the Middle East, the Mediterranean, and the North African region, and look to become still more important as an added supply for major coastal cities the world over.

Oil and gas

Although oil has been a part of the human story from the very earliest times, its popular and abundant use has been a remarkably recent affair. By the time Herodotus was writing in 450 BC, pitch and asphalt were being extracted from natural oil seepages all over the Middle East and North Africa—the principal uses being medicinal, waterproofing, warfare, and oil lamps. But, for more than two millennia and right through the industrial revolution, there was little interest in the commodity. Even by the beginning of the 20th century, oil and gas were scarcely used at all. By the beginning of the 21st century, the age of oil had dawned—oil and gas accounted for nearly 60 per cent of commercial energy in the world (Figure 30). We are also living in the age of plastics, and of 1001 other petrochemical products. It would be hard to imagine the world now without low-cost, petrol-fuelled transport, and without plastic.

Oil and gas, together with coal and peat, are fossil fuels based on the principal chemical elements common to all living matter—carbon and hydrogen. They are formed from the organic remains of dead plant material incorporated into sediment, through a process of decay and change over millions of years. Land plants tend to produce gas, while marine phytoplankton yields mainly oil, followed by gas at higher temperatures. The

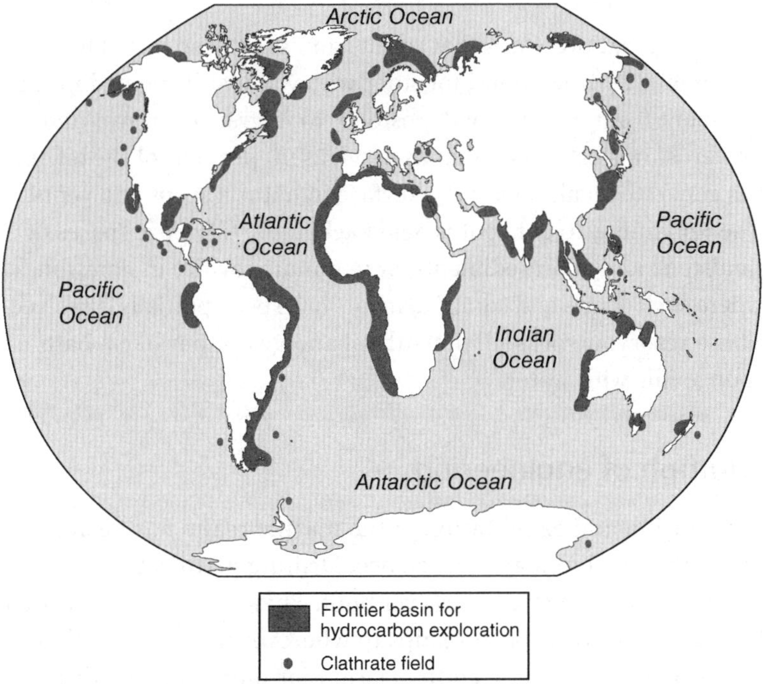

30. Oil frontiers distribution.

process by which organic matter matures is immeasurably slow, and depends upon the increase in temperature as it is buried beneath more and more sediment.

There is a particular window of temperature, between about 50 and 100 degrees Celsius, through which the very complex organic molecules are broken down into the long-chain hydrocarbons found in oil. At higher temperatures still (150–250°C), these are further cracked to yield the short-chain hydrocarbons, mainly methane, of natural gas. The typical thermal gradient, or rate of increase in temperature, is around 20 to 30 degrees Celsius per kilometre burial depth. This means that oil generation commonly occurs between 2 and 4 kilometres below the seafloor, and gas at greater depths. It may take 10–20 million years of sediment accumulation before burial to these depths is achieved.

The very great pressures that result from such deep burial force any mobile hydrocarbons, together with water still trapped in the sediment from the time of deposition, to migrate outwards and upwards. It is estimated that as much as 90 per cent of the oil and gas generated leaks out at the surface in natural seeps and vents. The remaining 10 per cent is held back in the tiny pore spaces of sandstone and other sediments, or in minute cavities in limestones, where shell debris and coral fragments have been partially dissolved. These reservoir rocks fill up with oil and gas rather like a bath sponge fills with water.

Triumph of engineering

Exploration and exploitation of the marine realm has been a triumph of technology and science. Drilling platforms are among the largest structures ever built. They are floated or carried by even larger transporter ships to wherever in the world they are needed, and then fixed in position for months of drilling or many years of production. Accommodation may be required for up to 300 workers at a time, personnel transport by helicopter or boat, and a never-ending round of supplies brought in by ship.

The drilling process is even more remarkable, especially in the deep oceans. Some 200 ten-metre-long steel drill pipes must be carefully joined one by one on the drilling platform to reach a seafloor depth of 2000 metres. Reservoir targets may then be as much as 5000 metres below the seafloor. The holes drilled are like a collapsible telescope of decreasing diameter, from nearly 1 metre at the surface to only 10 centimetres at the base. They are drilled in stages, tested, and then cased in concrete to avoid hole collapse before drilling deeper. Giant steel-knobbed drill bits are used to chew through the softer upper layers of sediment. Fine diamond-studded bits are needed when the sediment becomes hard rock. At all times the advancing hole is cooled, lubricated, and weighted with a dense mixture of mud and water. Without this precaution, the pressure released on piercing a deeply buried reservoir would cause a blow-out with devastating consequences for those above. Commercial drilling routinely takes place in water depths in excess of 2000 metres, and anywhere from the ice-covered Arctic Ocean—drilling from artificial islands—to the sweltering tropics.

Although oil and gas are such an indispensable part of today's world, they are ultimately non-renewable resources that require careful management. Their use contributes to global warming, ocean acidification, and marine pollution.

Frozen gas beneath the seafloor

A new submarine potential lies in the discovery of frozen methane gas at shallow depths below the seafloor. Vast fields of mixed gas and ice crystals, known as gas hydrates or clathrates, are now known to cover millions of square kilometres only a few metres below the seabed. The gas is formed during the very early stages of organic matter degradation, rather than by the thermogenic process described earlier for oil and natural gas, and then freezes under conditions of high pressure and low temperature at water depths in excess of about 1000 metres.

Where gas hydrates have been penetrated by drilling and brought to the surface in cores, the ice melts and gas escapes as pressure is released. Physically, they appear as a white powdery snow intermeshed with sediment, and occur in at least two forms. The first has up to eight methane molecules within forty-six water molecules, and can contain other gases such as ethane, hydrogen sulphide, and carbon dioxide. The second has a larger network of 136 water molecules and can contain higher hydrocarbon gases—pentane and butane.

Initial estimates suggest that their potential as a future energy resource dwarfs existing stocks of other fossil fuels, although the technology and economic feasibility for their exploitation is not yet in place. However, we must be extremely cautious about unbridled exploitation. They occur at very shallow depths within the sediment and any operational accident could release to the oceans and atmosphere one of the most potent greenhouse gases.

Renewable marine energy

On a small and local scale, the use of marine energy is as old as human interaction with the sea. The first fishing rafts used sea currents to drift between islands, and all early voyages of discovery or trade were powered by wind-filled sails. Along the coastline, we soon developed the means to harness such energy more systematically—tidal mills and windmills became commonplace as human population and industry both expanded.

But each year the Sun supplies Earth with nearly a million times as much energy as is locked up in all the planet's oil reserves. A significant proportion of this solar energy is transferred to the oceans and winds. The modern approach, therefore, is to think big. This means building a major dam or barrage across an estuary having a large tidal range—say 4–12 metres. The high tide is temporarily held up in an enclosed bay behind the dam, and then let out through a series of large turbines, generating electricity directly. In fact, the generators can be used in either direction, yielding power from both ebb and flood tides.

The first large-scale commercial scheme was the Rance barrage near St Malo in France, a 1-kilometre-wide dam with twenty-four turbine generators, across an estuary in which the mean tidal range is 8.17 metres, peaking at 13.5 metres during equinoxes. This has been feeding over half a million kilowatts into the French national grid system on each tide since it opened in 1967. Surprisingly, few other tidal barrages yet exist—these being in Norway, Canada, China, and the former Soviet Union—although detailed plans and costings have often been drawn up. The current proposal for the Severn tidal barrage in south-west England would have 200 turbines generating more than 7000 megawatts of electrical energy, roughly equivalent to the supply from five nuclear reactors.

Waves are another obvious and very visible source of marine energy. The power potential of an average wave per kilometre of beach has been estimated at about 40 megawatts, but the means of harnessing this potential is largely in the research and development phase. A small-scale but commercial wave power plant was constructed off northern Scotland in 1995. Wave motion entered into a submerged chamber open at the base, forcing air upwards through turbines. The 2 megawatt facility fed the electricity generated via an underwater cable to the shore some 300 metres away. Unfortunately, the plant was soon damaged by waves and later destroyed by a storm.

Still more elusive is the power held within an ocean current, but this is far from realizable with present technology. However, utilization of the thermal energy in the oceans and converting this directly into electricity, a process known as ocean thermal-energy conversion (OTEC), is more advanced. This uses the significant difference in temperature (around 25°C) between surface and deep water. The warm surface water is used to vaporize an intermediate fuel, such as ammonia, which in turn powers the turbine. Cold water pumped up from depths is used to condense the ammonia back into liquid form, thereby creating a vacuum that causes the gas to circulate. Although pilot schemes have been developed, they are still energy inefficient. But, it has been calculated that the energy locked up in such thermal gradients within the oceans is nearly 10,000 times that available from tides and waves combined.

The use of winds at sea has just begun. Nearly one hundred countries now have some form of wind power, but generally local and small-scale, and almost all onshore. Stronger and more consistent winds are found at sea. This fact, together with issues of competition for land utilization and the visual intrusion of onshore wind farms, is now beginning to turn attention towards offshore potential. Both the UK and the Republic of Ireland have offshore developments, but Denmark is clearly leading the way. There are now twelve fully operational offshore wind farms contributing a significant proportion of the country's electricity supply. Already over 40 per cent of Danish electricity is from combined onshore and offshore wind.

The living resource

The ocean has always been a source of food for humans. Our early ancestors gathered seaweed and shellfish along its shores, caught fish, and hunted seals. Before long they were fishing from boats and had even begun freshwater aquaculture. Through the past several millennia a maritime way of life grew up around small-scale subsistence fishing for countless coastal communities.

Today, seafood provides the principal source of protein for more than 1 billion of the world's people. Fish are also rich in natural oils and vitamins D and B. For some developing countries like Bangladesh, fish provides 80 per cent of the people's needs, while those living in small island states may survive almost wholly on protein from the sea. In such countries fishing is still mainly a small-scale affair, for subsistence and for the local market, which rarely poses a threat to fish stocks. Despite the large numbers fed, these operations collectively account for only about 10 per cent of the global catch.

Large-scale commercial fishing now accounts for 90 per cent of the global catch and is currently running at around 100 million tonnes a year (Figure 31, Table 8). Just over two-thirds of these fish and shellfish are sold directly for food, while the rest is ground up to make fish meal and oils. These are used in animal feed, for poultry, livestock, and mariculture, as fertilizer, and in the manufacture of soap, glue, and paint. A substantial but unrecorded amount, perhaps 20–30 per cent of the total, is caught as by-catch and subsequently discarded at sea. These are either unwanted species or too small to be commercially viable.

The top producing nations, operating throughout the year in every ocean, are China and Peru, followed by Japan, America, Chile, Indonesia, Russia, and India. Fishing fleets may number several hundred vessels with one or more gigantic factory ships. They fish with drift nets that stretch over tens of kilometres, giant purse seines, and open-mouthed trawl nets that can scoop up 90 metric tonnes of bottom-dwelling fish and shellfish in a single trawl. Because the fleet will often stay at sea for many months, the catch must be processed and packaged on board. Just one factory ship is capable of salting 200 tonnes of herring, processing 150 tonnes of mixed fishes to fish meal, filleting and freezing 100 tonnes of flat fish, and manufacturing 5 tonnes of fish oil, all in a single day.

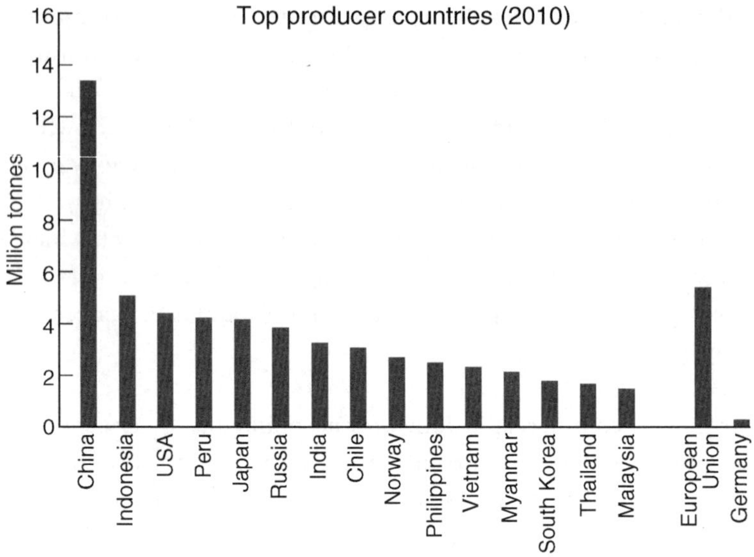

31. Global fish catch.

Half the world's annual catch is taken from the North Atlantic, North Pacific, and the west coast of South America. In these regions, upwelling currents bring cool, nutrient-rich water to the surface, encouraging the rapid growth of phytoplankton and zooplankton during the spring and summer months. This attracts a variety of small crustaceans and fishes that feed and breed in abundance. It is the larger fishes that feed on these animals which are most often the target for commercial fishing. Several hundred different species of fish and shellfish are harvested from the sea worldwide, although relatively fewer types dominate the commercial catch. These depend on the fishing grounds that are active, the availability of particular stocks, and on market demand. Fishing fleets have the latest technology available. Satellite remote sensing can provide immediate data on such parameters as phytoplankton abundance and hence specific information on the most likely feeding grounds that day. Sonar equipment is then deployed to pinpoint large schools of fish hiding below the surface.

Table 8 Fish production statistics (2014)

Wild fisheries world capture production in tonnes	
Freshwater fish	10,590,000
Diadromous fish	1,724,800
Marine fish	65,950,700
Crustaceans	6,870,200
Molluscs	7,674,300
Other types	1,382,800
TOTAL	**94,182,800**
World fisheries aquaculture production in tonnes	
Fish farms (all)	49,862,000
Crustaceans	6,915,100
Molluscs	16,113,200
TOTAL	**72,890,300**
World aquatic plant production in tonnes	
Seaweed aquaculture	27,307,000
Seaweed wild	1,184,500
TOTAL	**28,491,500**

Source: FAO.FAOSTAT <http://www.fao.org/fishery/topic/16140/en>.

However, marine ecologists generally agree that commercial fishing is the single greatest pressure on marine ecosystems. Serial overfishing of popular species has resulted from improved technologies, larger fleet sizes, and increased demand. Stock depletion of larger fish, such as cod and haddock in the 1970s and 1980s, led to severe depletion and the need for regional fishing bans in order that populations might recover. Introduction of the purse seine net in the 1960s directly led to the overfishing of herring stocks. As stock depletion affects the higher trophic levels, the industry turns its attention to smaller species, including anchovies, sardines, pilchards, and capelin. This trend of fishing down the food chain is recognized as unsustainable.

The blue revolution

By analogy with the 1960s green revolution in land-based farming, which greatly increased agricultural production in developing countries, the recent upsurge in mariculture (marine fish farming) has been heralded as the *blue revolution*. In reality, the Chinese have been farming fish, shellfish, and seaweeds for some 4000 years, and even wrote the first textbook on the subject in 475 BC. This described the farming of freshwater carp, brackish water milkfish, and marine mullet. The practice has continued, especially in South and East Asia, where shallow ponds are dug in coastal areas so they are readily replenished by the incoming tides. These ponds are seeded with the eggs of fish and crustaceans, and the larvae or juveniles then transferred to larger ponds where they are fed on larvae and plankton. Oysters and mussels also have a long history of cultivation in many parts of the world.

World mariculture production is currently around 15 million tonnes, and has become commercially more important than freshwater aquaculture, especially in China and Japan. Oysters, scallops, carpet shells, and molluscs are produced in vast quantities, as are prawns, shrimps, and lobsters. Salmon, amberjacks, and freshwater carps are the principal fishes, followed by Japanese yellowtails, Florida pompano, and a variety of flatfishes. Exotic items, such as giant tiger prawns, Pacific cupped oysters, and sea-urchin roes, are the most valuable in monetary terms. Seaweed harvests yield the greatest tonnage, not only for consumption as food, but also to create the smooth texture of ice-cream, toothpaste, and paint, and to increase the clarity of beer.

But, as for the green revolution before, the blue revolution is not without its problems and critics. Intensive farming also leads to the potential for the rapid spread of disease, such as fish lice commonly found on salmon farms, and this may even spread outwards to infect wild fish stocks. There is debate about the rights and wrongs of genetic engineering, to enhance weight gain, improve flavours, and increase resistance to disease, for example. The use of antibiotic supplements in fish foods may counter the problem of disease but creates an unwanted surfeit of antibiotics in the wider environment and builds resistance in bacteria. Ecologically, it is often true that the production of fish food for mariculture consumes more biomass (small crustaceans and fishes turned into fish meal and oil) than is produced in the form of prawns, salmon, and other table fishes.

Chapter 10
Fragile environment

As we turn progressively to the oceans for their natural resources, as well as for trade, pleasure, and tourism, we need to be fully aware that resources have different limits to their renewability, and that marine ecosystems are profoundly fragile. The 10 billion people we expect to populate the planet by the end of this century all need adequate and sustainable energy, drinking water, and food supplies. These are three of the most pressing issues of the 21st century and for each of them the oceans hold part of the solution. I would further argue that sustainability can only be achieved through a more equitable distribution of resources, a limit to excess, and firm management of the environment.

The new global population is also set to produce about twice the amount of waste that we do today. The seas are neither so large nor marine ecosystems so robust that they can withstand these pressures without change. The coastal regions are already home to more than 3 billion people and that figure is set to double by 2020. Marine tourism is a booming multinational industry. The pressures on our coastline from urban sprawl, industrial development, and recreational demand are without precedent. Climate change will influence the oceans in ways that have knock-on effects for its many dynamic balances—ocean acidification, nutrient cycles, carbon storage, and more.

This information and the caution it requires by humankind is perhaps the single most important message that ocean scientists and a supporting public need to convey to our politicians and planners. This concluding chapter, therefore, takes a closer look at stresses on the ocean environment and considers the options and challenges we face for achieving sound management of ocean space in the coming decades. Although the statistics presented may appear dramatic, they are simply data that illustrate the scale of the problem.

As an ocean scientist myself, I have always been aware that the more we understand the seas and seafloor, the more we can put that knowledge towards its protection and management. Deep-sea oil and gas, and renewable energy from the oceans, both figure prominently. The transition from fossil to sustainable energy has begun and an exponential growth in global consumption of renewable energies is underway. Both have the capacity to affect ocean environments.

Marine pollution

The sheer scale of waste generation across the globe is quite staggering (Figure 32, Table 9). The world population is now in excess of 7 billion and appears set to reach 10–11 billion by the year 2100. Collectively we produce over 7 billion tonnes of domestic waste each year, unevenly distributed with a strong positive correlation between income level and waste generation. Industrial and agricultural operations, engineering works, and energy production yield waste products in equally large amounts. There is a further 12 billion tonnes of sewage sludge per annum. Currently, a large proportion of these various sources is disposed of or treated on land, but marine dumping is on the increase, particularly along the coastal zone in highly populated regions of the world. Over 4 million tonnes of oil is spilt into the sea every year, focused along shipping lanes and coastal regions.

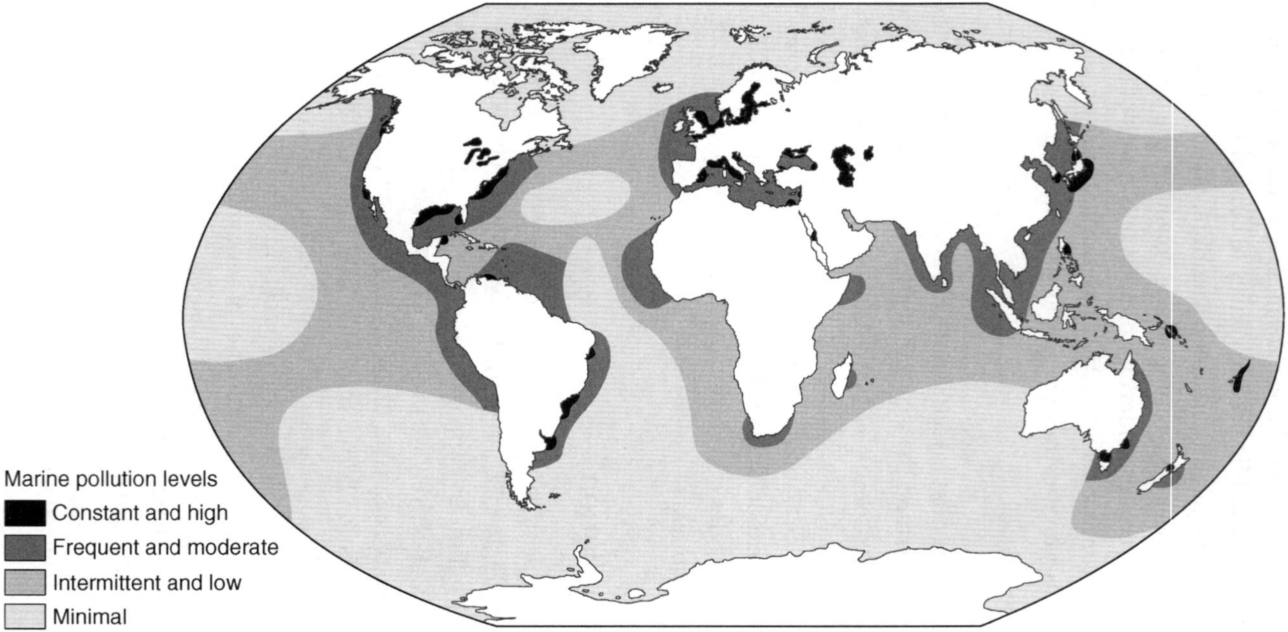

32. Marine pollution levels map.

Table 9 Principal pollutants

Principal pollution types and sources	Type	Examples	Human sources	Effects
	Nutrients	Nitrogen, phosphorus	Sewage outflow, agricultural runoff, air-borne oxides from burning fossil fuels	Proliferation of algae leading to oxygen depletion and toxicity, harming marine life
	Pathogens (bacteria, viruses, parasites)	Hepatitis, cholera, typhoid, diphtheria	Sewage, livestock	Contamination of beaches and shellfish, leading to spread of disease
	Sediments		Erosion from mining, forestry, farming, etc. Also, dredging, water engineering	Clouding of water, leading to reduced photosynthesis and smothering of ecosystems
	Toxins (heavy metals, organohalogens)	Mercury, lead, cadmium, arsenic, DDT, PCBs	Industrial effluents, pesticides, urban wastewater discharge	Poisons coastal marine life; accumulates in food chain to cause disease and disrupt reproduction in top predators

(*continued*)

Table 9 Continued

Principal pollution types and sources	Type	Examples	Human sources	Effects
	Hydrocarbons	Petroleum (crude oil)	Urban runoff, oil transport and shipping, refineries, atmospheric fallout, tanker accidents, offshore production	Oil spills in coastal areas devastate local biota; prolonged low-level contamination can cause disease and reduce productivity
	Radionuclides	Uranium, plutonium, caesium	Discharges from power stations, atmospheric fallout, discarded military waste	Contamination of shellfish leading to diseases such as leukaemia in humans
	Litter	Plastic bottles, fishing gear, disposable nappies, aluminium cans	Fishing, shipping, tourism, industrial and landfill wastes	Animals ingest plastic items or become entangled; debris can remain on beaches for 400 years

At least 150,000 tonnes of plastic nets and other fishing gear are abandoned at sea annually, and plastic refuse can be found everywhere.

There are a number of waste products that are naturally and quickly removed by the marine environment; others remain for much longer. Organic substances, such as sewage sludge, are biodegraded and recycled within a few days to a few months provided that the environment is not unduly overloaded. Oil and oil products are effectively removed when present in small amounts, although large spills and shipping-lane pollution will stress the natural coping mechanisms. Thermal pollution from industrial emissions and cooling plants is also rapidly dissipated.

Many artificial products, however, are longer lived than natural substances and more dangerous to the marine environment. Being synthetic and only recently introduced into the natural world, they are more resistant to degradation by bacteria and other micro-organisms. Detergents, pesticides, and other organo-chemicals are very persistent over periods of years to many decades, while radioactive isotopes and toxic metals can last for centuries and longer.

Two especially long-lived organo-halogens were introduced in the 1950s and 1960s and much heralded at the time for their beneficial properties. These were DDT (dichloro-diphenyl-trichloroethane), the chief component of agricultural pesticides, and PCBs (polychlorinated biphenyls), used in paints, plastics, adhesives, hydraulic fluids, electrical appliances, and aerosols. They have found their way into rivers and seas throughout the world, where they are incorporated into the fatty tissues of living organisms and become concentrated along the food chain as one animal eats another. They act to inhibit normal growth and cause infertility in many vertebrates. Recognition of their severely toxic effects has now led to a major reduction in their use.

The sewage debate

Sewage comprises organic and nitrogen compounds, ammonia, and concentrations of heavy metals. Because it is readily biodegraded, it has commonly been pumped directly out to sea. Major urban populations of North America (New York, Los Angeles, and Halifax, for example) have routinely dumped untreated sewage into their coastal waters over the past half century. The same has been true for north-west European cities surrounding the North Sea, and for the growing population that fringes the Mediterranean. Sewage input into this inland sea is especially heightened during the tourist season.

The consequence of overloading the marine environment with sewage can be quite dramatic. The influx of abundant nutrient elements creates a flourishing micro-cosmos of competing organisms (viruses, bacteria, and other microbes) and consequent rapid reduction in oxygen levels. Water anoxia occurs, resulting in reduced biotic diversity, shellfish poisoning, and an increased likelihood of toxic phytoplankton blooms (red tides). These release specific toxins into the water causing the death of marine mammals, fish, and invertebrates, as well as the emergence of certain common disease pathogens. Hepatitis, typhoid, dysentery, and enteritis are all associated with sewage contamination, and a new form of cholera has recently appeared in several Asian nations. Although the recent instigation of minimum standards and controls throughout Europe and much of North America requires better sewage treatment and the progressive cessation of most marine dumping, this is not yet true everywhere in the world.

Oil pollution

Natural seepage of oil and gas into the marine environment is estimated at around 600,000 tonnes per year, which is widely dispersed and readily biodegradable. A similar amount is added to the oceans through spillage associated with its production and usage. Although the spillage of less than 1 million tonnes a year into the vast ocean reservoir is only about 0.01 per cent of the 6 billion tonnes that we consume each year, its concentration along shipping routes and coastlines, in harbours and areas of major offshore oil production, is the principal cause for concern. Such long-term, low-level contamination can kill larvae in coastal nurseries, cause a variety of diseases among marine organisms, and generally lead to negative changes in population structure and dynamics.

The majority of oil spillage results from routine operations, such as loading, discharging, and bunkering, coupled with runoff from cars, heavy machinery, industry, and other land-based sources. Shipping accidents and collisions are very intermittent in occurrence, although the scale of spillage can be very large, especially from supertankers, and with huge environmental consequences for the regions affected. The largest ever was due to the collision between the *Atlantic Empress* and *Aegean Captain* off Trinidad and Tobago in 1979, when 270,000 tonnes of oil emptied into the Caribbean. The *Exxon Valdez* disaster in 1989, near the Valdez oil terminus in southern Alaska, led to the loss of 35,000 tonnes at sea and devastation to over 2400 kilometres of pristine coastline north of the Arctic Circle.

Rarer still but potentially worse are accidents to oil wells at sea. Blow-outs occur when a highly pressured reservoir of oil several thousands of metres below the seafloor is penetrated with insufficient weight of drilling mud to keep the oil in place. Two memorable disasters of this kind both occurred in the Gulf of Mexico. The *Deepwater Horizon* explosion in 2010 led to an estimated 675,000 tonnes of oil entering the ocean over the four-month period it took to bring the leakage under control. The second largest occurred beneath the drill rig *Ixtoc I* in 1979 and was not brought under control for almost eleven months. During this period nearly 535,000 tonnes of oil escaped.

The worst single oil disaster ever was a deliberate act of ecological terrorism by Iraq's former President Saddam Hussein as his troops retreated from Kuwait in 1991. More than 600 well heads were set alight—black smoke filling the air for many months, and thick layers of soot were found more than 3200 kilometres away in the Himalayas. At the same time, oil refineries along the coast were sabotaged, creating one of the biggest oil slicks known to civilization and causing catastrophic environmental damage in a region of the world already under severe stress from chronic oil pollution.

While the immediate effects of major disasters such as these can be severe, the long-term effects on marine ecosystems are still poorly understood. In regions of persistent oil pollution, including many inland and marginal seas as well as the coastlines adjoining heavily populated or industrialized areas, marine life is permanently affected.

Habitat destruction

Concern for the environment is a relatively recent concept, so that mismanagement has already blighted great tracts of the world's land area. Continental habitats have often suffered irreparably: marching desertification and deforestation; urban and industrial sprawl; soil erosion and biodiversity loss; and are now facing the little-known effects of global warming. So too are the ocean habitats under threat as never before. Although the oceans are vast, they are not so vast that they can remain untouched by human activity.

The coastal zone is the first to be affected, including a wide variety of habitats—the rocky shoreline and sandy beaches, barrier islands and sheltered lagoons, muddy estuaries and delta plains, salt marshes and seagrass beds, coral reefs and mangrove swamps. Together, these regions boast a biodiversity that is second to none, and marine productivity of the first order. About 90 per cent of the world's total seawater fish catch reproduces in coastal areas. About half the world's population—over 3.5 billion people—lives close to the sea, and two-thirds of all larger cities, with populations in excess of 2.5 million, have been constructed near estuaries or deltas. Continued migration to these cities will see the population of the coastal zone increase by as much as 50 per cent in the next two decades.

It is the coastal environments, therefore, that are most fragile and most affected by human activities. A combination of factors contributes to the serious problem of sinking cities around the world: excessive pumping of groundwater from beneath the cities for drinking water; increased rates of sediment compaction due to the sheer weight of infrastructure and removal of water; and rising sea levels due to global warming. Beijing and Bangkok are each subsiding by 11–12 centimetres per year and Djakarta by a massive 28 centimetres per year. Shanghai, New York, New Orleans, and Venice are all still sinking although the rates have been brought under greater control in recent years. There are many other examples.

Seasonal excesses due to the influx of tourists place a particular environmental strain in coastal regions. Tourism remains the world's fastest-growing business and collectively the largest employer with an annual turnover in excess of $4 trillion. It is estimated to generate, directly or indirectly, nearly 250 million jobs, or around 10 per cent of global employment and 30 per cent of global trade. A high proportion of those jobs and of the estimated 1 billion tourists annually is focused on or close to the sea.

Two of the marine habitats that are suffering most ecologically are mangrove wetlands and coral reef complexes. The mangrove ecosystem of salt-adapted trees and spreading roots is one of the most fecund in the world. It provides vital spawning grounds and nursery areas for fish and shellfish, and harbours a multitude of adult organisms and seabirds. It is also vital for the regional fishing industry and livelihoods of millions of people. More than 35 per cent of the world's mangrove forests are already gone; the figure is over 50 per cent in parts of South and South East Asia. The principal causes of this decline include clearance for agriculture, urban and industrial uses, overharvesting for firewood and charcoal, pollution from fertilizers and pesticides, and rising sea levels.

Although coral reef complexes cover only 0.2 per cent of the ocean floor, they support around 25 per cent of known marine species. Some of the richest reefs in the world contain as many as 700 species of corals, 2000 species of fish, and 5000 species of molluscs, as well as numerous other organisms. Reefs act as an energy baffle for waves and storms, protect the coastline from erosion, are vital to both the local and global fishing industry, and play an important role in many island subsistence economies including tourism.

But coral reefs are being degraded at unprecedented rates. Significant reef damage has occurred in ninety-three of the 109 countries with major coral habitats. Over 25 per cent of the world's reefs have already gone and a further 50 per cent are at serious risk. The principal causes are human-induced: land reclamation for building towns, harbours, airports, and hotels in close proximity to the reef complex; extensive mining of the reef to provide construction materials; and major silting-up of the coastal zone due to land clearance and deforestation in the hinterland. But perhaps the most serious threat now is the steady acidification of ocean waters that results from global warming and the uptake by seawater of excess carbon dioxide in the atmosphere.

Bottom trawling as a fishing technique has had a profound effect on seafloor habitats. There is extensive collateral ecosystem damage inflicted by this practice right across the continental shelves, as well as on offshore banks and seamounts in deeper water. Trawling also resuspends sediments that can smother a far wider area than that directly impacted by the passage of the trawl.

Dying seas and virgin habitats

Enclosed and semi-enclosed seas marginal to the major ocean basins have experienced some of the highest levels of pollution, especially where they are surrounded by busy towns, cities, and industry, or where they have become centres of tourism. The whole suite of marine habitats they comprise are gradually put under greater and greater strain, the seas slowly poisoned around the edges, and marine life permanently affected.

Isolated inland seas, such as the Great Lakes of North America and the Caspian Sea in central Asia, have now become completely polluted and are more or less dead. The Gulf of Saint Lawrence, the North Sea and Baltic Sea in Europe, the Gulf of Arabia, and the Yellow and East China Seas, all contain some or many habitats that have become severely polluted and destroyed through long years of industrial, agricultural, and urban activity. The Black Sea, the Mediterranean Sea, and parts of the Caribbean have been similarly affected, now also by a huge seasonal influx of tourists.

Large amounts of nitrogen and phosphorus pollutants, especially from sewage discharges, cause sudden growth explosions of phytoplankton, quickly followed by zooplankton communities. Many of these plankton blooms are quite harmless but others, known as red tides, produce neurotoxins that affect marine life higher up the food chain. In 1988 a 10-metre-thick layer of toxic plankton extended along the narrow straits between the North and Baltic Seas, and led to the deaths of millions of fish. This incident is known as the 'marine Chernobyl', but unfortunately such blooms are now quite frequent.

Although some parts of the open ocean and deep-water habitats remain largely unaffected by human activity, others do not.

Drilling for oil and gas already takes place down to a water depth of 3000 metres. Metal mining operations are likely to follow soon. Marine pollution is most noticeable on the high seas along busy shipping lanes. Even the most remote gyres of the central Pacific and Atlantic Oceans now sport vast islands of plastic waste. Elsewhere, there are hundreds of cold-water coral communities living in deep water, deriving food and energy from surface productivity. There are unique chemical-fed ecosystems surrounding the hot-water vents and black-smoker chimneys discovered along the mid-ocean ridges. There are equally harsh but flourishing habitats in polar seas that are still subject to strict environmental regulation. And there are vast tracts of the deep oceans and abyssal trenches that have never been surveyed. Marine scientists know very little or nothing about these and many other near-virgin ecosystems. We cannot therefore know to what extent they have been or might be affected by our use of the oceans.

Towards a solution

The destruction of natural habitats is not, of course, a uniquely human achievement—the geological past has witnessed much greater changes than those we see today. But since the advent of humans on Earth, and mainly through the last few centuries of history, the style and pace of change has been forced by our own actions. The oceans, like all parts of the Earth system, are a fragile environment, some parts of which have already been severely affected. But they are also a robust system that can cope with change and mitigate its effects.

While ocean scientists learn more about the oceans and their capacity to absorb change, it is wise to take precautionary measures. Fishing quotas and temporary bans are agreed both regionally and internationally, although they are not always easy to enforce. A complete moratorium on commercial whaling was introduced in 1986 with considerable success. Some nations—Japan, Russia, Norway, and Iceland—still refuse to comply and set their own

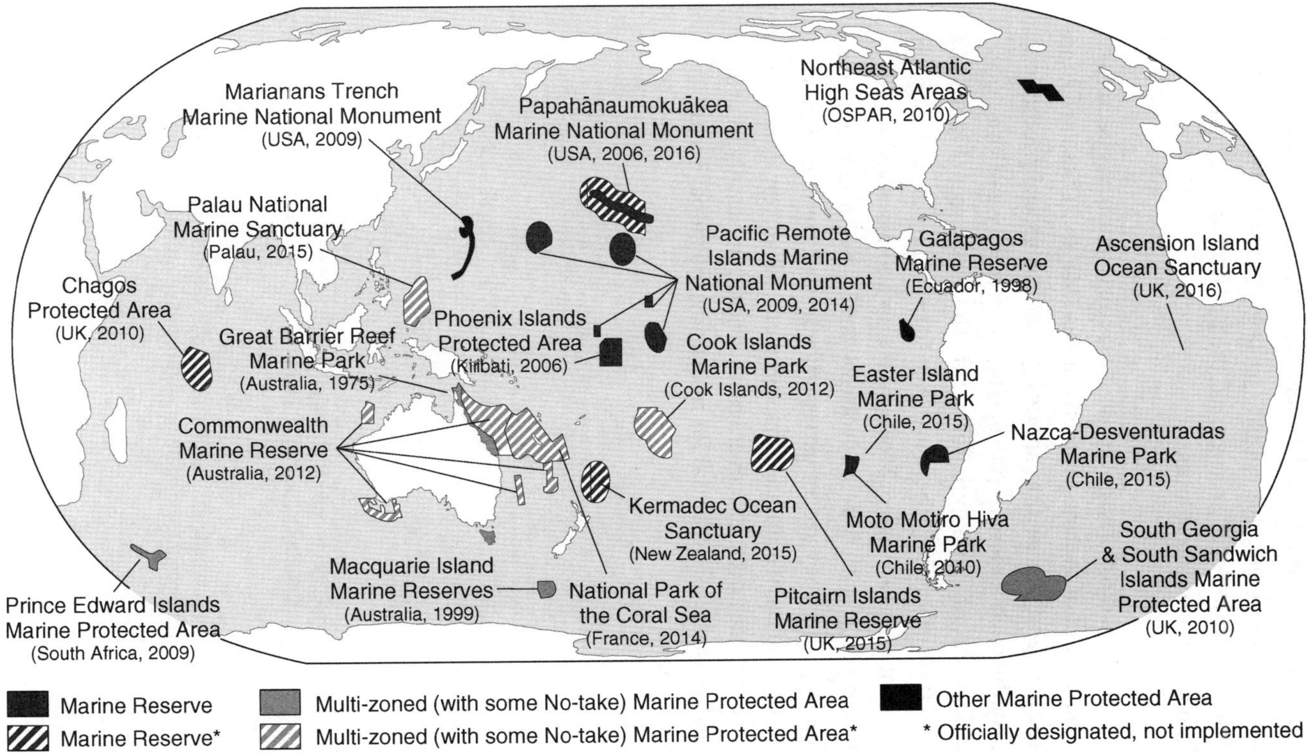

33. Marine reserves.

quotas. Strict environmental protection and pollution controls have been introduced, but only apply to parts of the world where contiguous nations have recognized the problem and agreed to collaborate towards a solution.

An important development in the past thirty years has been the establishment of marine protected areas (MPAs). These are zones of the seas and oceans that are designated for special protection, especially with a view to preserving biodiversity and the management of fish populations and other resources (Figure 33). At the time of writing, there are over 6500 MPAs covering nearly 3 per cent of ocean space. Most are set up and managed locally and nationally, with different controls and expectations in place. Taken together they are an extremely effective method of marine resource and environmental management. However, the trend must continue and their coverage increase significantly in order to realize their full potential for managing the global ocean environment.

Epilogue: new global awareness

It is only in the past 200 years that we have developed an unprecedented capacity to effect global change. Human action is the principal cause of rapid global warming, progressive acidification of the oceans, the melting of polar ice, and the steady rise of global sea level. All sorts of physical and biological effects derive from these planetary changes, including the destruction of natural habitats and dramatic increase in the rate of species extinctions, the warming of oceans and an increase in the number of tropical storms, and adverse changes to the fishing and mariculture industries.

But the past three-quarters of a century have also seen the rise of a new environmental awareness, expressed by both individual concern and international cooperation. The United Nations Environment Programme was founded in 1945, closely followed by new governmental departments of the environment around the world. Concerned non-governmental organizations also proliferated—Greenpeace, for example, was first launched in 1973. The Law of the Sea Treaty was ratified by the United Nations in 1982 and currently has 167 signatories. Since the first Earth Summit held in Rio de Janeiro in 1992, there have been a series of follow-up summits and important progress made, with new global conventions on biodiversity and climate change.

There is little doubt that sustainable development for the Earth depends on significant advancement in our management of the oceans. Already, we are looking to the oceans to solve some of the major problems we are facing in the world. The blue revolution in mariculture will compensate for dwindling fish stocks, desalination plants will provide universal safe drinking water, deep-water oil and gas can provide a short-term solution to the fossil fuel crisis, while marine renewable energy is a longer-term alternative, offshore sand and gravel resources are believed to be more than enough to construct the megacities and tourist needs of the coming century, and so on. Seafloor sediments might form safe disposal sites for toxic and nuclear waste; while the subsurface can provide repositories for surplus carbon dioxide in our battle against global warming.

But systematic scientific exploration of the seas is little more than two centuries old, and current understanding still in its infancy. The truth is that we do not yet know enough to turn such aspirations into reality. We are toying with the unknown, anticipating ocean properties or ocean responses before we have reliable models to predict the outcomes of our actions. Human need and human greed are quickly outstripping the pace of understanding and back-staging the advancement of scientific knowledge. The concept of ecological unity in the earth–ocean system is fast being replaced by economic imperative.

The use and abuse of the oceans will undoubtedly affect every individual on the planet, so it is far too important an issue to leave in the hands of politicians alone. Already, ocean-related issues are becoming ever more prevalent in the global media—warming seas and the El Niño effect, ocean acidification and coral bleaching, melting of polar ice and sea-level rise, increased storminess at sea, coastal pollution and dying coral reefs, and so on. It is therefore a vital challenge for ocean scientists to ensure that the facts and issues are correctly reported, and that politicians as well as ordinary people have the knowledge base in order to enable sensible decision-making. Developing an ocean awareness and keen global sensibility is the challenge for us all as world citizens.

Glossary

abyssal plain the flat, sediment-covered area forming the greater part of the deep-sea floor, between the continental rise and the mid-ocean ridge, at a depth of 3000–6000 metres.

abyssal zone a subdivision of the benthic ocean province between 4000 and 6000 metres.

acidification become weakly acidic due to the presence of dissolved compounds such as sulphur dioxide and carbon dioxide.

algae simple aquatic plants, unicellular and multicellular, that lack roots, stems, and leaves, e.g. diatoms and seaweeds.

anoxic the absence of free oxygen (O_2).

aphotic zone the dark region of the ocean lying beneath the surface sunlit waters.

archaea one of the oldest forms of life on Earth, found abundantly in extreme environments; single-celled prokaryote; one of the three principal domains or six kingdoms of life.

asthenosphere the hot, soft region of upper mantle that lies directly below the lithosphere.

atmosphere the vast and complex system of gases and suspended particles that encircle the Earth.

autotroph an organism that is capable of producing its own food, such as plants and other photosynthesizers.

basalt a dark, fine-grained, volcanic igneous rock composed of minerals enriched in ferromagnesian silicates; it typifies the oceanic crust.

bathyal zone the portion of the ocean bottom that extends from the edge of the continental shelf to a depth of 4000 metres.

bathymetry the measurement of depth below sea level in the ocean in order to delineate the submarine topography.

benthic pertaining to the ocean bottom.

biodegradation decomposition by biological agents, especially bacteria and archaea.

biogenic sediment sediments formed from the remains of living organisms, mostly an accumulation of their hard parts.

bioluminescence the production of visible light by organisms.

black smoker deep-sea hydrothermal vent, mainly occurring at mid-ocean ridges.

bottom water a general term applied to dense water masses that sink to the floor of ocean basins.

calcareous composed of calcium carbonate ($CaCO_3$).

carbonate compensation depth the depth in the ocean below which material composed of calcium carbonate is dissolved and therefore does not accumulate on the sea floor.

Cenozoic of, belonging to, or designating the latest era of geological time, from 65 million years ago to the present.

chemogenic sediment sediment that forms from the direct precipitation of chemical compounds from water, or from ionic exchange between existing sediment and water.

circulation circular movement of a substance, especially water in the oceans.

clathrate a substance in which the guest molecules occupy a space within the crystal lattice of another substance; as in methane clathrate, in which water occurs within a frozen lattice of water molecules.

coastal upwelling the upward flow of cold, nutrient-rich water that is usually induced by Ekman transport.

coccolith a microscopic calcitic skeletal platelet that helps protect certain marine phytoplankton; the dominant component of certain limestones, such as chalk.

coccolithophore photosynthetic protist, covered in calcitic plates, belonging to the phylum chrysophyta.

continental drift the movement of continental masses as a result of seafloor spreading.

continental rise gently sloping region towards the deep ocean, lying at the base of the steeper continental slope that surrounds the continents.

continental shelf submerged platform region extending from the edge of a continental landmass; generally less than 200 metres water depth.

continental slope the sloping seafloor of the continental shelf between the shelf edge (around 100–200 metres water depth) and the continental rise or deep seafloor.

convection cell convection current completing a circular motion, distinct from others around it; can refer to slow movement of the heat and fluid portion of the mantle, or to air movement in the atmosphere, for example.

convergence zone where two horizontally flowing water (or air) masses meet, and are forced to change direction, typically flowing vertically.

convergent margin a boundary at which tectonic plates collide, typically resulting in volcanic activity, earthquakes, and mountain-building.

core the innermost region of the Earth, beginning at a depth of around 2900 kilometres; thought to be mainly composed of iron and nickel; divided into outer liquid core and inner solid core.

Coriolis effect apparent deflection of the path of winds and ocean currents (or other free-moving bodies) that results from the rotation of the Earth.

crust the outermost, thinnest, and coolest layer of the Earth; consists mainly of either granite (continental crust) or basalt (oceanic crust); thickness varies from 5 to 70 kilometres.

cyanobacteria a group of photosynthetic prokaryotes that contain chlorophyll and that release oxygen as a by-product of their photosynthesis; formerly referred to as blue-green algae, now simply as 'blue greens'.

deposit feeder animal that feeds on bottom sediments, extracting useable organic material and discarding inorganic debris.

detritus either *organic* matter, such as animal wastes and bits of decaying tissue, or *inorganic* sedimentary material (= sediment).

diatom photosynthetic, unicellular protists that belong to the phylum chrysophyta; possess a glassy covering composed of silica.

dinoflagellate photosynthetic, usually single-celled protists, possessing two flagella, belonging to the phylum pyrrophyta.

ecosystem a discrete ecological unit consisting of organisms and their environment.

El Niño warm surface waters that usually appear around Christmas off the coasts of Ecuador and Peru; every three to five years, approximately, the El Niño effect is intensified, bringing extreme weather conditions to many parts of the globe, especially the tropics.

eukaryote cells possessing a true nucleus and other organelles.

evaporite a type of sediment precipitated from a concentrated aqueous solution, usually by the evaporation of water from a basin with restricted circulation; includes halite, gypsum, and anhydrite.

evolution the process by which populations of organisms change over time.

extinction the disappearance of a species from their entire geographical range.

fault natural break or rupture between rocks along which movement takes place; such movement is one of the principal causes of earthquakes.

filter feeder an organism that filters its food from the water.

food chain a sequence of feeding relationships among a group of organisms that begins with producers and continues in a linear fashion to higher level consumers; generally a simplified picture of reality.

food web a representation of complex feeding networks, comprising many food chains or part chains, which exist in an ecosystem.

foraminifer amoeba-like protozoan (single-celled organism), many of which produce an elaborate shell of calcium carbonate.

fossil fuel fuel resource, including coal, oil, and natural gas, formed from the remains of plants and microorganisms that lived millions of years ago.

global warming warming of the Earth's average global temperature due to increasing concentrations of greenhouse gases.

greenhouse effect the warming of the Earth's atmosphere due to the absorption of infrared terrestrial radiation by greenhouse gases.

greenhouse gas gas in the atmosphere that absorbs infrared terrestrial radiation, thus raising the Earth's average global temperature, including carbon dioxide, water vapour, nitrous oxide, ozone, and CFCs.

Gulf Stream warm ocean current that originates in and around the Caribbean and flows across the North Atlantic to north-west Europe.

gyre a large water circulation system of geostrophic currents rotating clockwise (northern hemisphere) or anticlockwise (southern hemisphere).

habitat the specific place in the environment where a particular plant or animal lives.

hadal zone a subdivision of both the pelagic and benthic zones, deeper than 6000 metres; also known as hadalpelagic in the open ocean.

heavy metal inorganic metallic element with high atomic mass, such as mercury, lead, arsenic, tin, cadmium, cobalt, selenium, zinc, manganese, and copper; these may be highly toxic when concentrated in the environment or in organisms.

herbivore an animal that eats only plants and algae.

heterotroph an organism that relies on other organisms for its food; also known as a consumer.

hot spot localized zone of melting and upwelling in the asthenosphere/lithosphere above which volcanic activity is abundant.

hydrocarbon organic compounds composed of hydrogen, carbon, and oxygen; the main components of petroleum (both oil and gas).

ice age period of time when glaciers dominate the surface of the Earth, and global mean temperatures are lowered.

icehouse effect the cooling of the Earth's average global temperature occurring during an ice age, commonly due to an increase in albedo.

interglacial period period of time during an ice age when temperatures increase leading to glacier retreat.

island arc a chain of volcanic islands associated with oceanic subduction zones, lying on the continent-side of deep-sea trenches; formed by the partial melting of the lithosphere as a plate is subducted.

kelp large benthic species of brown algae.

krill pelagic, shrimp-like creatures that belong to the arthropod order euphausiacia.

lava magma extruded at the Earth's surface; used for both the still-molten form and when hardened into volcanic rock.

lithification the process by which loose, unconsolidated sediment is compacted and cemented into a sedimentary rock.

lithosphere the relatively cool, brittle outer shell of the Earth, including the crust and upper mantle; extends to a depth of around 100 kilometres.

littoral zone a subdivision of the benthic province between the high and low tide marks, equivalent to the intertidal zone.

manganese nodule concretionary lump, typically the shape and size of a potato, containing oxides of iron, manganese, copper, nickel, and various other metals, found scattered over the deep ocean floor.

mangrove a dense growth of salt-tolerant mangrove trees and shrubs in marsh-like shoreline environments of the tropics and subtropics.

mantle the thick layer of the Earth's interior between the crust and the core, composed of ferromagnesian silicates.

marginal sea a semi-enclosed body of water adjacent to and surrounded by continent; floored either by submerged continental crust or oceanic crust, or by a mixture of both.

mass extinction a catastrophic, widespread perturbation where major groups of species become extinct in a relatively short period of geological time.

Mesozoic of, belonging to, or designating the era of time including the Triassic, Jurassic, and Cretaceous periods, between 245 and 65 million years ago.

mid-ocean ridge a long mountain range that forms along cracks in the ocean floor where magma breaks through the Earth's crust; the site of formation of new ocean crust and seafloor spreading as two tectonic plates move apart; also known as a divergent plate margin.

Milankovitch cycle cyclic variations in climate, with regular periodicities of around 20,000, 40,000, and 100,000 years, as a result of irregularities in the Earth's rotation and orbit.

Mohorovičić discontinuity a compositional and density discontinuity marking the interface between the rocks of the crust and the mantle; also known as the 'Moho'.

monsoon a regional-scale wind system that predictably changes direction with the passing of the seasons, mostly in South and South East Asia; summer monsoons are often accompanied by heavy precipitation.

nektonic actively swimming organisms.

neritic one of the oceanic zones, referring to water lying over the continental shelf, to a depth of around 200 metres.

oceanic crust the outermost shell of the Earth, around 5–10 kilometres thick, that underlies oceans, composed of the basic igneous rocks—basalt, dolerite, and gabbro—and commonly overlain by sedimentary layers.

oceanic gateway partial topographic barrier between ocean basins, through which a deeper, narrow zone or channel allows the interchange of water masses.

ophiolite a sequence of igneous rocks, thought to represent a fragment of oceanic lithosphere now emplaced onto the continent, composed of peridotite overlain successively by gabbro, sheeted dolerite dikes, and pillow basalts.

organohalogen complex organic compound that includes one or several of the halogen elements (e.g. chlorine, fluorine, bromine) in its structure.

outgassing the process whereby gases derived from Earth's interior are released into the atmosphere and hydrosphere during volcanic and hydrothermal activity.

ozone layer atmospheric concentration of ozone (a form of oxygen with three atoms per molecule) found at an altitude of 10–50 kilometres above the Earth's surface.

palaeoceanography the study of past oceans, their location, and characteristics.

Paleozoic of, belonging to, or designating the era of time including the Cambrian, Ordovician, Silurian, Devonian, Carboniferous, and Permian periods, between 545 and 245 million years ago.

Pangaea the single super-continent of the late Paleozoic and early Mesozoic Eras that comprised all of the present-day continents.

Panthalassa the late Paleozoic to early Mesozoic worldwide ocean that surrounded the super-continent Pangaea.

pelagic of the ocean; more commonly the open ocean away from the shoreline.

Phanerozoic of, belonging to, or designating the period of time (the eon) including the Paleozoic, Mesozoic, and Cenozoic Eras, extending from 545 million years ago to the present.

photic zone the part of the ocean, near the surface, that receives enough light to sustain photosynthesis.

photosynthesis the process by which some organisms use the energy of sunlight to produce organic molecules, usually from carbon dioxide and water.

phytoplankton tiny photosynthetic organisms that float near the ocean surface.

plankton animals and plants that float passively in the ocean.

plankton bloom the sudden and rapid multiplication of plankton that results in dense concentrations of planktonic organisms.

plate tectonics the movement of large segments of the Earth's outer crust and mantle (lithospheric plates) relative to one another; the new paradigm of earth sciences developed through the 1960s and 1970s.

primary producer those organisms in a food chain, such as green plants and photosynthesizing or chemosynthesizing bacteria, upon which all other members of the food chain depend directly or indirectly; those organisms not dependent on an external source of nutrients; also known as autotrophs.

primary productivity the quantity of organic matter that is synthesized from inorganic materials by autotrophs.

prokaryote a unicellular organism lacking a nucleus and such organelles as plastids and mitochondria; cells of archea, bacteria, and cyanobacteria.

protist a member of the kingdom Protista, which contains any eukaryotic organism that is not a plant, animal, or fungus.

protozoan belonging to the phylum protozoa; unicellular organisms that exhibit animal-like characteristics.

radiolarian a protozoan that has an intricate shell made of silica and that uses pseudopods to capture prey.

red tide a condition that occurs as the result of a population explosion of certain dinoflagellates (or other protists) that imparts a red colour to the water.

reservoir rock sedimentary strata having porous and permeable properties and acting as a reservoir for hydrocarbons.

rift valley the fault-bounded valley found along the crest of many ocean ridges, created by tensional stresses that accompany the process of seafloor spreading; also occurs on continents.

rogue wave an unusually large and dangerous wave, usually short-lived and occurring in the open ocean, that is created by constructive wave interference.

salinity a measure of the total concentration of dissolved solids in seawater, generally expressed in parts per thousand.

seafloor spreading the process by which oceanic crust is created at the crest of ocean ridges, and tectonic (lithospheric) plates diverge.

seamount a submarine mound, usually of volcanic origin, that rises sharply from the seafloor.

sediment grains or particles of either inorganic or organic origin deposited by air, water, or ice.

sediment wave a series of sediment layers arranged in large-scale, regular undulations, with a typical wavelength (crest to crest) of around 1 kilometre; formed by deposition of fine muddy sediment from turbidity currents and bottom currents.

sedimentary basin thick accumulation (typically 1–15 kilometres thick) of sediments in a particular region, occurring below both the continents and seafloor.

sedimentary cycle the process by which sediments are formed, transported, deposited, and then compacted and cemented into sedimentary rocks, before being uplifted and once more subjected to weathering and erosion.

sedimentary rock a rock formed from the compaction and cementation of sediment; one of the three principal rock types.

seismic pertaining to a naturally occurring or artificial earthquake or earth vibration.

seismic surveying the use of sonar and explosive devices and measuring equipment to study the nature of earthquakes and the layered structure of the Earth's crust, mantle, and core.

shelf sea the area of ocean found at the edge of the continental shelf, before the continental slope.

siliceous material whose composition is silica (SiO_2); generally referring to biogenically produced siliceous material (from diatoms, radiolarians, etc.).

spreading centre mid-oceanic ridges where seafloor spreading occurs.

stratigraphy the branch of geology that studies the age relationship and significance of layered sedimentary rocks and the sequence of fossils they contain; also known as historical geology.

stratosphere the lowest part of the middle atmosphere, 12–45 kilometres above the Earth's surface.

stromatolite laminated calcareous sedimentary formation produced by lime-secreting cyanobacteria.

strike-slip margin a boundary at which tectonic plates move past one another in a lateral direction, associated with intense earthquake activity; also known as transform faults beneath the ocean.

subduction the movement of one lithospheric plate underneath another so that the descending plate is consumed into the mantle; generally creates a deep oceanic trench at the point of descent.

subduction zone an area where subduction is occurring.

submarine canyon deeply incised, steep-walled valley, commonly V-shaped in profile, which cuts into the rocks and sediments of the outer continental shelf and the continental slope.

submarine fan a cone-shaped sedimentary deposit that accumulates on the continental slope and rise; generally fed from a distinct point or line-source of sediment such as a major river or delta.

submarine waterfall major overflow of bottom-water mass between one ocean basin (or compartment) and another; the total drop may exceed 1 kilometre but the actual gradient is very low, more like a river rapids than a true waterfall.

subsidence the sinking of large portions of the Earth's crust under the influence of major tectonic forces.

substrate a general term in reference to the surface on or within which organisms live or onto which sediment is deposited.

symbiosis an intimate living relationship between two different organisms.

tectonic uplift a rise in topographic height due to crustal movement caused by major tectonic forces.

terrigenous sediment sediments derived from the weathering and erosion of pre-existing rocks.

Tethys Ocean a former ocean that separated Gondwanaland from Laurasia during the early Mesozoic Era.

thermocline a sharp, vertical temperature gradient that marks a transition zone between water masses having markedly different temperatures.

thermohaline the vertical movement of water masses that results from differences in density caused by differences in salinity and/or temperature.

tidal range the vertical difference separating the water level between successive high and low tides.

transform fault a steep boundary separating two lithospheric plates along which there is lateral slippage.

trench long, narrow, and deep topographic depression associated with a volcanic arc, that together mark a collision or subduction zone where one lithospheric plate is overriding another.

trophic level a functional or process category for types of feeding by organisms.

troposphere the lowest part of the atmosphere, extending to around 10–15 kilometres.

tsunami a destructive sea wave that is usually produced by an earthquake but can also be caused by submarine landslides or volcanic eruptions.

turbidite sediment layer, typically with graded bedding, which is deposited by a turbidity current.

turbidity current a density-driven current of sediment-laden water that flows swiftly downslope, in some cases traveling many hundreds of kilometres from the shelf edge to the abyssal plain.

upwelling the slow upward transport of water to the surface from depth; generally recycling nutrient elements and organic material.

volcanism a number of processes associated with the release of magma at the Earth's surface, generally accompanied by hot water, steam, and other gases.

water mass a body of water identifiable from its temperature, salinity, or density.

wave interference the meeting of two or more separate wave trains, leading to an increase and/or decrease in wave height, or to a complex cross-cutting wave pattern.

wave train a series of waves coming from the same direction and having a distinctive pattern of wave height and period.

zooplankton animal plankton such as foraminifera and radiolaria.

zooxanthellae symbiotic dinoflagellates that live in the tissue of corals and other reef-building organisms.

Further reading

Beerling, D., 2007, *The Emerald Planet*, Oxford University Press.

Benton, M.J., 2003, *When Life Nearly Died: The Greatest Mass Extinction of All Time*, Thames and Hudson.

Bigg, G.R., 1996, *The Oceans and Climate*, Cambridge University Press.

Byatt, A., Fothergill, A., and Holmes, M., 2002, *The Blue Planet: A Natural History of the Oceans*, BBC/DK.

Deacon, M., Rice, T., and Summerhayes, C., 2001, *Understanding the Oceans*, UCL Press.

Dixon, D., Jenkins, I., Moody, R., and Zhuravlev, A., 2001, *Cassell's Atlas of Evolution*, Cassell & Co.

Ellis, R., 2000, *Encyclopedia of the Sea*, Knopf.

Fortey, R., 1999, *Life: A Natural History of the First Four Billion Years of Life on Earth*, Vintage.

Frances, P. and Guerrero, A.G. (eds), 2006, *Ocean: The World's Last Wilderness Revealed*, Dorling Kindersley.

Gage, J. and Tyler, P., 1992, *Deep-sea Biology*, Cambridge University Press.

Holland, H.D. and Petersen, U., 1995, *Living Dangerously: The Earth, Its Resources and the Environment*, Prentice Hall.

Karleskint, G., 1998, *Introduction to Marine Biology*, Harcourt Brace & Co.

Kunzig, R., 2000, *Mapping the Deep: The Extraordinary Story of Ocean Science*, Sort of Books.

Jones, S., 2001, *Almost Like a Whale*, Black Swan.

Levinton, S., 2010, *Marine Biology: Function, Biodiversity, Ecology*, Oxford University Press.

Marshak, S., 2005, *Earth: Portrait of a Planet* (2nd edition), W.W. Norton & Co.

Middleton, N., 1999, *The Global Casino: An Introduction to Environmental Issues*, Arnold Publishers.

Mladenov, P.V., 2013, *Marine Biology: A Very Short Introduction*, Oxford University Press.

Monahan, D., 2001, *World Atlas of the Ocean*, Firefly.

Monroe, J.S. and Wicander, R., 2001, *The Changing Earth: Exploring Geology and Evolution*, Brooks/Cole.

Pickering, K.T. and Owen, L.A., 1997, *An Introduction to Global Environmental Issues* (2nd edition), Routledge.

Pinet, P.R., 2006, *Invitation to Oceanography* (4th edition), Jones & Bartlett Publishers.

Press, F. and Siever, R., 2001, *Understanding Earth* (3rd edition), W.H. Freeman.

Redfern, R., 2000, *Origins: The Evolution of Continents, Oceans and Life*, Cassell & Co.

Roberts, C., 2007, *Unnatural History of the Sea*, Island Press.

Roberts, C., 2013, *Ocean of Life*, Penguin Books.

Southwood, R., 2003, *The Story of Life*, Oxford University Press.

Stanley, S.M., 1989, *Earth and Life Through Time* (2nd edition), W.H. Freeman.

Stow, D.A.V., 2004, *An Encyclopedia of the Oceans*, Oxford University Press.

Stow, D.A.V., 2005, *Oceans: An Illustrated Reference*, University of Chicago Press.

Stow, D.A.V., 2010, *Vanished Ocean: How Tethys Reshaped the World*, Oxford University Press.

Summerhayes, C.P. and Thorpe, S.A., 1996, *Oceanography: An Illustrated Guide*, Manson Publishing.

Thurman, H.V. and Trujillo, A.P., 1999, *Essentials of Oceanography* (6th edition), Prentice Hall.

Van Andel, T.H., 1994, *New Views on an Old Planet: A History of Global Change* (2nd edition), Cambridge University Press.

Walker, G. and King, D., 2008, *The Hot Topic: How to Tackle Global Warming and Still Keep the Lights On*, Bloomsbury.

Woodward, C., 2001, *Ocean's End: Travels Through Endangered Seas*, Basic Books.

“牛津通识读本”已出书目

古典哲学的趣味
人生的意义
文学理论入门
大众经济学
历史之源
设计，无处不在
生活中的心理学
政治的历史与边界
哲学的思与惑
资本主义
美国总统制
海德格尔
我们时代的伦理学
卡夫卡是谁
考古学的过去与未来
天文学简史
社会学的意识
康德
尼采
亚里士多德的世界
西方艺术新论
全球化面面观
简明逻辑学
法哲学：价值与事实
政治哲学与幸福根基
选择理论
后殖民主义与世界格局

福柯
缤纷的语言学
达达和超现实主义
佛学概论
维特根斯坦与哲学
科学哲学
印度哲学祛魅
克尔凯郭尔
科学革命
广告
数学
叔本华
笛卡尔
基督教神学
犹太人与犹太教
现代日本
罗兰 · 巴特
马基雅维里
全球经济史
进化
性存在
量子理论
牛顿新传
国际移民
哈贝马斯
医学伦理
黑格尔

地球
记忆
法律
中国文学
托克维尔
休谟
分子
法国大革命
民族主义
科幻作品
罗素
美国政党与选举
美国最高法院
纪录片
大萧条与罗斯福新政
领导力
无神论
罗马共和国
美国国会
民主
英格兰文学
现代主义
网络
自闭症
德里达
浪漫主义
批判理论

德国文学
戏剧
腐败
医事法
癌症
植物
法语文学
微观经济学
湖泊
拜占庭
司法心理学
发展
农业
特洛伊战争
巴比伦尼亚
河流
战争与技术
品牌学
数学简史
物理学
行为经济学
计算机科学
儒家思想
未来
基因
恒星
海洋
儿童心理学
时装
现代拉丁美洲文学
卢梭
隐私
电影音乐
抑郁症
传染病
希腊化时代
知识
环境伦理学
美国革命
元素周期表
人口学
社会心理学
动物
项目管理
美学
管理学
卫星
国际法
计算机
亚当 · 斯密
代数
天体生物学
数理金融学
电影
俄罗斯文学
古典文学
大数据
洛克
幸福
免疫系统
银行学
景观设计学
神圣罗马帝国
大流行病
亚历山大大帝
气候
第二次世界大战
中世纪
工业革命
传记
公共管理
社会语言学
物质
学习
化学
天体物理学
意大利文学
海洋生物学
贝多芬